水利水电工程造价管理

（第2版）

张立中　主编

国家开放大学出版社 · 北京

图书在版编目（CIP）数据

水利水电工程造价管理/张立中主编. —2 版. —北京：
中央广播电视大学出版社，2014.6（2021.7 重印）

ISBN 978 – 7 – 304 – 06556 – 0

Ⅰ.①水… Ⅱ.①张… Ⅲ.①水利水电工程 – 造价管
理 – 开放大学 – 教材 Ⅳ.①TV512

中国版本图书馆 CIP 数据核字（2014）第 118267 号

水利水电工程造价管理（第 2 版）
SHUILI SHUIDIAN GONGCHENG ZAOJIA GUANLI
张立中　主编

出版·发行：国家开放大学出版社（原中央广播电视大学出版社）
电话：营销中心 010 – 68180820　　　　总编室 010 – 68182524
网址：http：//www. crtvup. com. cn
地址：北京市海淀区西四环中路 45 号　邮编：100039
经销：新华书店北京发行所

策划编辑：杜建伟　　　　　　版式设计：赵　洋
责任编辑：李　欣　　　　　　责任校对：张　娜
责任印制：赵连生

印刷：廊坊十环印刷有限公司　　印数：15001～16000
版本：2014 年 6 月第 2 版　　　2021 年 7 月第 8 次印刷
开本：787 × 1092　1/16　　　印张：18.25　字数：407 千字

书号：ISBN 978 – 7 – 304 – 06556 – 0
定价：26.00 元

第二版前言

"水利水电工程造价管理"根据国家开放大学水利水电工程专业开放教育教学大纲，以及本课程多媒体教材一体化设计方案文字教材编写大纲编写。教材第一版于 2004 年 4 月出版，本次按照近年来的有关法规、规范等进行了修订。本教材是水利水电工程专业的系列教材之一。

本书第 1 章至第 2 章介绍了水利水电工程造价管理的基本内容，以及工程造价管理的相关基础知识，包括价格原理、税金、投资与融资、工程保险、工程经济、价值工程、工程建设管理、工程造价计价等。第 3 章至第 7 章按照建设程序，分别介绍了水利水电建设项目决策、设计、施工、竣工决算及后评价等各阶段进行工程造价管理的主要工作内容和方法。

为了适应开放式远程教育的需要，教材中设置了"学习指导"、"小结"、"作业"，以及"旁注"等助学内容。

本书由华北水利水电大学张立中教授主编，由张立中编写第 1 章、第 2 章、第 3 章、第 7 章，华北水利水电大学鲁志勇副教授编写第 4 章，肖大强副教授编写第 5 章、第 6 章。

本书部分材料引自有关机构及生产、科研、管理单位编写的教材、专著，以及发表的文章、报告等，编者在此一并致谢。

诚恳地希望读者对本书提出批评指正意见，以便今后改进。

编 者

2013 年 12 月

第一版前言

"水利水电工程造价管理"是水利水电工程专业新开设的课程。本教材根据中央广播电视大学水利水电工程专业开放教育教学大纲，以及本课程多媒体教材一体化设计方案文字教材编写大纲编写，是中央广播电视大学开放教育水利水电工程专业的系列教材之一。

按照全过程、全面造价管理的理念，本书第1章至第2章介绍了水利水电工程造价管理的基本内容，以及工程造价管理的相关基础知识，包括价格原理、税金、投资与融资、工程保险、工程经济、价值工程、工程建设管理、工程造价计价等。第3章至第7章按照建设程序，分别介绍了水利水电建设项目决策、设计、施工、竣工决算及后评价等各阶段进行工程造价管理的主要工作内容和方法。本书重点介绍了水利水电工程造价管理相关基础知识，经济评价与方案经济比较，工程概（预）算编制，工程招标标底编制与投标报价等内容。

为了适应开放式远程教育的需要，教材中设置了"学习指导"、"小结"、"作业"等内容，并在适当的地方加了"旁注"。此外，本课程配有录像教材。

本书由华北水利水电学院张立中主编，编写人员为张立中（第1章、第2章、第3章、第7章），鲁志勇（第4章），肖大强（第5章、第6章）。

清华大学施熙灿教授担任本书主审，水利部黄河水利委员会勘测规划设计研究院洪尚池高级工程师（教授级）、华北水利水电学院胡宝柱教授参加了本教材的审定。担任教材审定的专家对本书进行了认真审阅，并给予热情的指导和帮助。本书部分材料引自有关机构及生产、科研、管理单位编写的教材、专著，以及发表的文章、报告等，编者在此一并致谢。

本书同时可作为水利水电行业的管理人员、工程技术人员了解和学习工程造价管理知识的参考书，亦可作为有关培训教材。

诚恳地希望读者对本书提出批评指正意见，以便今后改进。

编　者

2004 年 2 月

目　录

第1章　绪论 ··· 1

　1.1　水利水电工程造价管理 ···················· 1

　1.2　水利水电工程造价管理课程的主要内容和学习任务 ·········· 7

第2章　工程造价管理基础知识 ···················· 11

　2.1　价格原理 ···································· 11

　2.2　税金 ·· 22

　2.3　投资与融资 ·································· 28

　2.4　工程保险 ···································· 48

　2.5　工程经济 ···································· 53

　2.6　价值工程 ···································· 60

　2.7　工程建设管理 ································ 73

　2.8　工程造价计价 ································ 80

第3章　水利水电建设项目决策阶段工程造价管理 ········ 95

　3.1　概述 ·· 95

　3.2　项目建议书与可行性研究报告 ·················· 97

　3.3　水利水电建设项目经济评价 ···················· 101

第4章　水利水电建设项目设计阶段工程造价管理 ········ 121

　4.1　概述 ·· 121

　4.2　水利水电工程分类与工程概算构成 ·············· 124

　4.3　水利水电工程费用 ···························· 126

　4.4　基础单价编制 ································ 134

　4.5　建筑安装工程单价编制 ························ 140

　4.6　分部工程概算编制 ···························· 152

　4.7　分年度投资及资金流量 ························ 161

4.8　预备费、建设期融资利息、静态总投资、总投资计算方法 …………………… 163

4.9　概算表格 ………………………………………………………………………… 165

4.10　工程概算实例 …………………………………………………………………… 174

第5章　水利水电建设项目招标投标阶段工程造价管理 …………………………… 192

5.1　概述 ……………………………………………………………………………… 192

5.2　水利水电工程招标与投标 ……………………………………………………… 193

5.3　水利水电工程标底编制 ………………………………………………………… 206

5.4　水利水电工程投标报价 ………………………………………………………… 216

5.5　FIDIC 招标程序简介 …………………………………………………………… 225

第6章　水利水电建设项目施工阶段工程造价管理 ………………………………… 231

6.1　概述 ……………………………………………………………………………… 231

6.2　业主预算 ………………………………………………………………………… 232

6.3　工程计量与支付 ………………………………………………………………… 236

6.4　索赔 ……………………………………………………………………………… 243

6.5　资金使用计划编制与投资控制 ………………………………………………… 253

第7章　水利水电建设项目竣工决算与后评价经济评价 …………………………… 268

7.1　水利水电建设项目竣工决算 …………………………………………………… 268

7.2　水利建设项目后评价经济评价 ………………………………………………… 278

参考文献 ……………………………………………………………………………… 284

第 1 章

绪 论

学习指导

目标： 1. 了解工程造价管理的历史和发展；

2. 了解我国工程造价管理的沿革和新形势下工程造价管理的特点；

3. 理解水利水电工程造价管理的重要意义和主要内容；

4. 理解水利水电工程造价管理课程的主要内容和学习任务。

重点： 1. 水利水电工程造价管理的重要意义和主要内容；

2. 水利水电工程造价管理课程的主要内容和学习任务。

1.1 水利水电工程造价管理

1.1.1 工程造价管理的发展

1. 工程造价管理的历史和发展

在人类发展的历史进程中，进行工程建设是人类重要的生产活动。工程造价管理是随着社会生产力和社会经济的发展而产生和发展的。

历史上，在生产规模比较小、科学技术水平比较低下的小商品生产条件下，生产者在长期的劳动中，在积累起生产某种商品所需要的知识和技能的同时，也获得了生产某种产品需要投入的劳动必要时间和材料方面的经验。这类经验往往通过从师学艺或从先辈那里得到，有的也在书本中得到总结，并应用到实际生产活动之中。这些可看作工程造价管理的起源或雏形。

工程建筑是人类文明史的重要组成部分。埃及金字塔，希腊神庙，巴比伦空中花园，我国的长城、都江堰、赵州桥等建筑都是人类古代文明中的奇葩。工程建筑不仅需要技术的支撑，还需要有科学的管理方法。中华民族是人类认识工程造价管理最早的民族之一，我国史料中有丰富的关于工程造价管理的记载。如我国春秋战国时期（公元前 770 年—公元前 221 年）的科学技术著作《考工记》，在"匠人为沟洫"一节中就有关于预测工程劳力和调配人力的记载。北宋时期的古代土木建筑家李诫于公元 1100 年编修成书的《营造法式》共分三十四卷，其中有十三卷是关于算工、算

关于工程造价将在第 2 章进一步说明和介绍。

料的规定。清代工部的《工程做法则例》中也记述了各种建筑物的算工、算料方法。

但是，现代工程造价管理是随着资本主义社会化大生产而产生和发展起来的。

西方国家18世纪60年代开始了产业革命，大批工业厂房需要修建，许多农民失去土地后涌入城市，需要大量住房，建筑业得到空前的发展，建筑设计和施工逐步分离为各自独立的专业。工程规模的扩大需要专人计算供料和估价，并对完成的工程进行计量。从事这些工作的人员逐渐专业化，在英国诞生了确定和控制工程造价的专门职业——工料测量师（Quantity Surveyor），同时开始了对于工程造价管理理论和方法的研究。至19世纪初期，自英国开始，各资本主义国家在工程建设中开始推行招标投标制度。这一制度需要在工程完成设计而未开始施工前对工程量进行计算，并对工程造价做出预估，以便招标人确定标底，投标人提出报价。这使得确定工程造价的理论和方法的研究更加深入，工程造价管理逐步形成独立的专业。

随着经济和生产的发展，工程建设中的投资者为了使投资行为更为明智和恰当，使各种资源得到更为有效的利用，迫切需要在工程设计的早期阶段，甚至在决策阶段，就能够对投资进行估算，并且对工程的设计进行有效的监督和控制，工程承包商为适应市场的需要，也需要强化自身的工程造价管理和成本控制，从而进一步促进了工程造价管理专业的发展。自20世纪40年代开始，随着西方经济学的发展，许多经济学原理被运用到工程造价管理领域。工程造价管理开始重视投资效益评估，重视工程造价的经济和财务分析，并将加工制造业使用的成本控制方法引入工程造价控制中。

20世纪80年代末至90年代初，工程造价管理的研究和实践进入综合与集成的阶段。世界各国纷纷改进已有的工程造价控制和管理理论，并借助其他管理领域中理论和方法的最新成果，对工程造价管理进行更为深入和全面的研究。英国的工程造价管理学会和学者提出工程建设"全生命周期造价管理（Live Cycle Costing）"，即对工程自可行性研究工程造价预测开始，至经济评价、建设期资金运用、工程实际造价确定，以及完工决算、后评价等各个阶段进行全过程的造价管理。1998年在荷兰召开的国际造价工程师联合会第15次专业会议上，又提出了"全面造价管理（Total Cost Management）"的概念，即用系统的方法，有效地使用各种专门知识和专门技术，计划和控制资源、造价、盈利和风险，解决工程计划、经营管理、造价控制、经济评价等各项相关问题。

1830年，英国颁布法律，推行建筑总合同制（Lump Sum System of Construction）。

1881年英国皇家测量师协会（The Royal Institution of Chartered Surveyors，RICS）成立。有些学者认为，可以此作为现代工程造价管理专业诞生的标志。

随着工程建设和商品经济的发展，工程造价管理日臻完善。现代工程造价管理具有以下特点：

（1）从事后算账发展到事先算账。即从消极地反映已经完成工程量的价格，发展到在工程开工前进行工程量的估算或计算，为投资决策提供重要依据。

（2）从被动地反映设计和施工成果发展为能动地影响设计和施工。即从在施工过程中确定工程造价和进行完工结算，发展到在决策阶段、设计阶段和工程实施各阶段对工程投资和支出进行监督和控制，实现工程建设全过程中各方当事人对工程造价进行控制和管理，亦即对工程实现全过程全面造价管理。

（3）从依附于工程营造或建筑业发展成为一个独立的专业。一些国家成立了工程造价管理的行业组织。1976 年，由美国、英国、荷兰等国家的造价工程师协会发起成立了国际造价工程师联合会。这一国际组织在推进工程造价管理理论和方法研究及其实际应用方面做了大量工作，并且各国开展了造价工程师执业资格认证工作。在高等学校中还相应建立了工程造价管理有关专业。

2. 我国工程造价管理的沿革

现代工程造价管理在中国的产生，应追溯到 19 世纪末至 20 世纪上半叶。当时外国资本侵入一些口岸和沿海城市，使工程建设规模扩大，出现了工程招投标交易方式，建筑市场开始形成。民族工业的发展也要求对工程造价进行管理。建筑市场的需要，使国外工程造价管理方法和经验逐渐传入我国，并使工程造价管理在我国产生。但受到历史条件的限制，当时工程造价管理仅在少数地区和少量工程中使用。

1949 年新中国成立后，我国建立和发展了工程造价管理体制，并实施了工程造价管理。

在三年经济恢复时期和第一个五年计划时期，全国进行了大规模经济恢复和建设工作。为了用好有限的建设资金，1953—1958 年，我国借鉴苏联的经验，建立和实施了适应计划经济体制的概预算制度。

但自 1958 年"大跃进"开始，"左倾"错误严重地泛滥开来。在建设领域中，出现只算政治账，不讲经济账的倾向。概预算控制投资的作用被削弱，投资大撒手之风逐渐增长。

1966—1976 年十年动乱期间，工程概预算制度和定额被视为资本主义复辟的基础，受到批判，概预算定额管理工作遭到严重破坏，形成"设计无概算，施工无预算，竣工无决算，投资大敞口，吃大锅饭"的局面。

工程概算与预算的有关内容将在第 4 章进一步介绍。

十年动乱结束后，1977 年开始，国家有关部门着手整顿、健全概预算制度，组织概预算定额的编制和修订工作，并为建立健全工程造价管理制度，改进工程造价管理机制进行了大量工作。

由以上可见，在新中国成立后近 30 年的时间里，我国的工程造价管理体系在刚刚建立、尚未完善的情况下，便经历了近 20 年被削弱和取消的时期，直至 1977 年才开始逐渐恢复和重建。

1978 年党的十一届三中全会以来，我国实行改革开放。1992 年召开的党的"十四大"明确提出我国经济体制改革的目标是建立社会主义市场经济体制。2001 年我国加入了世界贸易组织。2002 年召开的党的"十六大"提出了全面建设小康社会的伟大目标。在改革开放的进程中，20 多年来我国在建设管理体制上进行了重大改革。工程建设中全面推行了项目法人责任制、招标投标制、建设监理制以及合同管理制。自 20 世纪 80 年代开始，我国在一些利用外资建设的工程项目中，按照国际惯例实行国际公开招标，运用国际通行的有关规程进行工程建设管理。相应地，工程造价管理机制也进行了改革。我国加入世界贸易组织后，建筑市场逐渐对外开放，建筑市场的运作方式和规则将逐步和国际接轨。在全面建设小康社会的进程中，我国将进行更大规模的工程建设。在新的形势下，工程造价管理的机制将进一步改革，适应我国社会主义市场经济体制的工程造价管理理论和方法将不断建立、完善和应用。

我国工程造价管理体制改革的最终目标是逐步建立在政府宏观指导下，以市场形成的价格为主的价格机制。近期改革的内容主要包括工程定额管理方式的改革，实行"量价分离"；建立和加强适应建筑市场需要的信息网络系统；对于非政府投资的工程，进一步强化市场定价原则，实行合理低价中标；加强工程造价的监督管理，加强有关法制建设和严格执法，规范定价行为；加强和进一步发挥市场经济中各种中介行业和中介组织（如咨询、建筑、营造、银行、保险、仲裁行业和机构）的作用等。

为适应建设项目全过程工程造价管理的需要，加强工程造价管理专业人员执业资格的准入控制，促进工程造价专业人员素质的提高，我国已建立和执行了造价工程师执业资格制度。原国家人事部、住房和城乡建设部（简称建设部）于 1996 年发布《造价工程师执业资格制度的暂行规定》。制度规定，凡从事工程建设活动的建设、设计、施工、工程造价咨询、工程造价管理等单位和部门，必须在计价、评估、审查（核）、控制及管理等岗位配备有造价工程师执业资格的专业技术人员。造价工程师应经全国统一考试合格，取得造价工程师执业资格证书，并经注册从事建设工程造价业务活动。我国水利行业相应执行水利工程造价工程师执业资格制度，

关于我国工程建设管理体制改革将在第 2 章进一步介绍。

"量价分离"即统一制定反映一定时期施工水平的人工、材料、机械等的消耗量标准。而对人工、材料、机械等的单价，由工程造价管理机构根据市场价格发布相关指数，从而加强市场对工程造价的调节作用。

水利部于 1999 年发布了《水利工程造价工程师资格管理暂行办法》。

并由水利部组织进行水利工程造价工程师资格认证工作。造价工程师执业资格制度是工程造价管理的一项基本制度。

1.1.2 水利水电工程造价管理的意义和内容

水是人类赖以生存的基础，是基础性的自然资源和战略性的经济资源。水利工程是国民经济的重要基础设施，也是实现可持续发展的重要物质基础。新中国成立以来，水利建设取得了令人瞩目的成就。特别是实行改革开放以来，一批重大水利设施项目相继开工和竣工。按照新时期的治水思路，水利工作要为全面建设小康社会提供有力的支撑和保障。在全面建设小康社会的进程中，我国将继续开展大规模的水利工程建设。

水电是可再生的清洁能源。开发水电可以获得成本低廉、无污染、调峰性能好的电能。在提供电能的同时，水利水电枢纽还可充分发挥防洪、灌溉、供水、航运等有利于经济社会发展的综合效益。我国具有丰富的水能资源，且国民经济对电力需求的增长十分迅速。实行改革开放以来，我国的水电作为电力工业的重要组成部分取得长足发展。1978—2012 年，我国电力与水电的装机容量、发电量发展情况见表 1 - 1。

表 1 - 1 我国电力、水电发展情况对照表

年份	全国电力		水 电	
	装机容量 /万 kW	发电量 /(亿 kW·h)	装机容量 /万 kW	发电量 /(亿 kW·h)
1978	5 712	2 566	1 728	446
2012	107 516	43 843	20 740	7 078
增长倍比	18.82	17.09	12.00	15.87

注：1. 本表依据国家统计局、中国电力企业联合会统计资料编制；

2. 表中"增长倍比"为 2012 年装机容量或发电量与 1978 年的比值。

我国水能资源丰富，开发前景及市场广阔，同时从可持续发展战略出发，环境问题和水电的社会效益将更加受到重视，随着我国国力的增强，在未来几十年中，水电还将进一步加速发展。

在社会主义市场经济体制下，在我国大规模水利水电建设中，合理地使用建设资金，提高水利水电工程的投资效益，在工程建设的全过程中，自工程立项决策到竣工投产，围绕工程造价进行优化、控制、管理，使有限的资源得到最有效的利用，对确保实现建设项目的效益，保障参与建设的各方获取其合法收益具有十分重要的意义。

水利水电工程造价管理是指在水利水电工程建设的全过程中，全方位、

新时期治水思路可归结为：在治水中坚持人与自然的和谐共处；注重水资源的节约、保护和优化配置；逐步建立水权制度和水市场；建立与市场经济体制相适应的水利工程投融资体制和水利工程管理体制；建立水资源统一管理体制；以水利信息化带动水利现代化。

我国水能资源居世界首位（可开发水能资源 37 853 万 kW，相应年发电量 19 233 万 kW·h）。至 2012 年，我国水能资源开发程度按装机容量计算为 54.8%，按发电量计算为 36.8%。

多层次地运用经济、技术、法律等手段，对投资行为、工程价格进行预测、分析、计算、监督、管理、控制，达到以尽可能少的人力、物力和财力投入获取最大效益的一系列行为。其基本内容是合理确定和有效地控制水利水电工程造价。

我国水利水电工程建设程序一般分为项目建议书、可行性研究报告、项目决策、项目设计、建设准备、建设实施、生产准备、竣工验收、后评价等阶段。

在水利水电工程建设程序的各个阶段，参与工程建设造价管理的主体包括政府有关部门、业主、项目法人、咨询和设计单位、施工承包人、金融机构等。建设程序部分阶段工程造价管理的主要内容如下：

（1）项目建议书是工程项目建设的建议文件，其主要作用是对拟建项目进行初步说明，概括论述建设项目的必要性、条件和可能性，为是否进行项目建设的进一步工作提供依据。在工程造价管理方面，本阶段主要是对拟建水利水电工程从投资方面提出轮廓的构想。

（2）可行性研究在项目建议书获得批准后进行。可行性研究报告应对水利水电工程建设的可行性从经济、技术、社会、环境等各方面进行全面、科学的分析和论证，它是确定建设项目、编制设计文件的重要依据。在可行性研究和项目决策中，造价管理方面应对水利水电工程的规模、设计标准等进行控制，并对不同方案进行投资估算和充分的技术经济比较，分析论证项目的经济合理性。经济评价是可行性研究的核心内容和项目决策的重要依据。

（3）在设计阶段中，初步设计是对拟建工程在技术、经济上进行全面安排。大中型工程多采用三阶段设计，包括初步设计、技术设计、施工图设计。水利水电工程设计阶段工程造价管理的中心工作仍是对造价进行前期控制。本阶段应对设计进行全面优化，尽可能提高效益、降低投入。在初步设计阶段编制工程概算，在技术设计阶段编制修正概算，在施工图设计阶段编制工程预算（利用外资的项目还应编制外资预算），分阶段预先测算和确定工程造价。各设计阶段测算的造价应比前一阶段的准确、细化，同时受前一阶段造价的控制。

（4）建设准备阶段的主要工作内容是进行工程发包和承包，以及合同订立的有关工作。工程造价管理方面的工作包括招标标底编制、投标报价编制，以及合同谈判和签订中的造价管理工作。

（5）建设实施阶段包括进行施工准备、工程施工和安装、建设监理、工程实施中的管理工作等。造价管理方面，在水利水电工程开工前审计部门要对项目资金来源、开工前支出等进行审计。工程建设过程中，项目法

这里介绍了水利水电工程造价管理的含义和基本内容。

水利水电工程建设各阶段工程造价管理的内容将在第3章至第7章进一步介绍。

关于建设项目及项目管理将在第2章进一步介绍。

水利水电工程设计阶段的划分不尽相同。如有的水电站工程在可行性研究后即进行技术设计，有些工程（如一些国际公开招标的工程）要进行招标设计等。

人（建设单位）要采用"静态控制、动态管理"方式，严格控制工程的静态投资，并有效地控制各种价差和融资成本。施工承包人也应对成本进行有效控制。

（6）竣工验收是全面考核工程成果，检验工程设计和施工质量的阶段。工程验收后，建设项目将投入生产或使用。工程造价管理方面，本阶段应依据水利水电工程的概预算、项目管理预算、工程承包合同、价格调整、工程结算等资料编制工程竣工决算。

（7）后评价是水利水电工程建设的最后一个阶段。后评价阶段，在工程造价管理方面应对水利水电工程项目投资、国民经济效益、财务效益等进行后评价。

另外，在宏观层次上，政府将通过制定、执行相关法律法规，建立、健全工程造价管理体制，深化工程造价管理体制改革，利用法律手段、经济手段和行政手段对工程价格进行管理和控制，并对水利水电工程进行造价管理。

水利水电工程造价管理的功能和作用主要包括以下各方面：

（1）预测。水利水电工程造价具有大额性和多变性。在工程造价管理中，投资方和承包方都需要对工程造价预先测算。工程投资方测算的工程造价不仅是决策的依据，而且是筹集资金和控制造价的依据。工程承包方测算的造价既作为投标决策的依据，也作为投标报价和成本管理的依据。

（2）控制。工程造价管理中的控制作用表现在两方面。一方面，是对投资的控制。在工程建设的各个阶段，对造价进行全过程、多层次的控制，从而控制工程投资。另一方面，是对承包方（包括施工承包方和各种供应商）的成本进行控制（企业以工程造价控制其成本）。

（3）评价。评价工程投资的合理性、投资效益和风险，评价建筑安装产品价格、设备价格的合理性，评价水利水电建设项目的偿债能力、获利能力，评价施工企业经营成果和管理水平等都是工程造价管理的重要工作内容。

（4）调控。水利水电工程建设关系着国民经济的发展和增长，以及国家资源分配、资金流向。国家可通过工程造价管理，以经济杠杆对工程建设进行宏观调控以及必要的直接管理，实现对水利水电建设的规模、投资方向、物质消耗水平等进行控制。

1.2　水利水电工程造价管理课程的主要内容和学习任务

水利水电工程造价管理是水利水电工程专业（以下简称水工专业）的

一门公共必修课。

本课程是水工专业为适应全面建设小康社会的需要，适应在社会主义市场经济体制下进行水利水电工程建设的需要而设立的一门新课程，其内容紧密联系水利水电建设的实际。随着我国改革开放的不断深化以及中国加入世贸组织后形势的发展，课程相关内容具有不断更新的特点。

从水工专业的特点和需求出发，本课程的内容主要包括工程造价及其管理的基本理论、基本知识，水利水电建设项目决策、设计、招标与投标、施工、决算与后评价等各阶段进行工程造价管理的工作内容、基本方法等。

本书在第1章"绪论"中介绍工程造价管理的发展历史、水利水电工程造价管理的意义和主要内容，以及本课程的主要内容和学习任务；在第2章"工程造价管理基础知识"中介绍工程建设项目管理概念、我国现行建设管理体制，并介绍工程造价的有关基础知识（包括价格原理、税金、投资与融资、工程保险、工程经济、价值工程、工程建设管理、工程造价计价等）；在第3章至第7章各章中，按照水利水电工程建设程序，分别介绍水利水电建设项目在决策、设计、招标投标、施工等各阶段进行工程造价管理，以及工程决算和后评价的有关知识内容。

作为开放式远程教育的文字教材，按照"实用、必要、够用"的原则，并针对专业特点和需求，本课程注重建立工程造价全过程、全面管理的观念，并将工程造价管理基础知识、水利水电工程经济评价、工程概预算和工程招投标的有关内容作为重点。

在本课程学习中，应当注意掌握工程造价管理的基本概念和基础知识，以及与本专业密切相关的水利水电工程建设决策，实施的各阶段进行工程造价管理的基本概念、基本理论、基本方法。经过对本课程的学习及一定的实践，学员应能参加和承担水利水电工程建设各阶段的工程造价管理工作，并初步具有进行经济评价、编制工程概预算、从事工程招投标造价管理等有关工作的能力。

为便于自学，本书提供的作业量较大，实际教学中可根据需要选用。

小 结

本章介绍了水利水电工程造价管理的意义和主要内容，并提出了学习本课程的基本要求。本章的主要内容有：

1. 工程造价管理的历史和发展；

2. 我国工程造价管理的沿革，新形势下工程造价管理的特点；

3. 水利水电工程造价管理的意义和作用；

4. 水利水电工程造价管理的主要内容；

5. 水利水电工程造价管理课程的主要内容和学习任务。

作　业

一、思考题

1. 什么是水利水电工程造价管理？其主要内容有哪些？

2. 如何理解水利水电工程造价管理的重要意义和作用？

3. 水利水电工程造价管理课程有哪些主要内容？如何抓住课程的重点？

二、填空题

1. 现代的工程造价管理已经发展成为一个_____的专业。

2. 对工程进行_____、_____造价管理是今后发展的主流。

3. 在工程建设中，我国已全面推行了_____制、_____制、_____制，以及_____管理制。

4. 我国已建立和执行了造价工程师_____制度。

5. 水利水电工程造价管理是指在水利水电工程建设的全过程中，全方位、多层次地运用_____、_____、_____等手段，对_____、_____进行预测、分析、计算、监督、管理、控制，达到以尽可能少的人力、物力和财力投入获取最大效益的一系列行为。

6. 我国水利水电工程建设程序一般分为_____、_____、_____、_____、_____、_____等阶段。

7. 本课程将水利水电工程_____、_____、_____的有关内容作为重点。

三、选择题

在所列备选项中，选一项正确的或最好的作为答案，将选项号填入各题的括号中（本书作业中的选择题均为单选题，以后各章不再说明）。

1. 现代工程造价管理是随着（　　）而产生和发展起来的。

　　A. 资本主义社会化大生产产生　　　　B. 苏联的社会主义建设

　　C. 我国"四化"建设的发展　　　　　D. 古代工程建设

2. 现代工程造价管理具有（　　）的特点。

　　A. 依附于工程营造或建筑业　　　　B. 仅在工程施工阶段发挥作用

　　C. 仅在工程决策阶段发挥作用　　　　D. 从事后算账发展到事先算账

3. 水利水电工程造价管理的基本内容是（　　）。

　　A. 编制工程概（预）算　　　　　　B. 合理确定和有效控制水利水电工程造价

　　C. 编制工程招标标底　　　　　　　D. 进行工程投标报价

四、判断题

判断以下说法的正误，并在各题后的括号内进行标注，正确的标注√，错误的标注×（各章同此，不再说明）。

1. 现代工程造价管理具有能动地影响工程设计和施工的作用。 （　　）

2. 在水利水电工程建设程序的每一阶段，仅有一种主体进行工程造价管理。 （　　）

3. 水利水电工程造价管理即为编制水利水电工程概预算。 （　　）

4. 水利水电工程造价管理包括宏观层次上的管理和微观层次上的管理。 （　　）

第 2 章

工程造价管理基础知识

目标： 1. 理解价格原理中的基本概念；

2. 了解我国现行税制、税种；

3. 理解工程投资，了解工程融资；

4. 了解工程保险；

5. 理解工程经济中的基本概念；

6. 了解价值工程的基本方法；

7. 理解建设项目管理和我国现行建设管理体制；

8. 掌握工程定额和单价的含义，掌握工程计价的基本方法。

重点： 1. 价格原理中的基本概念；

2. 工程投资；

3. 我国现行建设管理体制；

4. 工程定额和单价；

5. 工程计价的基本方法。

2.1　价格原理

2.1.1　价值

1. 商品

人类历史上，在原始社会，生产力十分低下，社会分工很不发达，生产不是为了交换，而是为了直接满足生产者或经济单位的需要，此时的经济是自然经济。自原始社会末期到奴隶社会和封建社会，虽然社会分工和商品经济有了一定程度的发展，但自然经济依然占据统治地位。到封建社会末期，随着生产力的发展，自然经济趋于瓦解，并逐渐为商品经济所代替。商品经济是直接以交换为目的的经济形式。

商品是为交换而生产的劳动产品。

商品具有使用价值和价值。使用价值是指商品能满足人们的各种需要，例如，棉衣可以御寒，书报可以供人们阅读，机床可以用来生产等。

2. 商品的价值

商品是人类劳动的产品。人类的劳动凝结在商品中形成了商品的价值。

人类的劳动具有两重性。一方面劳动具有不同的具体形式，如各种具体劳动具有一定的具体形式，劳动目的、劳动对象、劳动成果各不相同；另一方面，不论劳动的具体形式有何不同，都可以归纳为人类体力和脑力的消耗，即劳动可以看作一般意义上的、无差别的、抽象的劳动。商品的价值就是凝结在商品中的人类的抽象劳动。由此可知，价值在质上是一样的，不同商品所包含的价值只有量的差别。也正因为这样，商品的价值可以相互比较。商品的价值是其进行交换的基础。

商品的价值是重要概念，要注意掌握。

商品价值的量是按照生产商品的抽象劳动的量来衡量的。而劳动量是按照劳动时间来衡量的。这里所说的劳动时间，不是指某个商品生产者所消耗的个别劳动时间，而是社会必要劳动时间。社会必要劳动时间是在现有的社会正常的生产条件下，在社会平均的劳动熟练程度和劳动强度下制造某种使用价值所需要的劳动时间。

生产某种商品所需的劳动时间与生产部门的生产条件有关。生产条件包括科学的发展水平及其在生产中的应用，技术装备的水平及设备组合的情况和效能，劳动组织是否合理及管理水平的高低等许多方面。社会必要劳动时间对应于现有的社会正常的生产条件。比如，在工程施工中，90%以上的混凝土工程均使用搅拌机生产混凝土，使用机械进行混凝土振捣，则混凝土工程的社会必要劳动时间就对应于这种机械化的生产条件，而不是人工拌和、手工振捣的生产条件。

在同样的社会生产条件下，劳动者劳动熟练程度的不同和劳动强度不同，生产同一种商品所需要的劳动时间也不相同。比如，在同一工地上进行绑扎钢筋的作业，熟练工与未经培训的新工人完成同样作业的劳动时间不同。同样的工人，在工程为赶工期而临时突击施工，与正常施工期间劳动强度不同，完成同样的工作所耗费的劳动时间也不同。社会必要劳动时间应按平均的劳动熟练程度和平均的劳动强度计算。以上作业的社会必要劳动时间就应按一般熟练工和工程正常施工期间的劳动时间计算。

2.1.2 货币

1. 货币的产生

商品具有使用价值和价值，因此也就具有使用价值和价值两种表现形式。商品的使用价值是可以直接感知的，如一种商品，我们可以明确地了解它的形状、大小、用途、质量等。但是，对于单个商品，商品的价值却看不见，摸不着。商品的价值形式只有在它与别的商品进行交换时才能表现出来。

货币的产生基于商品交换，基于商品具有价值形式。

人类历史上，商品交换产生于原始社会末期，当时人们开始把自己消费后剩余的少量产品拿来交换。随着社会生产力的发展，商品交换的范围和规模逐渐扩大。商品交换的发展要求能够有一种商品作为媒介，使各种商品的价值都可以由这种商品来表现，从而便于实现各种商品的相互交换，于是产生了货币。货币是作为一般等价物的特殊商品。

历史上，货币曾有多种形式。在古代，牲畜、皮革、珠宝、盐、茶、酒，以至于奴隶都曾充当过货币。后来，因为金、银等贵金属具有质地均匀、不变质、体积小、价值大、便于携带、便于分割等优点，所以货币大都由金银等贵金属担当。之后，因条块状的贵金属形状不一、重量不等、成色不同，给交换带来不便，又产生了铸币。铸币是具有一定形状、重量、成色并标明面额价值的金属货币，一般由国家铸造，作为法定货币流通。到了近代，纸币代替铸币，成为货币的主要形式。纸币实际上是由国家发行并强制流通的价值符号，它代表贵金属货币执行流通的职能。

现代社会，银行业发达，同时借助发达的信息业，银行的作用不断扩大。银行活期存款以及支票、信用卡等成为货币新的形式。

2. 货币的职能

货币起着一般等价物的作用。货币的职能有以下五方面：

（1）价值尺度。货币可以衡量一切商品的价值。商品价值的货币表现就是价格。有了货币，就可以用价格的方式表示商品的价值，货币可以作为衡量一切商品价值的尺子。

（2）流通手段。货币可以作为商品交换的媒介。货币使社会摆脱了以物易物的不便。

（3）贮藏手段。货币是一般等价物，持有货币可以方便地购买各种商品，贮藏货币等于贮藏财富，于是人们有了贮藏货币的欲望。货币退出流通，作为社会财富被人们贮藏起来，即是货币的贮藏手段职能。

（4）支付手段。这里的支付是指延期支付。随着商品经济的发展，出现了赊账买卖，即买者购买商品时可以先得到商品，以后再支付款项。在赊购债务到期以货币偿还债款时，货币便执行支付手段的职能。货币作为支付手段，还可以用来支付工资、利息、赋税等。货币作为支付手段时，没有立即充当流通手段。如果发生连锁的债务关系，债务又可以抵消，则货币的流通手段职能将不再呈现。

（5）世界货币。货币可以越出一国的范围，在国际经济往来中充当一

贵金属货币本身具有价值，而纸币是由国家发行并强制流通的价值符号，其本身的价值一般远小于其标明的额面价值。

一些经济学家认为银行定期存款和政府债券也可看为是货币，称为广义货币。详见有关专著。

这里介绍了价格的含义，应充分注意。对于价格，下文将进一步说明和讨论。

般等价物，这就是货币的世界货币职能。货币发挥国际货币职能流通时，各国货币要有一定的兑换比率，即汇率。

3. 货币流通量

货币具有流通功能。在一定时期内，用于流通的货币的需求量（货币流通量）取决于下列因素：a. 待出售商品的数量；b. 商品的价格；c. 货币的流通速度。

如以 M 表示一定时期的货币流通量，Q 表示待出售商品的数量，P 表示商品价格，V 表示货币的流通速度（以一定时期内货币的周转速度表示），则货币流通量与有关因素之间的关系可用公式表示为

$$M = \frac{PQ}{V} \tag{2-1}$$

公式中，PQ 为一定时期内待出售商品的价格总额。公式表明，货币流通量与待出售商品的价格总额成正比，与货币的流通速度成反比。例如，一年内待出售的商品的价格总额为 1 000 亿元，一年内货币的流通速度为 5 次，则货币流通量应为 200 亿元。

4. 通货膨胀

人们对通货膨胀的认识经历了一个不断发展的历史过程。起初人们认为，通货膨胀是一种简单的货币现象。在一定时期内，货币流通量超过社会上所能提供的商品的价值总量，引起商品价格的上涨。同时，人们的名义收入和商品价格同时上涨，于是出现货币贬值，并形成通货膨胀（通俗地说，市场上票子多了，东西少了，造成通货膨胀）。

20 世纪 40～60 年代，一些经济学家分别从需求和供给的角度来认识通货膨胀，70 年代又将通货膨胀理解为社会经济结构矛盾的产物。现在人们认识到，通货膨胀是一种十分复杂的经济现象，它是经济生活中供求和结构性因素矛盾运动的综合产物。经济学中一般将物价总水平的各种不同形式的持续上升作为通货膨胀的基本定义。物价总水平上升是指全社会物价总水平上升，而且是持续上升。衡量通货膨胀的指标包括不同的物价指数，以及金融资产（如股票、债券）和其他资产（如房地产、珠宝）等的价格。引起通货膨胀的原因，既有货币供应过多的因素，也有其他非货币因素。

2.1.3 价格与价值规律

1. 价格

如前述，生产商品的社会必要劳动时间决定商品的价值量，但商品只有在与别的商品进行交换时才能表现出它的价值形式。货币是作为一般等价物的特殊商品。货币可以度量商品的价值，商品价值的货币表现就是

式（2-1）只是一个简单的理论公式，实际计算货币流通量时还应考虑其他因素，有关公式也将发生变化，详见有关专著。

应当注意认识通货膨胀的表现，同时了解通货膨胀是一种复杂的社会现象。深入了解通货膨胀可参阅有关研究成果和论著。

价格。

从社会生产的角度出发，商品的价值可分为两大部分，一是产品生产中所消耗的生产资料的价值（可用 C 表示），二是生产过程中活劳动所创造的价值。活劳动所创造的价值又可分为两部分，一部分是为补偿劳动力所消耗的价值（用于劳动者及其被赡养者的消费，如吃饭、穿衣、住房、教育等，可用 V 表示），另一部分是剩余价值（在社会主义制度下，剩余价值是劳动者为社会创造的价值，可用 m 表示）。

相应地，商品的价格也可对应地看作由三部分构成。商品价格中的 C 对应于生产商品所消耗的生产资料的价格，V 对应于支付给劳动者的报酬，m 对应于商品的利润和税金。C 与 V 的和则对应于商品的成本。由此可知，价格是由成本加利税构成的。这里所说的成本是广义的，既包括了生产成本，也包括了商品在流通中发生的费用，即流通费用，如运输费、保管费、包装费、商品促销费用等，而利税是指利润和税金。

2. 价值规律

价值规律，即商品的价值量是由商品的社会必要劳动时间决定，商品交换比例以商品的价值量为基础。

但是，价值规律并不表明在商品交换中，商品的价格必须与价值完全一致。实际上，商品的价格与价值相一致是偶然的，不一致却是经常发生的。这是因为，商品的价格虽然以价值为基础，但价格还受到多种因素的影响，使其发生变动。一般情况下，影响价格变动的最主要因素是商品的供求关系。在市场上，商品供求之间的不平衡是经常的。当某种商品供不应求时，其价格就可能上涨到价值以上；当商品供过于求时，其价格就会下降到价值以下。而价格的变化会反过来调整和改变市场的供求关系，使得价格不断围绕着价值上下波动。

价格围绕价值上下波动正是价值规律作用的表现形式。因为，商品价格虽然时升时降，但商品价格的变动总是以其价值为轴心。另外，从较长时期和全社会来看，商品价格与价值的偏离有正有负，可以彼此抵消。因此，总体上商品的价格与价值还是相等的。

3. 价格的职能

价格的职能主要有以下三方面：

（1）表价职能。价格最基本的职能是表现商品的价值。表价职能使得商品交换得以顺利实现，同时也向市场交易的主体（买方和卖方）提供和传递了信息。表价职能既发生在现实的商品交换中，又发生在非现实的商品交换中。在后一种情况下，价格主要是向市场交易的主体传递信息，为他们提供市场行为决策的依据。

剩余价值学说是马克思主义经济学理论的重要组成部分。

关于税金将在本章第 2 节进一步介绍。

关于工程成本将在本章第 8 节进一步介绍。

注意这里所介绍的价格组成。

非现实的商品交换指尚未实际发生，但将来可能发生的、预期的商品交换。

（2）调节职能。价格的调节职能实际上是价值规律作用的表现。一方面，价格使商品的生产者了解到自己商品的个别价值和社会价值之间的差别（商品的个别劳动时间与社会必要劳动时间的差别），以及商品在市场上的供求情况（商品价值实现的程度）。当商品的个别价值低于社会价值时，生产者不仅可以获得其劳动耗费的补偿，还可以得到额外的收入；反之，生产者就可能发生亏损。这将促使生产者不断采取措施，降低自己的个别价值，并调整自己的产品品种、结构和投资方向，适应市场的需要。另一方面，价格能够刺激或抑制消费者的需求。消费者购买商品时，既追求商品具有足够的使用价值，又追求价格尽可能低廉。当使用价值相同时，消费者会首先购买低价的商品。当有效需求一定时，价格低则需求量大，价格高则需求量小。价格对于生产和消费所具有的双向的调节职能，使社会再生产得以顺利进行，使资源实现合理配置，并使社会经济结构趋于优化。

（3）核算职能。企业、行业以致整个国民经济均借助于价值的货币形式——价格进行核算。有了价格，企业得以进行成本和盈亏核算，同时社会经济的不同部门，以至于整个社会均可进行经济核算、比较和分析。价格成为国民经济中通用的计算工具和手段。

2.1.4　需求与供给

1. 需求曲线

需求是消费者在一定时期内愿意并能够购买的商品的数量。需求不仅反映购买者的愿望，而且反映购买者的购买能力。仅仅具有购买愿望，只表明一种欲望或需要，如果不具备支付的能力，还不能成为需求。因此，需求实际是指有效需求（例如，可能有许多人有购买家用轿车的愿望，但不具备支付能力的人的购车愿望还不能构成对轿车的需求）。

需求的决定因素首先是商品的价格。除价格以外，决定需求的还有一些其他因素，如消费者的偏好、收入、其他消费者的购买行为，以及相关或相近商品的价格等（例如，社会上出现抢购风潮时，消费者可能受别人的影响而购买商品。再如，视听产品中，DVD 机与 VCD 机是相近商品，DVD 机的降价可能会吸引消费者，使 VCD 机的需求减少）。

当决定需求的其他因素不变时，一般情况下，需求随商品价格的增加而下降。将某种商品可能出现的不同价格及其需求的关系用图线表示，称为需求曲线，如图 2-1 所示。图中纵轴表示某种商品的价格 P，横轴表示某种商品的需求量 Q，需求曲线为一条下降的曲线。

当决定需求的其他因素发生变化时，需求曲线将向左方或右方移动。

对于少数商品，如古董、名画、珠宝等，往往价格越高越显示出其珍贵性，从而出现价格越高，商品的需求越大的反常情况。但这类商品不是我们研究的主要对象。

需求曲线向右移动，表明由于其他因素的变化，使需求量增大；需求曲线
向左移动，表明需求量减少。

2. 供给曲线

供给是生产者在一定时期内愿意并能够出售的商品的数量。

同样，供给首要的决定因素也是价格。决定供给的还有一些其他因素，
如生产商品的原材料价格、生产技术条件、管理水平，以及相关或相近商
品的价格等。

当决定供给的其他因素不变时，一般情况下，供给随商品价格的增加
而增加。因为，其他因素不变时，价格越高，商品的单位利润越大，这使
得原来的生产者愿意扩大生产规模，也使别的生产者加入这种商品的生产。
同时，原来不具备生产条件的商品，也因价格上涨，有利可图，而使商品
生产得以进行和发展（如海上石油因开采成本很高，石油价格走低时难以
开发，但在发生能源危机，石油价格猛涨后，一些国家海上石油开发的规
模大幅度增加）。将某种商品的价格和不同价格下生产者愿意提供商品数
量的关系用图线表示，称为供给曲线，如图 2 - 2 所示。图中纵轴表示某种
商品的价格 P，横轴表示某种商品的供给量 Q（为以后叙述的方便，商品
的需求量与供给量绘图时均用 Q 表示），供给曲线为一条上升的曲线。

> 商品价格与供给的关系也有例外的情况。比如，当商品价格小幅度变化时，供给会随价格上涨而增加，但当价格上升幅度较大时，生产者（或卖方，如股票持有者）可能采取观望态度，待价而沽，使得供给出现不规则的变化。但这些同样不是我们研究的主要对象。

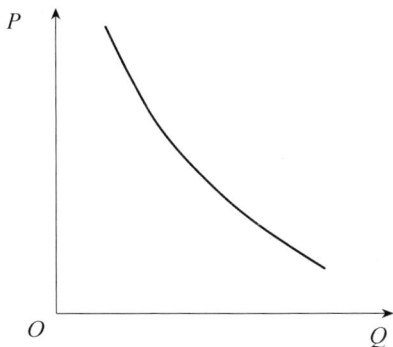

图 2 - 1　需求曲线　　　　　图 2 - 2　供给曲线

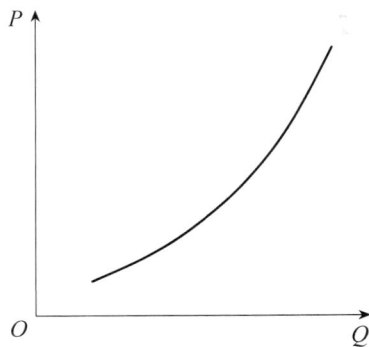

当决定供给的其他因素发生变化时，供给曲线也将向左方或右方移动。
供给曲线向右移动，表明由于其他因素的变化，使供给量增大（比如，因
新技术的使用，使商品生产成本下降。如商品价格不变，生产者可获得更
多的利润，使其愿意生产和提供更多产品，从而加大供给）；供给曲线向
左移动，表明供给量减少。

3. 均衡价格

消费者对于一定商品所愿意支付的价格称为需求价格。生产者为提供
一定商品所愿意接受的价格称为供给价格。商品的需求价格与供给价格相

一致时，商品的价格称为均衡价格。如以纵轴表示商品价格 P，以横轴同时表示商品的需求量和供给量 Q，可将前述需求曲线和供给曲线绘制在同一图中，两条曲线的交点所对应的价格即为均衡价格（见图 2 - 3，图中 DD 为需求曲线，SS 为供给曲线，两条曲线的交点所对应的价格 P_o 为均衡价格）。

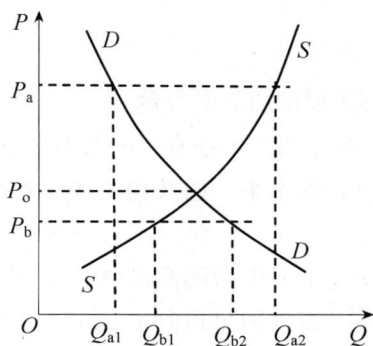

图 2 - 3　均衡价格

由图 2 - 3 可知，当商品实际价格 P_a 高于均衡价格 P_o 时，需求量 Q_{a1} 小于供给量 Q_{a2}（$Q_{a1} < Q_{a2}$），出现商品供大于求，价格将下降。当商品实际价格 P_b 低于均衡价格 P_o 时，需求量 Q_{b2} 大于供给量 Q_{b1}（$Q_{b2} > Q_{b1}$），出现商品紧缺，价格将上涨。由此可知，当商品的价格偏离平衡价格，出现不平衡时，会自发地向平衡点移动。价格调节了商品的供求平衡关系，进而调节了社会经济活动。

如前述，价格围绕价值上下波动是价值规律作用的表现形式。

2.1.5　弹性

1. 弹性系数

需求、供给、价格，商品的各个因素都受到其他因素的作用和影响。某种因素的量可以看作其他因素量的函数（此时其他因素可看作自变量）。弹性是经济分析中普遍使用的概念。弹性定量地表示某种自变量变化对于函数的影响程度。

这里介绍了弹性的含义。

因各个影响因素之间在绝对数量上往往是不可比的，所以分析弹性时，因素的变化一般以相对变化量来表示。比如，将每升汽油涨价 5 角和每辆汽车涨价 1 000 元来比较没有什么意义，但如果知道油价上涨了 3%，车价上涨了 8%，就可以对汽油价格与汽车价格的变化进行定量比较。

弹性常用弹性系数表示。如因素 Y 是因素 X 的函数，这种函数关系可用公式表示为

$$Y = f(X) \tag{2-2}$$

此时有

$$\varepsilon = \frac{\dfrac{\Delta Y}{Y}}{\dfrac{\Delta X}{X}} \tag{2-3}$$

式中：ε——弹性系数；

　　　　ΔY，ΔX——函数 Y 与自变量 X 的增量。

　　可知，弹性系数 ε 是函数因素变化率与自变量因素变化率的比值。ε 值可以是正值，也可以是负值。ε 为正值时，表明自变量因素增大时，函数因素也增大。ε 为负值时，表明自变量因素增大时，函数因素将减小。ε 的绝对值越大，表明自变量因素变化所引起的函数因素变化越大，即自变量对函数的影响越大，或函数对于自变量的敏感程度越大。习惯上，将 ε 的绝对值大于 1 时的情况称为富有弹性，将 ε 的绝对值小于 1 时的情况称为缺乏弹性。函数和自变量的变化率均可用百分比来表示，如自变量的变化率为 1%，当富有弹性时，函数变化率的绝对值将大于 1%，缺乏弹性时，函数变化率的绝对值将小于 1%。

　　式（2-3）也可改写为

$$\varepsilon = \frac{\Delta Y}{\Delta X} \cdot \frac{X}{Y} \qquad (2-4)$$

2. 需求弹性

　　需求弹性表明价格变动或消费者收入变动对于需求的影响。

　　价格变动对于需求的影响用需求价格弹性表示。此时，弹性系数为需求价格弹性系数，按照式（2-4）形式，其表达式为

$$\varepsilon_{\mathrm{D}} = \frac{\Delta Q}{\Delta P} \cdot \frac{P}{Q} \qquad (2-5)$$

式中：ε_{D}——需求价格弹性系数；

　　　Q——商品需求量；

　　　P——商品价格；

　　　ΔQ，ΔP——需求与价格的增量。

　　如前述，一般情况下，其他因素不变时，表明商品需求与价格关系的需求曲线为下降的曲线，故价格弹性系数 ε_{D} 为负值（ε_{D} 小于 0）。

　　按照一般规律，商品中的生活必需品（如食品）的需求价格弹性较小（此时 ε_{D} 的绝对值较小），奢侈品（指广义的奢侈品，包括医疗、娱乐、服装、住房等）的需求价格弹性较大（此时 ε_{D} 的绝对值较大）。

　　收入变动对于需求的影响用需求收入弹性表示。此时，弹性系数为需求收入弹性系数，其表达式为

$$\varepsilon_{\mathrm{M}} = \frac{\Delta Q}{\Delta M} \cdot \frac{M}{Q} \qquad (2-6)$$

式中：ε_{M}——需求收入弹性系数；

　　　Q——商品需求量；

　　　M——收入量；

　　　ΔQ，ΔM——需求与收入的增量。

　　一般情况下，需求随着收入的增长而增加。如用曲线表示，需求与收

> 需注意，需求弹性用两种弹性系数表示。

入的关系表示为上升的曲线，故需求收入弹性系数 ε_M 大于 0。按照一般规律，商品中的生活必需品的需求收入弹性较小，奢侈品（同样指广义奢侈品）的需求收入弹性较大。

随着收入的增加，生活必需品的需求一般并无明显增加，使得收入增加后，用于生活必需品的开支在收入中所占的比例减小。统计学中常用恩格尔指数作为衡量一个家庭或国家富裕程度的指标。恩格尔指数是指人们的食物支出金额在消费总支出金额中占的比例。恩格尔指数降低，表明富裕程度提高。

这里顺便对恩格尔指数进行了介绍。

3. 供给弹性

供给弹性表明价格变动对于供给的影响。

价格变动对于供给的影响用供给弹性表示。此时，弹性系数为供给弹性系数，按照式（2-4）形式，其表达式为

$$\varepsilon_S = \frac{\Delta Q}{\Delta P} \cdot \frac{P}{Q} \tag{2-7}$$

如前述，本节各公式中，Q 既表示商品需求量，又表示商品供应量。

式中：ε_S——供给弹性系数；

Q——商品供给量；

P——商品价格；

ΔQ，ΔP——供给与价格的增量。

如前述，一般情况下，其他因素不变时，表明商品供给与价格关系的供给曲线为上升的曲线，故供给弹性系数 ε_S 大于 0。

按照一般规律，商品中的生活必需品（如食品）的供给弹性较小，奢侈品（指广义的奢侈品）的供给价格弹性较大。

一般情况下，当价格上涨时，生产者愿意增加供给量。但较长时期内供给量的增加将要求生产规模扩大。如果生产需要复杂的设备和较高的条件，生产规模的扩大则可能存在困难。因此，一般来说，劳动密集型产业因增加产品供应比较容易，其供给弹性比较大，供给弹性系数 ε_S 一般大于 1；而资本密集型产业的生产涉及设备、技术等问题，增加产品供应比较困难，其供给弹性比较小，供给弹性系数 ε_S 一般小于 1。

另外，供给弹性可能会与价格变化的方向有关。价格上升时，供给弹性可能较大，价格下降时，情况却相反。比如，建筑业总体上属于劳动密集型产业。中小型建筑企业成立时，无需大量的资金和特殊的高难技术，一般建筑工程所用设备和材料多为常用设备和材料，生产技术和工艺也不十分复杂，加之当前我国农村存在大量剩余劳动力可被建筑业吸收，使得建筑业扩大其生产规模比较容易。当市场价格上涨时，建筑业的供给弹性系数 ε_S 大于 1。但当价格下降时，原有农村剩余劳动力回归农业的收益很

这里所说的建筑业包括了水利水电工程建筑行业。

低（有时甚至为 0），作为建筑市场生产者的建筑企业，其劳动力很难向其他行业转移，使得供给弹性比较小，供给弹性系数 ε_s 将小于 1。这种情况使得建筑市场较长时期内出现供大于求的局面，加剧了市场竞争。

2.1.6　价格的影响因素

价格形成机制十分复杂，影响价格的因素是多方面的。对于影响价格的诸多因素，可概括归纳为三方面。

1. 一般经济因素

一般经济因素是指按照一般经济规律影响价格的因素，主要有价值、供求关系和币值。如前述，价格是商品价值的货币表现，本质上，价格是由商品的价值决定的。但同时，供求关系是价格的重要影响因素。另外，因为价格是以货币表现的，所以货币的币值也对价格具有重要影响。发生通货膨胀时，商品价格会上涨。在国际商贸活动中，商品价格还受汇率变化的影响。

2. 国家宏观调控

在市场经济体制下，由于物质、技术条件的限制和垄断等问题的存在，竞争总具有局限性，即使在西方发达国家，真正的完全自由竞争的市场经济实际上也是不存在的。在市场经济的运行和发展中，政府宏观管理或一定程度的经济干预是必要的。对应于不同的市场结构和文化背景，世界各国的宏观管理模式可分为不同的类型。

在社会主义市场经济体制下，我国宏观经济管理的基本任务是保证国民经济持续、协调、稳定地增长，保证宏观经济效益最大化。

一般而言，宏观经济管理目标可以分解为经济增长、充分就业、币值稳定和国民经济收支平衡四大方面。在市场经济体制下，国家的宏观调控以间接调控为主，即主要运用经济手段和法律手段实现调控。经济手段是指国家依据客观经济规律和物质利益原则，用调节经济利益的方法来引导、影响人们的经济行为，使经济运行朝着国家预定的目标变化。法律手段是指国家为调节社会经济生活所采取的经济立法、经济司法等措施，以及运用的各种法律、法规。

在社会总需求低于国民经济生产能力，且存在资源未被充分利用和劳动力失业率较高的情况下，政府将采用"扩张政策"，包括扩张性财政政策和扩张性货币政策。扩张性财政政策包括减少税收，扩大政府开支（主要是增加政府对公共工程的支出），增加对居民的转移支付（如增加社会福利、失业补助、救济金和其他补贴）等。扩张性货币政策是通过提高货币供应增长速度来刺激总需求增长率，包括通过中央银行购进政府债券，将货币投入市场，降低银行利息率，促进贷款等。

这里介绍了经济手段的含义。

在我国社会主义市场经济体制下，运用计划进行调节也属于间接调控手段。

目前我国市场经济体制发育还不够成熟，在过渡时期，政府还会或多或少地直接干预经济，并对价格发生影响。

在国民经济形势过热、需求增加过旺、通货膨胀居高不下且国际收支持续逆差等情况下，政府将采用"紧缩政策"，包括紧缩性财政政策和紧缩性货币政策。紧缩性财政政策包括增加税收，降低政府开支（主要是减少政府对公共工程的支出，以及减少政府对商品和劳务的采购），减少对居民的转移支付（如减少社会福利、失业补助、救济金和其他补贴）等。紧缩性货币政策即实行通货紧缩（又称抽紧银根），是政府为抑制通货膨胀而采取的货币政策，指通过减少流通中的货币的办法提高货币购买力，减轻通货膨胀压力，其主要手段包括中央银行采取抽紧银根的措施，以及冻结工资和物价、增加税收、压缩预算开支等。

宏观调控属于宏观经济学研究的范畴，这里只作了十分简单的介绍。

国家宏观调控中，经济杠杆是经济手段的主要形式。经济杠杆包括一系列手段，主要有价格、税收、信贷、利率、汇率、工资、奖金等形式。经济杠杆可以诱使企业或个人从经济上关心自身的行为是否符合国家的有关政策、法规和意向性的要求，促使经济运行朝着规定的方向发展。

国家宏观调控对价格将产生影响。如 20 世纪 90 年代后期，我国坚持扩大内需的方针，实施积极的财政政策和稳健的货币政策，实现了经济快速增长，同时稳定了货币币值，实现了高增长、低通胀，取得举世瞩目的成就。再如，我国实施西部大开发，国家加大基础设施建设投资，对于相关地区和产业的发展具有明显的拉动作用。而社会经济增长加快，社会需求增长，将影响市场的供求平衡，拉动商品的平衡价格向较高水平变动。

3. 非经济因素

本节所讨论的是市场价格。市场价格是多方面因素综合作用的结果。在工程经济分析中，为了分析比较的需要，有时需要剔除某些因素的影响，为此引入不同形式的价格，如影子价格、可比价格等。这些内容将在本章第 5 节中进行介绍。

许多非经济因素也会对价格产生影响。比如，科学技术水平的提高，将使商品生产成本降低，同时使老产品显得落后，缺乏竞争力，从而使其价格下降（如计算机等电子产品，由于技术发展迅猛，产品更新换代很快，一种产品常因生产成本下降和新产品出现，在较短时期内降价）。再如，社会生产专业化也将对价格产生影响（生产专业化是指企业中生产一定品种产品的部门从企业中分离出来，成为独立的企业，并形成新的独立行业的过程。这是社会劳动分工不断扩大和深化的产物，也是生产力不断发展的标志）。生产专业化使得生产单一化，有利于企业使用专用机械，提高技术和管理水平，降低原材料消耗，提高生产效率，同时降低产品价格。

对于建筑业，工程项目的决策、设计、工程自然条件等复杂因素都会对工程价格产生重要的影响。

2.2 税 金

税金是指国家凭借其政治权力，按照法定标准强制地、无偿地向纳税人征收的税额。

税金的多少取决于税基和税率两个因素。税基是据以课税的价值，税率是一个百分数。用税基乘以税率即为税金总额。

各个国家的税种设置、课税标准不同。为适应社会主义市场经济发展的需要，我国于1994年进行了全面的税制改革。以下按照现行税收法规，介绍与水利水电建设关系较为密切的几种税金。

1. 固定资产投资方向调节税

固定资产投资方向调节税是对在我国境内进行固定资产投资的单位和个人征收的一种调节税。征收固定资产投资方向调节税是为了用经济手段控制投资规模，引导投资方向，贯彻国家产业政策。固定资产投资方向调节税的税率自0～30%，分为5档。国家对固定资产投资总体工程中的各单位工程执行不同的税率，江河治理、排灌、农田水利、水土保持等水利工程，以及大中小型水力发电工程等，固定资产投资方向调节税税率均为0。

2. 营业税

营业税是以纳税人从事经营活动（包括交通运输业、建筑业、金融保险业、邮电通信业、文化体育业、娱乐业、服务业、转让无形资产、销售不动产等）为课税对象的一种税。营业税应纳税额的计算式为

$$营业税应纳税额 = 营业额 × 税率 \qquad (2-8)$$

式（2-8）中的营业额为纳税人提供应税劳务，转让无形资产或者销售不动产向对方收取的全部价款和价外费用。

我国对不同行业实行不同营业税税率。交通运输业、建筑业、邮电通信业和文化体育业适用营业税税率为3%，服务业、转让无形资产和销售不动产适用营业税税率为5%，金融保险业适用营业税税率为8%，娱乐业适用弹性营业税税率，税率为5%～20%。

营业税属于价内税。价内税是指商品价格内包括应纳的此项税金。

建筑业企业从事建筑安装、修缮、装饰等工程施工，应申报缴纳营业税。

3. 企业所得税

企业所得税是以经营单位在一定时期内的所得额（纯收入）为课税对象的一个税种。所得税体现了国家与企业的分配关系。企业所得税应纳税额按年度计算，其计算公式为

$$企业所得税应纳税额 = 应纳税所得额 × 税率 \qquad (2-9)$$

式中，应纳税所得额的计算公式为

$$应纳税所得额 = 收入总额 - 准予扣除项目金额 \qquad (2-10)$$

式中，收入总额包括生产经营收入、财产转让收入、利息收入、租赁收入、特许权使用收入、股息收入和其他收入。准予扣除项目金额包

税基可理解为据以征收税金的基础和依据，课税即征收税金，税种即税金的种类。

固定资产投资的有关内容将在本章第3节进一步说明和讨论。

价外费用包括向对方收取的手续费、基金、集资费、代收款项、代垫款项以及其他各种性质的价外收费。

23

括成本、费用（纳税人为生产、经营商品和提供劳务等所发生的销售费用、管理费用、服务费用）、税金（包括消费税、营业税、城市维护建设税、资源税、土地增值税和教育费附加等。现行增值税实行价外征收，不计入销售金额，在计缴所得税时也不得扣除）、损失（纳税人生产经营过程中的各项营业外支出、经营亏损、投资亏损等）金额。企业所得税税率为33%（固定比例税率）。对农口企业，包括水产，暂免征收企业所得税。

4. 增值税

增值税是以商品生产流通各个环节的增值因素为征税对象的一种流转税。凡在我国境内销售货物或者提供加工、修理修配劳务以及进口货物的单位和个人，为缴纳增值税的纳税义务人（这里所说的货物指有形动产，包括电力、热力和气体）。

就一个生产经营单位而言，生产经营活动的增值大体上相当于本单位活劳动所创造的价值额。因为增值在经济活动中实际上难以准确计量，所以在增值税操作中一般采用间接计算方法。按照现行税法，增值税应纳税额的计算式为

$$增值税应纳税额 = 当期销项税额 - 当期进项税额 \quad (2-11)$$

式（2-11）表明，增值税应纳税额等于将进项税额从销项税额中抵扣后所得余额。

式（2-11）中的销项税额是按照税率计算并向购买方收取的增值税税额。其计算式为

$$销项税额 = 销售额 \times 税率 \quad (2-12)$$

式（2-12）中的销售额是纳税人销售货物或提供应税劳务向购买方收取的全部价款和价外费用（价外费用包括手续费、违约金、包装费、运输装卸费、代收款项等）。

式（2-11）中的进项税额为纳税期限内购进货物或应税劳务缴纳的增值税额。进项税额是由销售方缴纳，由购买方支付给销售方的。销售方开出的增值税发票应注明增值税额。

按照销售或进口货物种类不同，增值税的税率分别为13%或17%（详见有关税法，其中销售水电税率为17%），出口货物税率为0，提供加工、修理修配劳务的税率为17%。

增值税的纳税期限可为1日、3日、5日、10日、15日或1个月，由主管税务机关核定。

按照式（2-11）计算，在生产、流通过程的某一中间环节，生产经营者大体上只缴纳对应于本环节增值的增值税额。

> 增值税抵扣制度详见我国《增值税暂行条例》。

增值税在零售环节实行价内税（此时增值税实际上由消费者承担），在零售环节以前的其他环节实行价外税（价外税是指商品价格中不包括此项税金）。

【例2-1】　某水电站某月售电24万元（不含税价），水电站当月采购共30笔，其中20笔属原材料、低值易耗品等，并具有增值税专用发票，注明增值税款额合计1.7万元，计算某水电站应纳增值税额。

解： 水电站售电适用税率为17%。按式（2-12）计算，该月销项税额=24×17%=4.08（万元）。故水电站应向购电人收款28.08万元，其中24万元为销售收入，4.08万元为增值税款。以上两项应在售电发票中分别填写清楚。

按照式（2-11），可算得水电站本月增值税应纳税额=4.08-1.7=2.38（万元）。

建筑业企业从事多种经营（如企业既从事建筑安装，又从事建材销售等销售活动），对于建筑安装和销售行为应分别核算，分别缴纳营业税和增值税。如企业不能分别核算，则一并对其征收增值税，不再征收营业税。

5. 土地增值税

土地增值税是对有偿转让国有土地使用权、地上建筑物及附着物（简称房地产）所获收入的增值部分征收的一个税种。转让房地产并取得收入的单位和个人为土地增值税的纳税人。

土地增值税的税基为土地增值额，即有偿转让房地产所获收入扣除有关支出后的净额，其计算式为

$$土地增值额=出售房地产收入总额-扣除项目金额　　（2-13）$$

税法规定的各项扣除金额包括：

（1）取得土地使用权时支付的金额；

（2）开发土地的成本（如拆迁补偿费、平整土地及通水、通电、通路费用等）；

（3）新建房屋及配套设施成本、费用或旧房及建筑物评估价格；

（4）与转让房地产有关的税金；

（5）财政部规定的其他扣除项目。

土地增值税的税率为四级超额累进税率，按土地增值额超过其扣除额的百分比确定，见表2-1。

按照表2-1直接计算土地增值税，需分别计算各级税率对应的土地增值额及相应税金，计算较为烦琐，实际工作中一般采用速算表进行计算。速算表给出了经折算得到的速算扣除率，使计算得以简化，见表2-2。

表2-1　土地增值税四级超额累进税率表

增值额超过其扣除额的百分比	适用累进税率
50%以下	30%
50%~100%	40%
100%~200%	50%
200%以上	60%

表2-2　土地增值税速算表

增值额超过其扣除额的百分比	适用累进税率	速算扣除率
50%以下	30%	0
50%~100%	40%	5%
100%~200%	50%	15%
200%以上	60%	35%

表2-2所对应的土地增值税税额计算公式为

$$土地增值税税额 = 土地增值额 \times 适用累进税率 -$$
$$扣除项目金额 \times 速算扣除率 \qquad (2-14)$$

【例2-2】　某建筑业企业出售房屋一座，售价为1 110万元。据其提供有关资料可知扣除项目金额为300万元。试计算该企业应缴纳的土地增值税。

解：某企业出售房屋土地增值额为

$$土地增值额 = 1\,110 - 300 = 810（万元）$$

增值额超过其扣除额的百分比为

$$增值额超过其扣除额的百分比 = \frac{810}{300} \times 100\% = 270\%$$

可知适用累计税率为60%，速算扣除率为35%。按照式（2-14）计算，某企业出售房屋的土地增值税税额为

$$土地增值税税额 = 810 \times 60\% - 300 \times 35\% = 486 - 105 = 381（万元）$$

纳税人建造普通住宅出售时，其所获收入的增值额未超过扣除项目金额的20%的，可免征土地增值税；因国家建设需要依法征用、回收的房地产，可免征土地增值税。

兼营房地产业的建筑业企业在转让房地产后，凡符合纳税条件的，应缴纳土地增值税。

6. 消费税

消费税是对特定的消费品和消费行为征收的一种税。在全社会商品

（产品）普遍征收增值税的基础上，选择少数消费品征收一定的消费税，其目的是调节消费结构，引导消费方向，同时也为保证国家财政收入。如在国际上通行对于烟、酒、汽油等征收较重的税，其目的在于：限制烟、酒消费，保护人民身体健康；限制汽油消费，保护生态环境和节约能源。为此，我国消费税设有烟、酒及酒精、化妆品、护肤护发品、贵重首饰及珠宝宝石、鞭炮及焰火、汽油、柴油、汽车轮胎、摩托车、小汽车 11 个税目。

消费税有关具体规定详见我国《消费税暂行条例》及《消费税暂行条例实施细则》。

消费税属于价内税，分别实行从价定率征收、从量计税的计税方法。从价定率征收的计税公式为

$$从价定率征收的应纳税额 = 销售额 \times 税率 \qquad (2-15)$$

式（2-15）中的销售额是纳税人销售应税消费品向购买方收取的全部价款和价外费用。税率按照不同税目分别设置。其中汽车轮胎税率为 10%，小汽车按不同车种和气缸容量，其税率为 3% ~ 8% 。

对于黄酒、啤酒、汽油和柴油等实行从量计税。其计税公式为

$$从量计税的应纳税额 = 销售数量 \times 单位税额 \qquad (2-16)$$

式（2-16）中的销售数量是纳税人销售的应税消费品的数量，单位税额汽油为 0.2 元/L，柴油为 0.1 元/L。

7. 印花税

印花税是对经济活动和经济交往中书立、领受各类经济合同、产权转移书据、营业账簿、权利许可证照等凭证这一特定行为征收的一种税。

印花税实行按比例税率征收和按定额征收两种计税方法。按比例税率征收印花税的计税公式为

$$印花税应纳税额 = 计税金额 \times 税率 \qquad (2-17)$$

式（2-17）中的计税金额应按有关税法规定计，如购销合同为购销金额，建设工程勘察设计合同为勘察设计收取的费用，建筑、安装工程承包合同为承包金额，借款合同为借款金额，财产保险合同为投保金额等。税率分为 5 档，即千分之一、万分之五、万分之三、万分之零点五和万分之零点三，适用于不同凭证。

新中国成立后曾开征印花税，1958 年将印花税并入工商统一税，不再单独征收。1988 年起，国家恢复征收印花税。

对于账簿及不记载金额的凭证，实行按件定额计税，税额为每件 5 元。

印花税实行由纳税人根据规定自行计算应纳税额，购买并一次贴足印花税票（简称贴花）的缴纳办法。

8. 城市维护建设税

城市维护建设税是对缴纳增值税、营业税的单位和个人征收的一种税。城市维护建设税依据纳税人缴纳的以上税种的税额征收，与以上税种同时缴纳。城市维护建设税的税率按纳税人所在地的不同而不同。纳税人所在

水利水电涉外工程，以及工程需进口材料、设备时，须缴纳进出口税及关税，具体参见税法有关规定。

地在市区的，税率为 7%；所在地在县城、镇的，税率为 5%；所在地不在市区、县城、镇的，税率为 1%。

9. 教育费附加

按照国务院有关规定，教育费附加以各单位和个人实际缴纳的增值税、营业税、消费税的税额为计征依据，附加率为 3%，分别与以上各税同时征收。

2.3 投资与融资

2.3.1 投资

1. 投资及投资运动

投资是指投资主体为了特定的目的和取得预期收益而进行的价值垫付行为。投资是一种经济行为，其目的是谋取预期效益。

从本质上讲，投资主体之所以具有投资的积极性，愿意垫付价值，是由于在社会生产中，劳动者能够创造出剩余价值，使垫付的价值产生增值。

投资的运动过程本质上是价值的运动过程。投资运动就是价值在投资循环中川流不息的运动过程，它包括以下四个阶段：

（1）资金筹集。社会生产创造了价值，形成了资金。资金筹集是把资金从资金形成方手中吸收过来，供投资者使用的过程。

（2）投资分配。即确定投资分配的方向和比例。我国现阶段的投资分配既靠计划调整，又靠市场调节。随着社会市场经济体制不断发育和成熟，市场调节将逐渐成为投资分配的主要手段。

（3）投资运用。即投资实施，是指投入资金转化为物质要素的过程，包括项目决策（项目建议书、可行性研究、方案选择等）和实施（设计、施工、验收、交付使用等）。

（4）投资回收。它是指通过资金运用形成具有一定功能的资产，并为市场提供产品或服务，实现其价值增值，然后回收投资的过程。投资运动过程是周而复始、不断进行的。投资回收是本次投资运动过程的最后一个阶段，同时又是投资下一个运动过程的开始。

2. 投资分类

从不同的角度出发，可以对投资作不同的分类。

（1）按照投资领域不同，可将投资分为生产经营性投资和非生产经营性投资。生产经营性投资是指直接用于物质生产或直接为生产服务的投资，如工业建设、农业、水电、运输、通信事业建设投资等。非生产经营性投资是指满足人民物质文化生活需要的建设投资，包括消费性设施、基础设施、国防设施投资等。与生产经营性投资不同，非生产经营性投资不循环周转，也不会增值。

（2）按照投资主体不同，可将投资分为政府投资、企业投资、国家授权投资主体投资和个人投资。其中，国家授权投资主体是我国改革开放中出现的一种特殊的投资主体。目前我国的国家授权投资机构采用有限责任公司的组织形式，一般不直接生产产品或提供服务，属于资产管理型公司，其主要作用是保障国有资产保值增值。

（3）按照投资方式不同，可将投资分为直接投资和间接投资。直接投资是指投资主体直接将资金投入生产经营领域的投资经营活动，如投资主体直接开厂设店，或与其他经营者联合投资、合作经营等。间接投资是指投资主体将资金向直接投资者出让，或通过金融中介出让，将资金间接投入生产经营的投资活动，如投资者向直接投资者提供贷款，或委托银行、信托公司代为投资，或通过购买股票、债券、基金进行投资活动等。

（4）按照投资来源国别不同，可将投资分为国内投资和国外投资。

（5）按照投资在再生产过程中周转方式不同，可将投资分为固定资产投资和流动资产投资。

2.3.2　固定资产投资与流动资产投资

1. 固定资产与固定资产投资

固定资产是指在社会再生产过程中可供长时间反复使用，并在使用过程中基本上不改变其实物形态的劳动资料和其他物质资料。在我国会计实务中，将使用年限在一年以上的房屋、建筑物、机械设备、器具、工具等生产经营性资料作为固定资产。对于不属于生产经营主要设备的物品，单位价值在 2 000 元以上，且使用年限超过两年的，也作为固定资产。

固定资产投资是指投资主体垫付货币或物资，以获得生产经营性或服务性固定资产的过程。

固定资产投资包括更新改造原有固定资产以及构建新增固定资产的投资。通过建造和购置固定资产的活动，国民经济不断采用先进技术装备，建立新兴部门，进一步调整经济结构和生产力的分布，增强经济实力，为改善人民物质文化生活创造物质条件。

固定资产投资额是以货币表现的建造和购置固定资产活动的工作量，它是反映固定资产投资规模、速度、比例关系和使用方向的综合性指标。

2. 固定资产投资分类

固定资产投资可按不同方式分类。

> 这里介绍了固定资产和固定资产投资的含义，以及固定资产投资的分类、组成及其特点等，应注意掌握。

（1）按照经济管理渠道和现行国家统计制度规定，全社会固定资产投资总额分为基本建设、更新改造、房地产开发投资和其他固定资产投资四部分。

注意基本建设的含义。

① 基本建设是指企业、事业、行政单位以扩大生产能力或工程效益为主要目的的新建、扩建工程及有关工作。

② 更新改造是指企业、事业单位对原有设施进行固定资产更新和技术改造，以及相应配套的工程和有关工作（不包括大修理和维护工程）。

③ 房地产开发投资是指房地产开发公司、商品房建设公司及其他房地产开发单位统一开发的包括统代建、拆迁还建的住宅、厂房、仓库、饭店、宾馆、度假村、写字楼、办公楼等房屋建筑物和配套的服务设施，以及土地开发工程，如道路、给水、排水、供电、供热、通信、平整场地等基础设施工程的投资（包括非房地产企业实际从事房地产开发或经营活动，不包括单纯的土地交易活动）。

其他固定资产投资具体包括三方面，详见国家统计局有关解释和统计规定。

④ 其他固定资产投资是指全社会固定资产投资中未列入基本建设、更新改造和房地产开发投资的建造和购置固定资产的活动。

（2）按照固定资产投资活动的工作内容和实现方式，可将其分为建筑安装工程，设备、工具、器具购置，其他三个部分。

① 建筑安装工程是指各种房屋、建筑物的建造工程和各种设备、装置的安装工程。在安装工程费用中，不包括被安装设备本身的价值。

② 设备、工具、器具购置是指购置或自制达到固定资产标准的设备、工具、器具。

其他费用的具体内容可参阅本章第8节。

③ 其他费用是指在固定资产建造和购置过程中发生的，除建筑安装工程和设备、工具、器具购置以外的各种应摊入固定资产的费用。

3. 固定资产投资的特点

与一般商品生产、流通的过程相比，固定资产投资过程具有独特的规律，其主要特点包括以下几方面：

（1）资金占用多，一次投入资金的数额大。并且，这种资金投入往往需要在短时期内筹集，一次投入使用。

（2）资金回收过程长。投资项目的建设期短则一两年，长则几年、十几年甚至几十年，直至项目建成投产后，投资主体才能在产品或服务销售和取得利润的过程中回收投资，回收持续时间也较长。

（3）投资形成的产品具有固定性。产品的位置、用途等均是固定的。

（4）投资形成的产品具有单件性。固定资产的每个项目都具有不同的结构、形式和用途，即便同一类项目，因为环境和其他条件的差别，项目之间也具有差别。因此，固定资产投资项目不能批量生产，而需分别设计和建设。

（5）投资管理复杂。宏观上，固定资产投资对于国民经济和社会发展的比例关系和布局具有重大影响，因此项目投资决策和管理十分严格、复杂。微观上，因固定资产投资项目建设和运行周期长，建设过程中生产和支付交错进行，使得投资项目本身管理也较为复杂。

由于固定资产投资在整个社会投资中占据主导地位，因此，通常所说的投资主要是指固定资产投资（在本书中，如不作特别说明，投资均指固定资产投资）。

注意此处的约定。

4. 流动资产与流动资产投资

与固定资产相对应，流动资产是指在生产经营过程中经常改变其存在状态，在一定营业周期内变现或耗用的资产，如现金、存款、应收及预付账款、原材料、在产品、产成品、存货等。

流动资产投资是指投资主体用以获得流动资产的投资。

2.3.3　投资管理体制改革

投资管理体制是指组织、领导和管理社会投资活动的基本制度和主要方式、方法。它是社会经济制度的主要内容。

新中国成立以来，我国投资管理体制经历了与社会经济管理体制的变化相适应的变化过程。党的十一届三中全会以前，与计划经济体制相适应，投资纳入国家统一计划，预算拨款是投资资金的主要来源。实行改革开放以来，我国投资管理体制从宏观管理到微观运行，从项目决策、项目管理到建设实施进行了一系列改革。

1981 年起我国实行"拨改贷"。"拨改贷"是国家预算安排的基本建设投资由财政拨款改为银行贷款的简称。在计划经济体制下，国家基本建设资金一直实行财政无偿拨款制度，由建设单位无偿使用资金。使用资金的单位既无外在压力，又无内在动力，经常向国家争投资、争项目，造成资金使用浪费，经济效益低下。"拨改贷"是我国投资管理体制的重大改革。"拨改贷"后，国家预算内的建设项目投资由无偿拨款改为有偿贷款。属于"拨改贷"部分的预算资金，按照财务级别，由中央和地方预算拨给同级建设银行，作为贷款资金的来源。建设单位应向银行办理借款手续，按期支付利息，归还本金。建设银行收回的本金，属于中央预算安排的，交回中央财政，属于地方预算安排的，原则上交回地方财政部门；收入的利息，扣除业务支出后，按财政级别，转作各级建设银行的基本建设基金。

实行"拨改贷"，资金有偿使用，将资金使用单位的经济利益和应负的经济责任结合起来，有利于调动其自主经营的积极性和主动性，提高投

31

资的经济效益。同时，"拨改贷"加重了银行的经济责任，促使其发挥监督作用，管好用活贷款（自 1986 年起，国家预算直接安排的基本建设投资，分列为国家预算内拨款投资和国家预算内"拨改贷"投资两部分，对科研、学校、行政等豁免本息的非生产性投资不再实行"拨改贷"方式管理）。

国务院于 1996 年 8 月发布《关于固定资产投资项目试行资本金制度的通知》。

关于资本金制度下文将进一步介绍。

为了深化投资体制改革，建立投资风险约束机制，有效地控制投资规模，提高投资效益，促进国民经济持续、快速、健康发展，自 1996 年起，我国对固定资产投资项目试行资本金制度。

在投资管理体制改革中，国家下放了建设项目决策管理的权限，划分了国家、地方、企业的投资范围。中央政府负责关系整个国民经济产业结构和社会消费结构的项目投资，地方政府负责关系到地方产业、经济结构的项目投资，企业投资决策具有自主权。投资主体多元化的局面初步形成。

实行改革开放以来，国家加强以财政、税收、利率等经济手段对投资进行调控。按照国际惯例，在建筑市场中引进了招标投标等竞争机制，成立了国家专业投资公司，设立了建设基金等。

随着改革开放的进一步深化，投资管理体制中投资融资方式将进一步多样化。同时，要注重进一步建立和完善投资风险机制。按照国际惯例，在投资活动中将加强和发挥有关中介服务机构的作用。各级政府将进一步减少行政干预，更多通过经济政策和法规等间接手段对投资活动进行调控。我国加入世贸组织后，改革开放形势进一步发展，作为社会主义市场经济体制的有机组成部分，我国投资管理体制也相应地不断改革和发展。

2.3.4 融资

1. 融资

融资可以理解为一切为项目投资而进行的资金筹措行为。

融资中要合理确定资金的需求量，认真选择资金来源，降低融资和资金成本，适当维持自有资金的比率。在时间安排上，要保证资金按需求投放，适时取得资金。

资金按其来源可分为自有资金和借入资金。

2. 资本金与负债

在我国对于各种经营性投资项目，包括国有单位的基本建设、技术改造、房地产开发项目和集体投资项目，试行资本金制度。投资项目必须首先落实资本金才能进行建设（公益性投资项目不实行资本金制度）。

项目资本金是指在项目总投资中，由投资者认缴的出资额。资本金属于自有资金。对于项目来说资本金是非债务性资金，项目法人不承担这部分资金的任何利息和债务。

关于项目法人将在本章第 7 节进行介绍。

按照有关规定，资本金可以用货币出资，也可以用实物、工业产权、非专利技术、土地使用权作价出资。对作为资本金的实物、工业产权、非专利技术、土地使用权，必须经过有资格的资产评估机构依照法律、法规评估作价，不得高估或低估。以工业产权、非专利技术作价出资的比例不得超过投资项目资本金总额的 20%（国家对采用高新技术成果有特别规定的除外）。

这里介绍了资本金的含义。

资本金占总投资的比例，根据不同行业和项目的经济效益等因素确定。其中，电力、建材等项目资本金比例为 20% 及以上。经国务院批准，对个别情况特殊的国家重点建设项目，可以适当降低资本金比例。

资本金一次认缴，并根据批准的建设进度按比例逐年到位。对资本金未按照规定进度和数额到位的投资项目，投资管理部门不发给投资许可证，金融部门不予贷款。

实行资本金制度的投资项目，在可行性研究报告中要就资本金筹措情况做出详细说明，包括出资方、出资方式、资本金来源及数额、资本金认缴进度等有关内容。对资本金来源不符合有关规定，弄虚作假，以及抽逃资本金的，要根据情节轻重，对有关责任者处以行政处分或经济处罚，必要时停缓建有关项目。

项目负债是指项目承担的以货币计量并需要以资产或劳务偿还的债务。项目负债属于借入资金。

这里介绍了项目负债的含义。

2.3.5　资本金筹集

按照有关规定，项目可通过争取国家财政预算内投资、自筹投资、发行股票和利用外资直接投资等多种方式来筹集资本金。

1. 国家财政预算内投资与自筹投资

（1）国家财政预算内投资是指以国家预算资金为来源并列入国家计划的固定资产投资。它包括国家预算、地方财政、主管部门和专业投资公司拨给或委托银行贷给建设单位的基本建设拨款和中央基本建设基金，拨给企业单位的更新改造拨款，以及中央安排的专项拨款中用于基本建设的资金。

国家预算内投资是能源（含水电）、交通、水利、原材料以及国防科研、文教卫生、行政事业建设项目投资的主要来源。

（2）自筹投资是指建设单位收到的用于进行固定资产投资的上级主管部门、地方和单位、城乡个人的自筹资金。目前，自筹资金已成为筹集建设资金的主要渠道。自筹资金必须纳入国家计划，并控制在国家确定的投我国《公司法》于 1993 年 12 月由第八届全国人民代表大会常务委员会第五次会议通过，1999 年 12 月由第九届全国人民代表大会常务委员会第十三次会议修订。

资总规模以内，其投资方向应符合一定时期国家确定的投资使用方向。

2. 股票

发行股票是指股份有限公司以发行股票的方式筹集资金。

公司是依据一定的法律程序而设立，以营利为目的的法人组织，是现代企业的一种形式。按照《中华人民共和国公司法》（简称《公司法》），我国的公司有有限责任公司和股份有限公司两类。其中股份有限公司的全部资本分为等额股份，股东以其所持股份为限对公司承担责任，公司以其全部资产对公司的债务承担责任。

股票是由股份有限公司发行的，表示其持有人按其持有的份额，享受相应权益和承担相应义务的可转让的书面凭证，是一种代表所有权的证券。

对于投资人来说，购买股票就是向公司投资，投资者有权凭所持有的股票从公司领取股息和分享公司的经营红利，股票盈利的多少取决于公司的经营状况和盈利水平。购买股票的风险与收益并存，如公司破产，投资者将无法保住本金。股票代表了股东的永久性投资，投资者购买股票后无权退股，但可以在股票交易市场上出售其持有的股票，因此，股票具有非返还性（或称不可逆反性）。股票持有者即为公司的股东，其参与公司经营决策的权力大小取决于其持有股票份额的多少。

依据我国《公司法》，股票经国务院或者国务院授权证券管理部门批准在证券交易所上市交易的股份有限公司为上市公司。从国内外情况来看，上市发行股票的公司仅为全部公司中的少数。

按照股票所代表的股东权益划分，股票可以分为普通股和优先股两种。普通股股票是指代表股东享有同等权利，不受特别限制，并随着股份有限公司利润大小而分取相应股息的股票。普通股的股东可以享受公司经营参与权、盈利分配权、剩余资产分配权、认股优先权等多种权利。优先股是相对于普通股而言的，是指在分配公司收益和剩余资产方面比普通股具有优先权的股票。普通股的股息是不固定的，股息多少根据公司盈利情况而定，而优先股的股息是固定的，类似于债券。股份有限公司受益分配的顺序是，先对债权人支付利息，然后分派优先股股息，最后分配普通股股息。

股票市场由股票发行市场和股票交易市场构成。股票发行市场又称一级市场，是股份有限公司通过发行股票向社会公众筹集资金的市场。股票交易市场又称二级市场，是已经发行的各种股票转让、流通、交易的市场。

国务院于 1993 年 4 月发布《股票发行与交易管理暂行条例》。

采用发行股票的方式融资具有效率高、风险小的优点。发行股票使融资人有可能在短期内筹措到大量资本金并减少负债。同时，因股票具有非返还性，无到期日，融资人没有返还资金的压力。另外，股息和红利具有弹性，无须像贷款利息那样按期支付，当公司经营状况不好或资金短缺时，融资人可决定不发放股息和红利。因此，发行股票融资的风险较低。

我国对每年股票发行额度严格实行计划管理，股票发行和上市有严格的审批程序。股份有限公司公开发行股票、扩充股本金以及股票上市应符合《公司法》、股票发行和交易管理的有关法规。

发行股票需要一定的投入。同时，股息和红利需在股份有限公司的税后利润中支出，使股票融资的资金成本较高。

3. 利用外资直接投资筹集资本金

关于资金成本将在本节 2.3.9 中进一步介绍。

利用外资直接投资筹集资本金主要包括与外商合资经营、合作经营、合作开发以及外商独资经营等方式。用这种方法筹集资金时，融资人与外方不发生债权债务关系，但要出让部分管理权，同时出让部分利润。

（1）合资经营是指外国公司、企业或个人经我国政府批准，同我国的公司、企业在我国境内举办合营企业，属股份制经营。合资各方的出资方式可以是现金、实物，也可以是知识产权（如专利权、商标权）等无形资产。各方按照其出资比例对公司实施控制权，并分享利益和承担风险。

（2）合作经营是一种无股权的契约式经营组织，一般由我方提供土地、厂房、劳动力，由国外合作方提供资金、技术、设备，共同兴办企业。合作双方的权利、义务由双方协商，并以协议或合同予以规定。

（3）合作开发主要是指资源（如石油）的合作勘探、开发，其合作方式与合作经营类似，合作双方按协议或合同规定分享所开发的产品或所得利润。

（4）外资独资经营是由外国投资者单独投资和经营的方式。实行改革开放以来，我国允许外商在经济特区、开发区和其他经批准的地区开设独资企业，其一切活动应遵守我国法律、法规，并照章纳税。外资独资企业的税后利润，在符合我国外汇管理有关法规的前提下，可通过中国银行汇往国外。

2.3.6　负债筹集资金

如前述，项目负债是指项目承担的，能以货币计量并需要以资产或劳务偿还的债务。实行资本金的项目，资本金以外的资金需负债筹集。负债筹集是项目融资的重要手段，其主要方式包括银行贷款、发行债券、设备租赁，以及借入国外资金等。

显然，负债筹资会提高负债比率，使融资人承担一定风险。

1. 银行贷款

银行贷款是银行利用信贷资金所发行的投资性贷款。改革开放以来，随着我国投资管理体制、财政管理体制和金融管理体制改革的推进，银行贷款已成为建设项目投资资金的重要组成部分。

2. 债券

债券是表明债务债权关系的凭证，是债券发行人为筹措资金而向投资人出具的，承诺在一定时期内按约定的条件，按期支付利息和到期归还本金的书面借款凭证。

对于投资人来说，债券具有安全性（收益相对稳定，不受市场利率变化的影响，且可按期收回本金）、收益性（债券收益一般高于存款储蓄的收益）和流动性（在偿还期满之前，债券可作为有价证券在市场上转让，使投资人提前收回本金）的特点。

按照发行主体分类，债券可分为国家债券、地方债券、金融债券、公司债券等。

（1）国家债券简称为国债，是中央政府为筹措资金而发行的政府债券。近年来我国发行的长期国债，对于扩大国内需求，实现国民经济快速增长，加快基础设施建设发挥了重大作用。国债具有信用度高、流通性强、抵押代用率高的特点。

我国曾在 20 世纪 50 年代发行过国债。实行改革开放以来，财政部于 1981 年恢复国债发行。

国债不但可在到期前流通转让，而且可以用于进行抵押。

（2）地方债券是地方政府为了特定目的（如修建某项大型项目）而发行的债券。

（3）金融债券是银行或非银行金融机构发行的债券。我国的商业银行于 1985 年开始发行金融债券，同时开办特种贷款。

（4）企业债券也称公司债券，是企业按照法定程序发行，约定在一定期限内还本付息的有价证券。与股票持有者（股东）不同，债券持有者不是企业的所有者，无权参与和干涉企业的经营管理，但有权按期收回购买债券的本息。同时，股东的收益和企业的经营状况和效益关系很大，而债券投资者的收益是相对稳定的。

我国自 1984 年开始出现企业债券，一些重大基础设施建设项目，如三峡工程、京九铁路、上海浦东新区建设、北京地铁等，都曾以发行企业债券的方式进行融资。

1987 年 3 月国务院颁布《企业债券管理暂行条例》，后国务院对其进行了修改，并于 1993 年 8 月颁布了《企业综合安全管理条例》。

目前我国对企业债券管理实行"规模控制，集中管理，分级审批"。每年由国家计委（现为国家发展和改革委员会，简称"发改委"）会同中国人民银行、财政部、国务院证券管理委员会拟定全国企业债券发行的年度规模和规模内的各项指标，报国务院批准后，下达各省、自治区、直辖市、计划单列市人民政府和国务院有关部门执行。中央企业发行企业债券，由中国人民银行会同国家发改委审批；地方企业发行企业债券，由中国人民银行省、自治区、直辖市分行会同同级计划主管部门审批。

企业发行债券必须符合下列条件：企业规模达到国家规定的要求；企业财务制度符合国家规定；具有偿债能力；企业经济效益好，发行债券前连续三年盈利；所筹资金使用符合国家产业政策。

企业债券的利率不得高于银行同期居民储蓄定期存款利率的 40%。企业发行债券，必须向经中国人民银行认可的债券评信机构申请信用评级。

单位和个人购买企业债券所得利息收入应按国家规定纳税。

通过发行债券进行融资具有以下特点。

① 债券所有者无权参与企业管理，企业控制权不变。

② 因债券利率固定，只需向持券人支付固定的利息，支出稳定，但固定利息同时会使企业承担一定风险。

③ 期限较长，资金来源较稳定。

④ 发行债券属于直接融资，企业直接融资有利于提高企业的知名度，且融资成本相对较低。

⑤ 合理的债券利息可以计入成本，在缴纳企业所得税时，可作为准予扣除项目金额自应纳税所得额中扣除，从而少缴企业所得税（实际上等于政府为企业负担了债券的部分利息，降低了融资成本）。

⑥ 发行债券可能对企业的经营管理造成一些限制，如可能限制企业在债券偿还期内有新的贷款，限制发行股票等，从而限制企业进一步扩展的能力。

3. 融资租赁

融资租赁是指出租人与承租人订立合同，由出租人应承租人的要求购买所需设备，在一定时期内供其使用，并按期收取租金。租赁期间设备的产权属于出租人，期满后，承租人可以将所租设备退还出租人，也可作价购进设备，具体由双方在融资租赁合同中约定。

融资租赁将贷款、贸易与出租三者有机地结合起来，是一种融资与融物相结合的融资方式。采用融资租赁方式，融资人无须筹集到购置设备所需的大笔资金便可获得设备的使用权，设备使用的费用可在较长时期内通过交纳租金来支付。不过，融资租赁的成本一般较高。

4. 借用国外资金

借用国外资金是通过向外国政府或国际金融机构贷款等方式进行融资，主要途径有以下几种。

（1）外国政府贷款。外国政府贷款是指一国政府向另一国政府提供的具有一定援助性质或部分赠与性质的低息优惠贷款。政府贷款一般利率较低（年利率一般为 2% ~ 4%），期限较长（一般 20 ~ 30 年，最长可达 50 年），条件较优惠，但其数额有限，多用于建设周期长、投资数额大的建设项目，如电站、港口、铁路等。

（2）国际金融组织贷款。国际金融组织贷款主要是指世界银行、亚洲开发银行、国际货币基金组织、国际农业发展基金会等国际金融组织提供的贷款。这类贷款一般由我国财政部负责进行谈判并签订协议，视项目具体情况采用不同的拨款方式。

世界银行（以下简称世行）成立于 1945 年。其宗旨概括起来，是担

有关融资租赁合同可参阅我国《合同法》。

改革开放以来，我国有些行业采用融资租赁方式进行融资取得较好效果。如一些民航公司运用融资租赁方式增添飞机和航空设备，使民航业有了长足发展。

亚洲开发银行成立于 1960 年，是一个区域性的政府间的金融开发机构，其向成员国发放的贷款用于投资和技术援助。

保或供给会员国长期贷款，以促进会员国资源的开发和国民经济的发展，促进国际贸易长期均衡地增长及国际收支平衡的维持。世行每年向发展中国家提供大量中、长期贷款，贷款期限可长达 10～15 年，利率低于国际市场利率。我国运用世行贷款始于 1981 年，从部门上看，应用世行贷款项目涉及农业、林业、水利、扶贫、工业、能源、交通、教育、卫生、城建和环境保护等国民经济的各个重要领域（我国小浪底水利枢纽、万家寨水利枢纽、二滩水电站、鲁布革水电站等一批水利水电工程运用了世行贷款）。从地区上看，世行贷款项目已遍及全国 29 个省、市和自治区。世行认为，中国项目的执行情况明显高于东亚地区和世行的平均水平，大部分项目执行速度快，进展顺利，支付情况良好。按年度计算，我国已连续多年成为世行最大的借款国。应用世行贷款以来，基础设施项目，特别是能源和交通项目所占比重逐步上升。引入世行贷款，一方面，弥补了国内建设资金的不足，增加了投入；另一方面，通过利用世行贷款，引进了先进的科学管理经验和技术，培养了大批人才。世行贷款项目及其管理模式具有明显的示范效果，对我国国民经济和社会发展以及改革开放都起到了积极的促进作用，取得明显的经济和社会效益。

（3）国外商业银行贷款。国外商业银行贷款包括国外的各种开发银行、投资银行及开发金融公司等金融机构提供的贷款。筹措建设项目贷款一般通过中国银行、国际信托公司和中国投资银行办理。这种贷款一般由融资人支配的自由度较大，但利息高，融资成本较高。

（4）在国外发行债券。国外发行债券一般偿付期较长，发行金额较大，但要求债券发行人具有较高的信用。同时，发行债券的手续较复杂，发行费用较高。在国外发行债券多用于要求资金运用自由度大、回报率高的项目。

（5）吸收外国企业和私人存款。通过我国金融机构（主要是中国银行）在我国的经济特区、开发区和海外，吸收私人客户、企业以及同业银行的各种外汇存款。这类资金比较分散，流动性大，但融资成本较低，风险较小。

（6）利用出口信贷。出口信贷是指一国政府为鼓励本国出口，提供的低于市场利率的贷款。贷款的使用条件为购买贷款国的设备，即借款方只能用所借的款项购买提供贷款国家的设备。出口信贷一般和政府贷款或商业贷款共同使用。

按照贷款对象不同，出口信贷可分为买方信贷和卖方信贷。买方贷款由发放出口信贷的银行将贷款直接贷给国外的进口者（买方），用于购买设备；卖方贷款由发放出口信贷的银行将贷款贷给本国的出口者（卖方），由出口者将设备赊卖给国外的进口者。

融资人通过出口信贷获得的贷款仅能用于购置设备。

2.3.7　项目融资

项目融资可以从广义和狭义两方面来理解。从广义来说，一切为了建设一个新项目，或收购一个现有项目，以及对已有项目进行债务重组所进行的资金筹集活动，都可被称为项目融资。从这个意义上说，以上介绍的资本金筹集、负债筹集的一般筹资方式都可以看为项目融资。

从狭义来说，项目融资是特指以项目本身的资产和收益作为抵押来进行的融资（在本书下文中，如不做特别说明，项目融资均指狭义的项目融资）。项目融资的基本特征是将归还债务的资金来源限定在项目本身的收益和资产范围以内。

例如，某集团公司 A 已拥有一批生产企业，为扩大再生产计划增建一新企业 b，拟进行融资。按照一般融资方式，归还债务的款项来源于整个集团公司 A。如贷款，集团公司 A 应以整个集团公司范围内的资产和收益进行担保，贷款方对于整个集团公司 A 具有追索权。当采用项目融资方式时，用于偿债的资金仅限于新企业 b 建成后生产经营所得的收益，贷款方的追偿权也仅限于新企业 b 的资产和收益，而不能要求集团公司 A 从其他资金来源来偿还债务。

因此，项目融资时，投资人（债权人）将首先评估项目的收益情况，并将项目的收益和资产视为投资的担保。只有评估结果满意，投资人才有可能进行投资。

项目融资有多种具体方式。与一般融资方式相比，项目融资具有以下特点：

（1）由于项目融资以项目本身的资产和收益作为抵押进行融资，故当项目预期收益前景较好时，有利于实现融资。同时，采用项目融资方式，贷款期限可以根据项目的经济使用年限来安排，使其长于一般商业贷款期限（如近年来，一些项目采用项目融资，贷款期限可长达 20 年）。

（2）通过项目融资，融资人将由其承担的还债义务部分地转移到项目上，使项目的各种风险由融资人、贷款人和其他与项目开发具有直接、间接利益关系的各方参与者共同承担，有利于实现项目的风险分担。

（3）项目融资机制复杂，实现项目融资需处理好融资各方的法律关系，并以相关法律文件加以明确，融资过程中的工作量大，融资成本相对较高。

债务重组是指在债务人发生财务困难的情况下，债权人按照其与债务人达成的协议或法院的裁定做出让步的事项。债务重组的方式可包括：a. 以资产清偿债务；b. 债务转为资本；c. 修改其他债务条件；d. 以上三种方式的组合。详见有关法规和专著。

注意此处的约定。

前述的融资租赁实际上是项目融资的一种形式。

通过以下介绍的 BOT 模式，可具体了解项目融资的特点。

2.3.8 BOT 模式

1. BOT 的含义

BOT 模式是自 20 世纪 80 年代兴起的一种国际通行的项目融资模式。BOT 是英文 Build Operate Transfer 的缩写，意为"建造、运营、移交"。

BOT 模式适用于基础设施项目建设。一个国家或地区的基础设施泛指所有保证公共事业发展的设施，包括道路、港口、铁路、航空等交通设施，发电、配电、输电等能源设施，各类通信设施，供水、排水设施，水利设施等。基础设施对于国家或地区经济社会的发展具有重要作用。发达的基础设施有利于降低商品生产和交易成本，提高竞争能力，提高经济发展水平，并能改善生活环境，提高人民生活水平和健康水平。基础设施薄弱则带来相反的影响。

由于文化历史背景以及相关法律和经济政策的不同，BOT 在不同地区和国家具有不同形式。联合国工业发展组织（United Nations Industrial Development Organization，UNIDO）将 BOT 定义为：在一定时期内对基础设施项目进行筹资、建设、维护及运用的私有组织，此后所有权移交给政府。在我国，原国家计委称 BOT 为"外商投资特许权项目"，并将其定义为：政府部门通过特许权协议，在规定时间内，将项目授予外商为特许项目成立的项目公司，负责该项目的融资、建设、运营和维护。特许期满，项目公司将特许项目无偿移交给政府部门。

BOT 模式可简单地描述为：由私营公司完成基础设施项目建设，并在特许经营期内运营，特许经营期结束后将项目无偿移交给政府。

2. BOT 的产生和发展

直至 20 世纪 70 年代，世界大多数国家的基础设施建设主要由各国政府以国家财政支出承担。但这些以国家大量财力建设的公共基础设施，在管理、服务、效率和财政状况等方面，普遍存在大量问题。在 20 世纪 70 年代末 80 年代初，发生了全球性的经济衰退，许多国家政府出现巨额的财政赤字，政府投资能力大为下降，以至国家财力建设和维系公共基础设施难以为继。20 世纪 80 年代起，为了减轻公共基础设施给国家财政带来的沉重负担，提高公共设施的服务质量和效率，许多国家对公共设施的管理体系进行了改革，鼓励私营企业进入公共基础设施领域（如英国保守党前首相撒切尔夫人 1979 年上台后，对公共设施大力推行私有化；法国以公私合作方式经营管理供水、铁路、电信等行业），并将私人投资运用于公共基础设施建设。在此背景下，BOT 模式应运而生。

采用 BOT 模式，政府在财政收入有限情况下，可以有效吸引当地资本

英吉利海峡隧道穿过英吉利海峡，连接欧洲大陆和英国，其两端分别位于法国港口加来和英国港口福克斯通。隧道工程共包括 3 条并行隧道，两边的两条供火车运行，中间的

和国外资本，解决基础设施建设资金短缺，并将建设项目的风险转给私营企业承担。同时，由私营企业对公共基础设施进行管理，有利于引进先进的管理模式和方法，提高管理水平，降低成本，提高服务质量和效率。为了调动私营企业的积极性，政府在实行 BOT 项目时一般会给予优惠和支持。同时，由于基础设施本身具有不可或缺性，以及项目融资具有有限追偿性，使得基础设施建设收益较为稳定，风险相对较小。对于私营企业来讲，承担 BOT 项目有利于其获得低风险且长期稳定的收益。

英吉利海峡隧道（英法海底隧道）是国际上利用私人资本建设大型基础设施的一次重要尝试，该工程也是迄今为止世界上影响最大的 BOT 项目。法、英两国政府于 1985 年开始工程招标，1986 年与中标的欧洲隧道公司正式签订协议，授权该公司建设并经营英吉利海峡隧道，特许经营期为 55 年（后延长到 65 年），经营期满后，该隧道归还两国政府的联合业主。

1987 年隧道工程正式开工，历时 7 年，于 1994 年通车。工程造价达 106 亿英镑（折合 150 多亿美元）。项目的有关当事人包括英、法两国及地方政府的有关部门，欧洲国家、美国、日本等的 200 多家贷款银行，70 多万个股东，众多建筑商和供应商。

自 20 世纪 80 年代 BOT 的概念由时任土耳其总理厄扎尔提出以来，BOT 模式在世界不同地区的不同国家得到广泛应用。法国诺曼底大桥、澳大利亚悉尼海底隧道、巴基斯坦的赫布河燃油发电厂、菲律宾大马尼拉发电厂、香港的 1 号和 3 号海底隧道等，都是国际知名的 BOT 项目。

3. BOT 在我国的应用

实行改革开放以来，积极、合理、有效地利用外资，促进经济结构优化，积极引导外资主要投向于农业、基础设施、基础产业和现有企业的技术改造，投向资金技术密集型和高附加值产业出口型项目，有步骤地推行服务贸易领域的对外开放，是我国引导外资投向、优化外资结构的目标。长期以来，我国能源、交通等基础产业发展滞后，形成制约国民经济发展的"瓶颈"，其中资金不足、技术落后是主要原因。以 BOT 模式建设基础设施具有明显的优越性，因而鼓励外商采用 BOT 等方式参与我国公共基础设施建设具有重要意义。

1995 年我国对外贸易经济合作部发布了《关于以 BOT 方式吸收外商投资有关问题的通知》，1995 年国家计委、电力部、交通部联合发布了《关于试办外商投资特许权项目审批管理有关问题的通知》，1997 年国家计委与外汇管理局共同发布了《境外进行项目融资管理暂行办法》等有关文件。按照有关文件精神，BOT 模式在我国的应用将分阶段进行，先行试点

一条为多功能服务通道，每条隧道长 51 km，海底段长 38 km。隧道的修建使欧洲大陆与英国的铁路网和公路网实现了连接，极大地方便了全欧洲各大城市之间的来往，同时具有节约能源和保护环境的长期效益。

虽然英吉利海峡隧道在工程技术上取得了重大的成功，但由于工程造价大幅度超过预算，以及运营时间推迟，建成后实际运量低于预测量等原因，工程的财务状况不够理想，投资者和债权人曾进行几次债务重组。

的范围是列入国家和省、直辖市、自治区地方政府中长期发展规划内的火电站、水电站、高等级高速公路、桥梁、隧道以及城市供排水、污水处理等能源、交通、城市市政设施建设。通过试点总结经验后，再逐步扩大其适用范围。

当前，我国 BOT 项目运作程序主要包括以下阶段。

（1）项目建议书编制和审批。由项目发起人负责编制项目建议书（初步可行性研究报告），按规定审批程序进行报批（经省级主管部门和计划部门审查后报国家发改委审批，投资总额在 1 亿美元以上的项目须提交国务院批准）。

关于招标投标国际惯例将在第 5 章进行介绍。

（2）招标与投标。项目得到批准后，由项目发起的政府机构负责组织或委托中介机构编制招标文件（含特许权协议），并进行招标投标。招标投标采用符合国际惯例的程序，其间评标由国家发改委组织中央、地方政府有关部门、项目发起人，以及有关专家进行，并最终选择外资合作人。

（3）特许权协议编制与审批。特许权协议一般包括如下基本条款：签约各方的法定名称、住所，项目特许权内容及期限，项目工程设计、建造施工、经营和维护的标准，项目的组织实施计划与安排，项目成本计划与收费方案，出资者的信用程度，政府的支持，特许权届满后项目移交内容、标准及程序，罚责与争议解决方式等。特许权协议必须经国家发改委批准（项目总投资额为 1 亿美元以上，须经国务院批准）。

（4）签订特许权协议。项目特许协议得到批准后，中标者应按规定期限及设立外资企业的有关规定成立项目公司。BOT 项目公司是外国投资者建立的具有特定目的的公司，它将负责项目的出资、融资、建设、经营和维修等，并承担相关的商业性风险。国家发改委将授权省级人民政府与项目公司正式签订特许权协议。

（5）项目建设与运营。由 BOT 项目公司负责项目建设，并在项目特许经营期内运营，收回成本，取得利润，偿还贷款，支付利息，并向股东分红。

（6）项目移交。当特许权期限结束时，项目公司应停止对项目的经营，并将其无偿移交给政府。

2003 年 10 月十六届三中全会通过的《中共中央关于完善社会主义市场经济体制若干问题的决定》提出，"放

我国第一个 BOT 项目，是在改革开放初期，于 20 世纪 80 年代在深圳建设的沙头角电厂 B 厂。尽管限于当时的法律环境、投资环境，它的运作过程还不够规范，但深圳沙头角电厂 B 厂仍被公认为是较成功的 BOT 项目。1994 年以后，我国利用外资的政策发生了重大变化，在基础设施建设方面，由限制外资直接投资转向了引导外资从事基础设施直接投资。1995 年国家计委批准了第一个 BOT 试点项目，即广西来宾电厂 B 厂。该电厂于

1999 年完工，其特许经营期为 15 年。特许经营期结束后，电厂将移交广西壮族自治区政府。广西来宾电厂 B 厂项目的成功，标志着我国利用外资的法律环境和管理能力日渐成熟，具有重要意义。

我国各地已经运作的 BOT 项目还包括成都市自来水六厂 B 厂、北京市第十水厂、长沙电厂等。

在新世纪我国全面建设小康社会的进程中，基础设施将得到更为广泛的、规模更大的建设。例如，随着电力需求的回升和持续增长，以及"西电东送"战略的实施，新建和待建的电源数量迅猛增长；随着我国城市化建设进程的加快，以及南水北调等一系列水资源优化配置政策的实施，城市供水及污水处理将加快发展；我国公路在基本完成了两纵三横的国道主干线建设后，待建和规划的次干线、支线的公路建设规模和数量更大；另外，垃圾处理、城市轻轨、天然气管道、城市停车设施等建设项目也将大量增加。

随着我国经济体制改革的进一步深入，国家将逐步减少对基础设施领域国有资金的投入，实现投资多元化，同时通过引入市场竞争机制，提高基础设施运行效率，降低社会服务价格。采用包括 BOT 模式在内的多种渠道筹集国内外资金进行基础设施建设，将是必然的趋势。可以预见，面临我国加入世界贸易组织后，市场化程度不断提高和经济实力不断加强的形势，BOT 模式在我国将得到更多应用。

宽市场准入，允许非公有资本进入法律法规未禁入的基础设施、公用事业及其他行业和领域"。2008 年北京奥运会场馆建设，我国一些大城市的供水、污水处理、市政工程等项目均已允许国内非公有资本及国外资本进入，以 BOT 方式进行建设。

2.3.9　资金成本

1. 资金成本的含义

如前述，投资的运动过程本质上是价值的运动过程。由于在社会生产中，劳动者能够创造出剩余价值，使投资者垫付的价值产生增值，故投资在其运动中会产生增值。在商品经济社会中，资金的所有权和使用权是分离的。实现投资及投资增值的前提是取得资金的使用权。由于投资可以增值，资金所有者不可能将资金无偿地度让给其他人使用，使得投资使用人必须为获得投资使用权而有所付出，由此便产生了资金成本。

资金成本是指资金使用人为获取资金所付出的代价。如前述，从来源划分，资金可分为自有资金和借入资金。在筹集自有资金和借入资金的过程中发生的资金成本，由资金筹集成本和资本使用成本两部分构成。

（1）资金筹集成本是指在资金筹措过程中融资人支付的各项费用。资金筹集成本主要包括向银行贷款的手续费，发行股票、债券的各项发行费用，如手续费、担保费、公证费、广告费、印刷费等。资金筹集成本一般是一次性的，可以一次计算。

（2）资金使用成本是指资金使用过程中支付的各项费用。资金使用成本主要包括向债权人支付的贷款利息或其他费用，向股东支付的利息等。资金使用成本是在资金使用期内不断支付的，具有经常性、定期性的特点，其总额与资金使用期限的长短有关。

项目的资金筹措可以有多种不同方式和渠道，在进行融资时，资金成本是选择资金来源、确定筹资方式的重要依据。当其他条件相同时，应尽可能选择资金成本低的方式和渠道进行融资。

在进行项目可行性研究时，资金成本是评价项目可行性的一项重要指标。将预期的投资收益与资金成本相比较，只有投资收益高于资金成本时，投资项目才具有可行性。

在项目运营中，资金成本是衡量企业经营业绩的重要标准。如企业所取得的利润高于资金成本，则其经济效益较好；反之，项目将无法补偿资金筹措所支付的费用，出现财务状况的恶化，有待于改善和扭转。

2. 资金成本计算

资金成本可以用其绝对数值表示。但为了便于对不同项目和不同融资方案的资金成本进行分析比较，资金成本多用相对值，即资金成本率来表示。其计算公式的一般形式为

当计算资金成本率时，资金使用成本一般按年计。

$$K = \frac{D}{P - F} \qquad (2-18)$$

式中：K——资金成本率；

　　　P——筹集资金总额；

　　　D——资金使用成本，一般按年计；

　　　F——资金筹集成本。

因式（2-18）中的 D 为资金使用过程中每年支付的各项费用的值，而 $P-F$ 是扣除资金筹集成本后的资金净值，故式（2-18）实际表明，资金成本率等于资金使用期间每年支付的资金使用费与扣除资金筹集成本后的资金净值之比。

式（2-18）也可写为

有时资金成本率也直接称为资金成本。

$$K = \frac{D}{P(1-f)} \qquad (2-19)$$

式中：f——资金筹集成本费率，等于资金筹集成本与筹集资金总额的比值。

融资方式不同，资金成本率计算的具体方法和公式不同。

（1）银行贷款资金成本率。企业向银行贷款所支付的费用和利息一般准予从企业所得额中扣除，故在缴纳所得税时，企业支付贷款费用和利息

会使所得税应纳税额减少，并使企业实际支出减少。这部分减少的支出，在计算银行贷款资金成本时应予扣除。

如贷款采用每年年末支付利息，贷款期末一次归还全部贷款的方式，则贷款资金成本率计算公式为

$$K_d = \frac{I(1-T)}{G-F} \tag{2-20}$$

式中：K_d——贷款资金成本率；

$\quad$ I——贷款年利息；

$\quad$ T——所得税税率；

$\quad$ G——贷款总额；

$\quad$ F——贷款资金筹集成本。

式（2-20）也可写为

$$K_d = i \cdot \frac{1-T}{1-f} \tag{2-21}$$

将式（2-20）的分子和分母同时除以贷款总额G，可得式（2-21）。

式中：i——银行贷款年利率；

$\quad$ f——贷款资金筹集成本费率，等于贷款资金筹集成本与贷款总额的比值。

【例2-3】　某项目自银行贷款500万元，贷款年利率为5.76%，所得税税率为33%，贷款资金筹集成本费为1万元，试计算该项目的贷款资金成本率。

解：设项目贷款资金筹集成本费率为f，可算得

$$f = \frac{1}{500} \times 100\% = 0.2\%$$

采用式（2-21）进行计算该项目贷款资金成本率：

$$K_d = i \cdot \frac{1-T}{1-f} = 5.76\% \times \frac{1-33\%}{1-0.2\%} = 3.87\%$$

（2）债券资金成本率。与贷款的情况类似，在企业缴纳所得税时，企业发行债券所支付的费用和利息一般准予从企业所得额中扣除，使企业所得税应纳税额减少，故在计算债券资金成本时应扣除这部分支出减少额。债券资金成本率计算公式为

$$K_z = \frac{I(1-T)}{B-F} \tag{2-22}$$

式中：K_z——债券资金成本率；

$\quad$ I——债券年利息；

$\quad$ T——所得税税率；

$\quad$ B——债券总额（票面价值）；

将式（2-22）的分子和分母同时除以债券总额 B，可得式（2-23）式。

F——债券资金筹集成本。

式（2-22）也可写为

$$K_z = i \cdot \frac{1-T}{1-f} \qquad (2-23)$$

式中：i——债券年利率；

f——债券资金筹集成本费率，等于债券资金筹集成本与债券总额的比值。

（3）股票资金成本率。公司发行股票筹资的资金筹集成本包括注册费、代销费等，资金使用成本即为股票的股息。股息是公司以税后利润支付的，支付股息不会使企业所得税应纳税额减少，故在计算股票资金成本时不应扣除。

如前述，按照股票所代表的股东权益划分，股票可以分为普通股和优先股。优先股的股息是固定的，其资金成本率计算公式为

$$K_y = \frac{D_y}{P_y(1-f)} \qquad (2-24)$$

式中：K_y——优先股股票资金成本率；

D_y——优先股每年股息；

P_y——优先股股票总额面值；

f——优先股资金筹集成本费率，等于优先股资金筹集成本与优先股总额的比值。

式（2-24）也可写为

$$K_y = \frac{P_y \cdot i}{P_y(1-f)} = \frac{i}{1-f} \qquad (2-25)$$

式中：i 为优先股的股息率，即优先股股息与其股票面值的比值，i 为定值。

【例2-4】 某公司发行优先股股票500万元，资金筹集成本费为20万元，股息年利率为14%，试计算其资金成本率。

解：设项目贷款资金筹集成本费率为 f，可算得

$$f = \frac{20}{500} \times 100\% = 4\%$$

按式（2-25）计算，公司发行优先股股票资金成本率为

$$K_y = \frac{14\%}{1-4\%} = 14.58\%$$

普通股的股息一般是不固定的，实际运行中，普通股的资金成本率应按各年实际股息分别计算。在进行筹资方案比较时，一般可认为股息有逐年上升的趋势，并预估股息的年增长率，按其进行计算。此时普通股资金

成本率的计算公式为

$$K_\mathrm{p} = \frac{D_\mathrm{p1}}{P_\mathrm{p}(1-f)} + j = \frac{i}{1-f} + j \qquad (2-26)$$

式中：K_p——普通股股票资金成本率；

$\quad\quad D_\mathrm{p1}$——普通股第 1 年股息；

$\quad\quad P_\mathrm{p}$——普通股股票总额面值；

$\quad\quad f$——普通股股票资金筹集成本费率，即资金筹集成本与股票总额的比值；

$\quad\quad i$——普通股第 1 年股息利率，即普通股第 1 年股息与股票总额的比值；

$\quad\quad j$——预估普通股股息的年增长率。

【例 2-5】 某公司发行普通股股票 500 万元，资金筹集成本费为 20 万元，第 1 年股息年利率为 10%，预估股息年增长率为 1%，试计算其资金成本率。

解： 设项目贷款资金筹集成本费率为 f，可算得

$$f = \frac{20}{500} \times 100\% = 4\%$$

按式（2-26）计算，公司发行普通股股票资金成本率为

$$K_\mathrm{p} = \frac{i}{1-f} + j = \frac{10\%}{1-4\%} + 1\% = 11.4\%$$

（4）租赁资金成本率。企业可租入某项资产，获得资产的使用权，并支付租金。企业支付的租金可以计入成本，并相应减少所缴纳的所得税，故应从租赁资金成本中扣除。租赁资金成本率的计算公式为

$$K_1 = \frac{E(1-T)}{P_1} \qquad (2-27)$$

式中：K_1——租赁资金成本率；

$\quad\quad E$——年租金额；

$\quad\quad T$——所得税税率；

$\quad\quad P_1$——租赁资产价值。

式（2-27）也可写为

$$K_1 = k(1-T) \qquad (2-28)$$

式中：k 为设备的租金率，等于租赁设备的年租金额与设备价格的比值。

3. 平均资金成本

项目通常从不同的渠道，采用不同方式进行资金筹集。项目的平均资金成本以平均资金成本率表示。可以项目各种来源的资金占资金总额的比重为权数，计算资金成本率的加权平均值，作为项目的平均资产成本率，

其计算公式为

$$K = \sum_{i=1}^{n} \omega_i \cdot k_i \qquad (2-29)$$

式中：K——平均资金成本率；

ω_i——第 i 种来源的资金额占全部资金额的比例；

k_i——第 i 种来源资金的资金成本率。

平均资金成本率又称为项目的综合成本率。

2.4 工程保险

2.4.1 风险及风险管理

1. 风险

风险可理解为可能发生，但难以预料，具有不确定性的危险。

风险具有客观性、不确定性、不利性。即风险是客观存在，不以人们的主观意志为转移的；同时，在一定条件下，风险是否发生，其后果的严重程度、影响范围等都是不确定的；再有，风险是指带来不利影响的危险。

风险可以按照不同的方式进行分类。按照风险来源，风险可分为自然风险（由各种自然力引起的风险）和人为风险（由人类社会、经济活动引起的风险）。按照风险后果，风险可分为纯粹风险（仅导致有损失、无损失结果的风险）和投机风险（导致有损失、无损失且获得利益结果的风险）。

能够引起或增加风险发生的机会，或能够影响风险损失程度的因素，称为风险因素，如各种自然力、各种社会因素等。

直接导致损失发生的偶发事件称为风险事件或风险事故。风险事件是风险的具体表现。

2. 项目风险管理

项目风险管理是指通过对项目风险的分析评价来认识风险，并合理使用各种风险应对措施，妥善处理风险事件造成的不利后果，以最少的成本保证项目总体目标实现的管理工作。

风险的分析评价包括风险识别、风险分析和风险评价。因风险具有不确定性，故进行风险分析评价常需采用专家咨询等方法。

3. 风险应对

风险应对是指在风险分析评价的基础上，为降低风险负面影响而采取的应对策略和措施。风险应对策略和措施主要包括以下几种：

管理科学中，风险的基本含义是损失的不确定性，目前有多种具体定义，详见有关专著。

关于项目和项目管理将在本章 2.7 节进一步介绍。

风险分析评价是风险管理的重要内容。通过风险分析评价可对项目风险得到定性和定量的认识，如明确风险项目，求得风险因素等级、风险概率、预警信号等。进一步了解风险分析评价的知识可参阅有关专著。

（1）回避风险。主动放弃或拒绝实施可能导致风险事件发生的方案。如在工程建设中放弃风险较大的设计方案，不使用不成熟的技术、工艺、材料等。

（2）自留风险。自行承担风险事件造成的损失。为此要事先制定应对预案，并采取相应措施。如建立意外损失基金、制定应急工程技术方案等。

（3）转移风险。转移风险是指为避免承担风险损失，有意识地将损失发生后与损失有关的财物后果转嫁给他人承担。

转移风险的方式主要有保险和非保险转移两种。关于保险将在下文介绍。非保险转移包括控制性转移和担保。控制性转移是指采取一些控制措施，将风险全部或部分由他人承担，如以分包方式，使分包商承担主要风险；在各类合同中订立免责条款，开脱自身的风险责任等。担保是商品经济社会中重要的民事法律制度。通过办理担保，可将风险责任部分或全部转移，由担保人承担。

2.4.2　保险

1. 保险的含义

从历史上看，近代保险业的起源可以追溯到中世纪。随着资本主义的发展，商品生产和交换的范围扩大到全世界，人们面临的风险也越来越集中。在此过程中，保险业作为应对风险的重要手段不断发展完善。现代保险业形成于 19 世纪。

保险是应对风险、转移风险的重要手段。同时，保险又是商品经济社会中重要的民事法律制度和经济制度。在当代，保险业属于非银行金融业，具有强大的融资能力。保险业对于促进社会经济发展具有巨大的能动作用。

按照《中华人民共和国保险法》（简称《保险法》），保险是指投保人根据合同约定，向保险人支付保险费，保险人对于合同约定的可能发生的事故因其发生所造成的财产损失承担赔偿保险金责任，或者当被保险人死亡、伤残、疾病或者达到合同约定的年龄、期限时承担给付保险金责任的商业保险行为。

投保人与保险人约定保险权利义务关系的协议称为保险合同。保险合同双方当事人权利、义务共同指向的对象称为保险标的。按照我国《保险法》，保险标的包括作为保险对象的财产及其有关利益或者人的寿命和身体。

按保险标的的不同，保险可以分为财产保险、人身保险及责任保险。财产保险以有形、无形财产利益为标的；人身保险以人的生命、身体或健康等为标的；责任保险以被保险人对第三者依法应承担的赔偿责任为标的。

本章 2.6 节将对专家咨询方法作进一步介绍。

我国的《中华人民共和国担保法》于 1995 年 6 月 30 日由第八届全国人大常委会第十四次会议通过，1995 年 10 月 1 日起实行。

我国的《保险法》于 1995 年 6 月 30 日由第八届全国人民代表大会常务委员会第十四次会议通过，1995 年 10 月 1 日起施行。

2. 保险合同的主体和客体

保险合同的主体包括当事人和关系人。

保险合同的当事人是指订立保险合同的当事人双方，即投保人和保险人。其中，投保人是指与保险人订立保险合同，并按照保险合同负有支付保险费义务的人；保险人是指与投保人订立保险合同，并承担赔偿或者给付保险金责任的保险公司。

保险合同的关系人包括被保险人和受益人。其中，被保险人是指其财产或者人身受保险合同保障，享有保险金请求权的人。受益人是指人身保险合同中由被保险人或者投保人指定的享有保险金请求权的人。

保险合同中的被保险人可以是投保人，但也可与之分离。如在机动车保险中，第三者责任险的被保险人并非投保人，而是发生交通事故时受到伤害和损失的第三方。

保险合同中的受益人可以是投保人或被保险人，但也可以是投保人、被保险人以外的第三人。如某人投保人身保险，可指定第三人为受益人，保险事故发生时，第三人享有保险金请求权。

投保人或被保险人可以指定一人或数人为受益人。

如受益人故意造成被保险人死亡，或故意杀害被保险人未遂的，丧失受益权。

受益人仅存在于人身保险中，其他保险不得指定受益人。

保险合同的客体为保险利益。保险利益是指投保人对保险标的具有的法律上承认的利益，如投保人或被保险人的身体寿命、财产等。

注意此处对保险合同客体概念的介绍。我国《保险法》中对保险利益有具体规定。

3. 保险合同、保险责任及责任免除

如前述，保险合同是投保人与保险人约定保险权利义务关系的协议。保险合同应采用书面形式。

按照我国《保险法》，保险合同应当包括下列事项。

（1）保险人的名称和住所；

（2）投保人、被保险人的名称和住所，以及人身保险的受益人的名称和住所；

（3）保险标的；

（4）保险责任和责任免除；

（5）保险期间和保险责任开始时间；

（6）保险价值；

（7）保险金额；

（8）保险费以及支付办法；

（9）保险金赔偿或者给付办法；

如前述，保险是重要的民事法律制度和经济制度，此处仅对其做了十分概略的介绍。进一步了解保险可参阅《保险法》及有关专著。

（10）违约责任和争议处理；

（11）订立合同的年、月、日。

按照我国《保险法》，保险责任包括保险人对于合同约定的可能发生的事故因其发生所造成的财产损失承担的赔偿保险金责任，以及当被保险人死亡、伤残、疾病或者达到合同约定的年龄、期限时承担的给付保险金责任。保险合同约定的保险责任范围内的事故称为保险事故。显然，保险责任与保险事故紧密相连，保险合同中的保险责任条款具体规定了保险人所承担的风险范围。而责任免除条款则具体规定了保险人不承担赔偿或给付责任的范围。

2.4.3　工程保险及其险种

《中华人民共和国合同法》（简称《合同法》）、《保险法》、《中华人民共和国担保法》（简称《担保法》）等法律法规均包括风险管理及控制的有关规定。近年来，国内各个行业管理部门发布了部分工程施工合同示范文本［如原建设部、原国家工商行政管理局发布了《建设工程施工合同（示范文本）》（GF—1999—0201），水利部、原国家电力公司、原国家工商行政管理局发布了《水利水电工程施工合同和招标文件示范文本》（GF—2000—0208）等］，其中也包含了工程保险及担保的有关内容和规定。同时，在工程概预算中，已列入了工程保险等费用。但从总体来看，目前我国的工程风险管理还不够规范。今后，应进一步制定更具有可操作性的法律法规，并推行实施。同时，要加快建立工程风险咨询机构，进行工程风险分析，协助洽谈保险合同，指导实施等。对于保险业，除已经开办的工程险和意外伤害险，还应逐步开办勘察设计、工程监理和其他咨询机构的职业责任险，以及工程质量险等险种。

按照国际惯例，工程保险主要包括以下险种。

（1）建筑工程一切险。该险种适用于以土建工程为主体的工程。承保在建筑期间由于自然灾害或意外事故造成的物质损失和费用，以及被保险人依法应当承担的对第三者人身伤亡或财产损失的赔偿责任（此处的第三者是指业主、承包商以及双方雇员以外的第三方）。

建筑工程一切险的保险标的范围包括建筑工程本身（含永久工程、临时工程以及工程设备和材料）、安装工程项目、工程施工机具及设备等。同时包括发生第三者责任事故时的赔偿。

保险责任包括财产损失责任和第三者损失责任两方面。

财产损失责任包括对自然灾害（如暴雨、洪水、水灾、台风、海啸、雷电、冰雹、地震、山崩、泥石流等）和意外事故（如火灾、爆炸、机械事故、盗窃抢劫等）造成损失的赔偿责任。以上自然灾害和意外事故都应

对于《水利水电工程施工合同和招标文件示范文本》等，第 5 章、第 6 章将进一步介绍。

目前国内不同行业对工程保险费列入工程概（预）算的费用项目和费率标准不同。水利水电工程保险费的有关规定将在第 4 章中介绍。

关于我国工程建设管理体制改革，将在本章 2.7 节进一步介绍。

例如，承包商（contractor，即承包人）施工中高空物体坠落，造成过路人伤亡，过路人属施工承包合同的第三者，承包商应承担对其伤亡的赔偿责任。

当是被保险人不能预见、不能避免并不能克服的客观情况。

第三者损失责任包括对因发生承保工程直接相关的意外事故，引起工地内及邻近地区的第三者人身伤亡或财产损失，依法应由被保险人承担的赔偿责任。

保险合同中的责任免除条款应对财产损失和第三者损失的责任免除做出明确规定。例如，按照惯例，对于财产损失，凡损失是因军事行动、战争造成，或因罢工、动乱、骚乱以及当局命令停工造成，因被保险人及其雇员故意行为造成，因核放射、核污染造成，以及因设计错误或原材料缺陷造成等，保险人均不承担赔偿责任。

在保险人承担的第三者损失赔偿责任中，不包括对于业主、承包商，以及双方雇员及其家庭成员人身伤亡及疾病损失的赔偿责任。

（2）安装工程一切险。该险种适用于以安装机械电气设备、金属结构为主的建造工程。承保新建、扩建或改造工矿企业机械电气设备或钢结构建筑，在整个安装、调试期间由于自然灾害或意外事故造成的物质损失和费用，以及被保险人依法应当承担的对第三者人身伤亡或财产损失的损害赔偿责任。

安装工程一切险的保险标的范围包括安装工程（含被安装的机器设备及安装工程）、建筑工程项目、施工机具及设备等，同时包括发生第三者责任事故时的赔偿。

安装工程一切险的保险责任和责任免除与建筑工程一切险类似。

（3）职业责任险。当事人在提供职业服务过程中，应依法为由于自身行为造成的损失承担赔偿责任。职业责任险是指承保此类赔偿责任的保险。

通常，业主可要求承包商就在其对工程的保修责任办理保险。有些国家法律规定，建筑师和承包商应对其承建的工程自竣工之日起10年内因工程缺陷所造成的损失承担责任，为此要求建筑师和承包商就其承建工程的主体部分投保"10年责任险"，一旦发生损失，由承保的保险公司履行相应的赔偿责任。

（4）社会保险。社会保险是指以全体国民为对象的保险，包括健康保险、养老保险、失业保险等。作为雇主，业主和承包商都应依法为其雇员办理社会保险。对于参与工程建设的雇员，应办理人身伤害保险，由保险公司承担雇员因履行职务受到伤害的赔偿责任。

（5）机动车辆险。机动车辆险包括车辆本身保险和第三者责任险。与工程建设有关的各种机动车辆均应办理机动车辆保险。

对于工程保险，各个国家和地区有不同的相关法律法规，工程保险应当依法并依照工程承包合同的相关规定具体办理。

显然，投保人与被保险人应详细研究保险合同，明确保险责任和责任免除有关事宜。

2.5　工程经济

工程经济分析计算是工程造价管理的重要内容和手段。在建设项目决策阶段，工程经济分析是决策的重要依据。在设计阶段，经济评价是方案比较、方案选择的重要基础。对于已经建成的工程建设项目，应按照我国建设程序进行后评价，经济评价是后评价的重要内容。

2.5.1　工程经济分析计算依据

进行工程经济分析计算工作，必须重视社会经济资料的调查、收集、分析、整理工作。同时，根据工作要求，要掌握工程的可行性研究、规划设计、工程概预算、决算，以及有关工程建设和实际运行情况的各项有关资料。

工程经济分析计算应当以规划设计文件和各项其他资料为依据，参照国家有关法规、政策和各项行业标准进行。

2.5.2　计算价格

如前述，影响市场价格变化的因素十分复杂。在工程经济分析计算中，为了客观地进行分析比较，有时需要剔除一些因素的影响，采用不同形式的计算价格。工程经济分析计算中的计算价格主要有以下几种：

1. 现行价格

现行价格是指现实社会经济生活中实行的价格。实行改革开放以来，我国大部分商品已实行市场价，但还有部分产品实行国家定价或指导价。

2. 可比价格

同一种商品在不同时间的价格不同。为了消除物价变动的影响，可将不同时间的价格转换为可比价格。采用可比价格计算各项价值指标（如产值、成本、利润、税金、国民收入等），消除了价格变动因素的影响，故可对不同时期的计算结果进行分析比较，观察发展变化情况。可比价格有两种：一种是不变价格；另一种是以价格指数进行换算求得的可比价格。

（1）不变价格。不变价格是指用同类产品一定年份的年平均价格作为固定价格。新中国成立后，随着工农业产品价格水平的变化，国家统计局曾多次制定了全国统一的工、农业产品的不变价格。

（2）用价格指数换算求得的可比价格。价格指数是反映不同时期商品价格变化趋势和程度的动态相对数。价格指数有不同的形式。以不同时期商品价格和某一固定时期的商品价格对比编制的价格指数称为定基比价格

> 应注意掌握这里所介绍的几种计算价格的含义。

指数。其计算公式为

$$定基比价格指数 = \frac{报告期价格}{固定时期价格} \qquad (2-30)$$

价格指数值是百分数，如例2-6中的274.6%。

编制价格指数时作为对比标准的某时期的价格称为基期价格。显然，定基比价格指数的基期价格是固定的。

【例2-6】 取1990年价格作为固定时期价格的基期价格，求得某种建筑材料定基比价格指数1995年值为274.6%，1998年值为283.5%，如该建筑材料1998年价格为2 100元/t，试求其1995年的可比价格。

解： 由式（2-30）可知，某商品不同时间价格定基比价格指数之比等于该商品不同时间价格之比。故该建筑材料1995年不变价格为

2 100×（274.6/283.5）=2 034.07（元/t）。

以各个时期的商品价格与其前一期价格对比编制的价格指数称为环比价格指数。其计算公式为

$$环比价格指数 = \frac{报告期价格}{前一期价格} \qquad (2-31)$$

环比价格指数的基期价格是不固定的。例如，在以前一年的商品价格作为基期价格编制环比价格指数时，1999年的环比价格指数将以1998年商品价格作为基期价格，1998年的环比价格指数将以1997年商品价格作为基期价格等。

关于综合价格指数的计算方法可参阅有关专著。

价格指数由国家统计部门或物价管理部门发布。按照价格指数对应商品范围的不同，可将其分为综合价格指数（如物价总指数、全社会商品零售价格指数、工业品出厂价格指数、固定资产投资价格指数等）和单项商品价格指数。前者反映了在同质可比商品范围内商品价格变化的综合情况，后者反映了单项商品价格变化情况。综合价格指数的计算较为复杂，需采用一定的抽样方法选择多种具有代表性的商品，并确定合理的权数，以加权平均的方法求得。

3. 影子价格

关于影子价格的计算和应用，下文和第3章将进一步介绍。

影子价格是指在最优的社会生产组织和充分发挥价值规律作用的条件下，供求达到平衡时的价格。与现行价格相比，影子价格能更好地反映价值，消除价格扭曲的影响。

关于国民经济评价将在本节下文介绍。

影子价格是一种理论价格。在实际社会经济生活中，影子价格的条件是很难实现的。因此，影子价格一般按照一定的方法并参考国际市场价格分析测定。水利部2013年发布的《水利建设项目经济评价规范》（SL72—2013）对水利建设项目投入物和产出物的影子价格的计算方法做了规定。

影子价格主要在建设项目国民经济评价中使用。

2.5.3 资金时间价值及其计算公式

1. 资金时间价值的含义与动态经济计算方法

资金是国民经济中物资的货币表现。如前述，投资运动实质上是价值在投资循环中川流不息的循环运动过程，投资的运动过程本质上是价值的运动过程。投资运动包括资金筹集、投资分配、投资运用、投资回收四个阶段。由于剩余劳动的存在，资金在每次循环运动中会增值。

资金在循环中产生的增值，就是资金的时间价值。

考虑资金时间价值的经济计算方法称为动态经济计算方法。按照动态经济计算方法，一笔资金在不同时间发生，其价值不同。在建设项目经济评价中采用动态经济评价方法，可以有效地防止或减少建设资金积压，促进工程缩短建设周期，尽早发挥效益。

2. 资金流程图

在动态经济分析计算中，用资金流程图表示不同时间发生的资金。资金流程图由表示时间的水平轴和表示资金的竖向箭头组成。可以资金箭头方向表示资金的不同情况，如可规定用指向时间轴的箭头表示投入（投资、年运行费等），用离开时间轴的箭头表示产出（效益等）。

图 2-4 为某水利工程的资金流程图。图中 t_0 为工程建设第一年的年初时间。I_1、$I_2 \cdots I_5$ 为建设期和运行初期各年投资，U_1、B_1 和 U_2、B_2 分别为工程运行初期（施工运行期，其间部分工程交工运行，同时有投资和运行费发生）和正常运行期的年运行费和年收益。

> 年运行费是指建设项目运行期间每年需要支出的各种经常性费用。关于年运行费将在第 3 章进一步介绍。

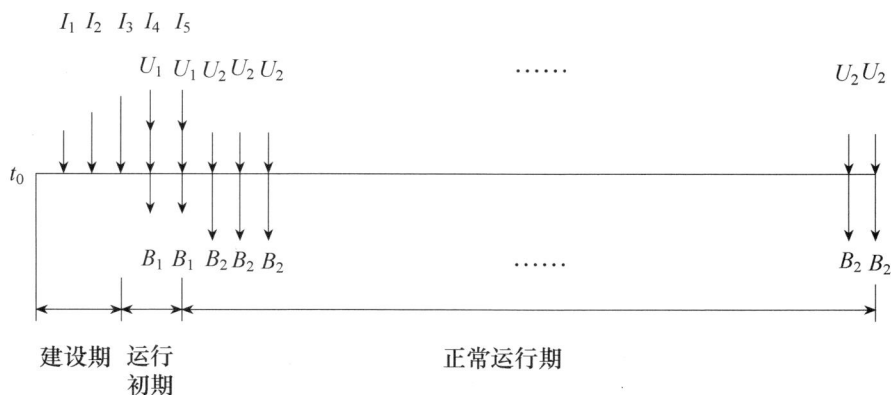

图 2-4 某水利工程资金流程图

3. 资金时间价值的计算公式

在动态经济分析计算方法中，用复利的方式表示资金时间价值。年初投入资金（现值）P，因资金增值，年末（第二年年初）资金的本利和（终值）F 应大于 P。设年利率为 i，则

$$F = P + Pi = P(1 + i)$$

至第 2 年年末，资金终值

$$F = P(1 + i) + P(1 + i)i = P(1 + i)^2$$

至第 3 年年末，资金终值

$$F = P(1 + i)^2 + P(1 + i)^2 i = P(1 + i)^3$$

至第 n 年年末，资金终值

$$F = P(1 + i)^n \qquad (2 - 32)$$

式（2－32）为终值计算公式。式中的利率 i 又称为折现率。

【例 2－7】 有本金 $P = 10\,000$ 元，设投资年利率 $i = 12\%$，试求 10 年后资金的本利和为多少？

解： 按式（2－32）计算，10 年后资金的本利和为

$$F = 10\,000 \times (1 + 0.12)^{10} = 31\,058.48(元)$$

由式（2－32）可推得现值为

$$P = \frac{F}{(1 + i)^n} \qquad (2 - 33)$$

式（2－33）为现值计算公式。

需注意，式（2－32）、式（2－33）均为按复利计算的公式，与固定利息（如日常生活中银行存款利息）的计算方法不同。

【例 2－8】 欲在 10 年后取得终值 $F = 10$ 万元，年利率 $i = 12\%$，试求当前应投入资金的现值。

解： 按式（2－33）计算，应投入资金现值为

$$P = \frac{10}{(1 + 0.12)^{10}} = 3.22(万元)$$

动态经济计算方法中，为了对不同时间的资金进行比较和分析计算，应将其换算为同一时间的资金。式（2－32）、式（2－33）是资金时间价值最基本的计算公式。按照资金时间分布的具体情况，运用以上基本计算公式，可推出适用于更为复杂的其他情况的计算公式。

【例 2－9】 某水电站工程，造价折算至建设期末的现值为 P，水电站正常运行期为 n 年，年利率为 i。如水电站在正常运行期内，每年年末等额偿还工程的造价与利息，年偿还费为多少？

解： 绘制资金流程图，见图 2－5。

设年偿还费为 A。工程正常运行期内，虽各年等额偿还 A，但偿还时间不同，折算至建设期末（正常运行期初）的现值不同。由题意，如 A 自各年分别折算至建设期末，折算现值之和恰等于 P，则为所求。

按照式（2－33），可建立方程

P

正常运行期

t_0　1　2　3　4　　…　…　$n-1$　n

A　A　A　A　　…　…　　A　A

图 2 - 5　某水电站工程资金流程图

$$\frac{A}{(1+i)} + \frac{A}{(1+i)^2} + \cdots + \frac{A}{(1+i)^n} = P$$

求解可得

$$A = P \frac{i(1+i)^n}{(1+i)^n - 1} \tag{2-34}$$

式（2-34）称为等额本利年摊还费计算公式，适用于在符合例 2-9 所述条件下推求建设工程的年偿还费（本利年摊还费）。

所列方程式等号左面的各项为一等比级数，按等比级数求和公式，可推得式（2-34）。

2.5.4　国民经济评价与财务评价

建设项目经济评价是指对项目的投资、效益以及各项评价指标进行分析计算，评价项目在经济、财务上的合理性和可行性，或对不同项目方案进行分析比较。

建设项目经济评价包括国民经济评价和财务评价。国民经济评价从国家整体角度，采用影子价格，分析计算项目的全部费用和效益，考察项目对国民经济所做的净贡献，评价项目的经济合理性。

财务评价从项目财务角度，采用财务价格，分析测算项目的财务支出和收入，考察项目的盈利能力、清偿能力，评价项目的财务可行性。两种评价的主要区别如下：

（1）评价的出发点和角度不同。国民经济评价是从国家（社会）整体角度，考虑项目对全社会国民经济的净贡献，评价项目的合理性。财务评价是从项目本身的财务角度，分析测算项目的支出和收入，考虑项目的盈利能力和清偿能力，评价项目在财务上的可行性。

（2）费用和效益的计算范围不同。国民经济评价从国家角度，考虑全社会为项目付出的费用和从项目获得的效益（包括无实际财务收入的经济效益，如水利水电工程的防洪效益）。评价中对于税金、国内贷款利息、各种补贴等属于国民经济内部转移支付的费用，不计入项目费用。

财务评价从项目财务的角度出发，按照现行的财务制度，确定项目的

这里介绍了国民经济评价与财务评价的含义，以及经济评价的一般原则。关于经济评价将在第 3 章进一步介绍。

实际财务支出和收入（对于防洪效益等无实际财务收入的效益不予计入）。评价中将项目缴纳的税金作为支出，将各种补贴作为收入。

（3）采用投入产出物的价格不同。国民经济评价采用影子价格，财务评价采用现行价格或可比价格。

（4）主要参数不同。如考虑资金时间价值时，国民经济评价采用国家统一测定的社会折现率，财务评价采用行业财务基准收益率。外币换算时，国民经济评价采用国家测定的影子汇率，财务评价采用国家外汇牌价等。

建设项目经济评价应以国民经济评价为主，也应重视财务评价。

对建设项目进行国民经济评价和财务评价，都应遵循费用与效益的计算口径对应一致的原则。如计算中，费用与效益计算的项目范围、时间期限、分析计算深度、价格水平等，都应对应一致，以使项目的费用和效益具有可比性。

建设项目经济评价应以动态经济计算方法为主，但对于现行财务制度规定要求采用的某些静态评价指标，也应分析计算，以便更直观地考察项目的财务可行性。

属于社会公益性质的水利建设项目（如防洪、防凌、防潮工程，治涝、治碱工程等），没有或很少有财务收入。对于这类项目，也应当进行财务分析计算，研究其财务上存在的问题，提出解决办法，使项目在财务上具有生存能力。

对于大、中型水利水电建设项目，在国民经济评价和财务评价的基础上，还应根据具体情况，采用定量和定性相结合的方法，从宏观上进行综合经济分析研究。如分析计算总投资和单位功能投资指标、主要工程量、三材（钢材、木材、水泥）用量、移民安置量、水库淹没实物量、工程占地和淹没面积等。对于特别重要的水利水电建设项目，还应从国民经济总体上进一步分析、评价项目的作用和影响（如在国家、流域、地区国民经济中的地位和影响等），并计算经济评价的补充指标，分析其经济上的合理性。

小型水利水电建设项目，涉及的地区范围较小，建设周期短，资料也较缺乏。这类项目一般可根据工程具体情况，只进行国民经济评价或只进行财务评价，评价方法也可适当简化。

2.5.5　不确定性分析

工程建设受到众多因素的影响。建设项目经济评价中依据的数据存在着统计误差；在工程建设过程中，市场物价变动、供求关系变化、技术进步、其他外部因素（如法律法规、政策、国家政治经济形势等）的变化均会对工程建设发生影响。这使得实际情况可能偏离经济评价的指标。因此，在经济评价中，应当分析不确定性因素对经济评价结果的影响，估计项目可能承担的风险，以及经济评价结论的可靠性。

当前，建设项目经济评价不确定性分析主要包括敏感性分析和风险分析。

1. 敏感性分析

敏感性分析的目的是研究和预测项目的主要因素发生变动时，对经济评价指标的影响。它是经济决策中最为常用的一种不确定性分析方法。

在影响工程建设的多种因素中，各因素对于经济评价指标发生的影响程度并不相同。有些因素发生较小变化就可能使经济评价指标发生大的变动，而有些因素即使发生较大变化，对经济评价指标的影响也不显著。前一类因素称为敏感性因素，后一类因素称为非敏感性因素。敏感性分析应分析确定各种因素对于经济评价指标的影响程度，找出敏感性因素，为应对项目风险提供依据。

在工程决策和建设阶段，对于敏感性因素，应当研究提出减少其变动的措施，使项目能够较可靠地达到预期效果（例如，经分析确定固定资产投资为最具敏感性的因素，则应在规划、设计、施工等各阶段采取有效措施，切实严格控制工程投资）。

在建设项目后评价中，对已建工程也应分析敏感性因素实际可能发生的变化情况，把握后评价经济评价结果的稳定性和可靠性。

进行敏感性分析，可以就计算期内主要因素中的一项指标单独发生变动，或就多项指标同时发生变动对经济评价指标的影响和因素的敏感程度进行分析。前者称为单因素敏感性分析，后者称为多因素敏感性分析。

选取哪些因素作为变动因素，应当根据项目的具体情况而定。选择变动因素时，应当首先考虑在预计可能变化范围内对经济评价指标影响较大，同时本身发生变化可能较大的因素。

对于所选因素，应当按照一定变化幅度（如 5%、10%、15%、20% 等）改变其数值，并分别计算对应的经济评价指标值，求得经济评价指标的变化率，从而确定敏感性因素。要注意所选因素的变化情况应能够充分反映对经济评价指标不利的影响（如工期延长将使经济评价指标下降，选取工期因素时，必须考虑工期延长的变化情况）。

敏感性分析中一般只需考察主要经济评价指标的变化情况。

敏感性分析不能定量表示各种因素发生变化的可能性，也不能表示相应的经济评价指标发生各种变化的可能性，这使敏感性分析存在一定的局限性。为得到风险可能性的定量认识，需借助于风险分析。

2. 风险分析

风险分析可以通过识别风险因素，采用定性和定量结合的方法，估算风险因素发生的可能性及对项目的影响程度，评价风险程度并揭示影响项

不确定性分析实际上属于建设项目风险管理的工作内容。

关于经济评价指标将在第 3 章进一步介绍。

目的关键风险因素，提出相应对策。

风险分析中，应确定风险因素的变化区间及概率分布，计算项目评价指标的概率分布、期望值及标准差。

应根据风险评价的结果，研究规避、控制与防范风险的应对措施，为项目全过程风险管理提供依据。

目前我国仅对特别重要的水利建设项目进行风险分析。

2.6 价值工程

2.6.1 概述

建设项目的效益和影响是多方面的。尤其是一些公益性的项目，除了具有经济效益，还对社会和环境具有多方面的影响。项目建设的目标也不只是为了追求经济效益的最大化，而要更多地考虑其社会和环境效益及影响。同时，由于项目对社会与环境的影响往往难以用货币进行度量和表述，使得在项目建设决策中经济评价的作用具有局限性。此时，可采用价值工程的理论和方法进行有关分析和评价。

1. 价值工程的产生和发展

价值工程（Value Engineering，VE），又称为价值分析（Value Analysis，VA）是 20 世纪 40 年代后期产生的一门管理技术。

价值工程的创始人是美国工程师麦尔斯（L. D. Miles）。第二次世界大战期间，麦尔斯供职于通用电气公司的采购部门，长期负责军工产品的原材料采购工作。战争期间，军工产品的原材料十分紧缺，价格不断上涨，采购工作十分困难。在工作实践中，麦尔斯发现有一些相对不太短缺的材料具有可以很好地替代短缺材料的功能。麦尔斯认识到，购买材料的目的应当是获得其使用功能，而不是材料本身，于是选用同样满足功能的材料替代设计制定的材料，以解决采购问题。后来，他又把这种方法的思想推广应用，总结出一套保证在同样功能的前提下降低成本的比较科学的方法，这就是早期的价值工程。

20 世纪 50 年代，价值工程方法传入日本，并与全面质量管理相结合，得到进一步发展。同时，麦尔斯发表的专著《价值分析的方法》使价值工程很快在世界范围内产生巨大影响。1961 年美国价值工程协会成立时，麦尔斯当选为协会第一任会长。

在我国，价值工程的概念可叙述为：通过各相关领域的协作，对所研究对象的功能与费用进行系统分析，不断创新，旨在提高所研究对象价值

需注意，价值工程中的价值具有特殊的含义（见下文介绍），与经济学中所说的价值含义不同。

在日常生活中，人们购买家用电器等耐用消费品时，常会比较商品的性能价格比（性价比）。这实际上是使用了价值工程的概念和方法。

的方法和管理技术。

价值工程虽然起源于材料和代用品的研究，但其原理和思想已扩展到众多领域。价值工程体现了现代经营管理的思想。在当代，价值工程在企业生产、工程建设、生产经营管理等各个方面，在决策、开发、设计、制造、施工、运作等各个阶段都得到广泛的应用。

2. 价值工程的目标

价值工程中的价值是指价值工程对象所具有的功能与获得该功能的成本（全部费用）的比值，可用公式表示为

$$V = \frac{F}{C} \qquad (2-35)$$

式中：V——价值；

　　　F——功能；

　　　C——获得功能的成本（全部费用）。

按照价值工程的概念，式（2-35）中的功能是指对象所需要的功能；式中的成本（全部费用）是指对象的寿命周期成本，即对象在寿命周期内所发生的一切费用。

对象的寿命周期成本包括生产成本和使用成本两部分。生产成本包括对象研究开发、设计、制造等生产过程中的全部费用。使用成本是指用户在使用过程中支付的各种费用的总和，包括对象的运输、安装、调试、管理、运营、维修等方面的费用。生产成本是在短期内集中支付的，使用成本是在使用过程中分散支付的。一般来说，随着功能增加，对象的生产成本加大，使用成本减小，而寿命周期成本则呈由大变小，再由小变大的变化趋势，如图2-6所示。

在图2-6中，曲线 $C_1 \sim F$、$C_2 \sim F$ 和 $C \sim F$ 分别表示生产成本、使用成本和寿命周期成本与功能的关系。当功能处在 F_a 附近区域时，虽然生产

> 价值工程对象是指通过实施价值工程对其进行分析评价和改进的对象。

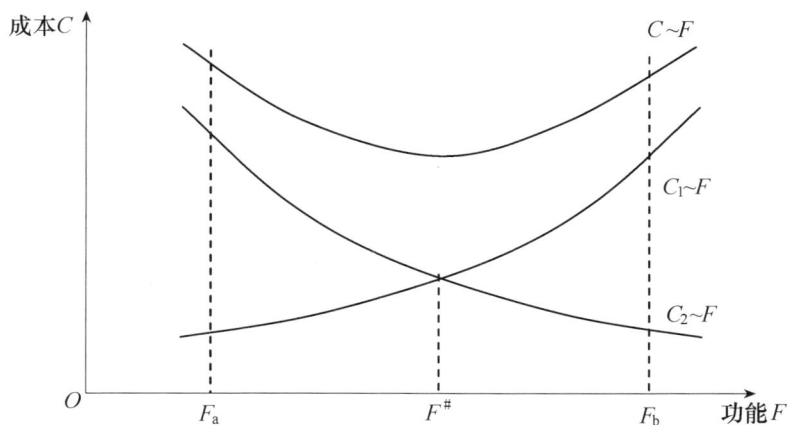

图 2-6　功能与成本关系示意图

成本较低，但不能满足基本的使用要求，使用成本高，致使寿命周期成本较高；当功能处在 F_b 附近区域时，虽然使用成本较低，但存在部分多余功能，生产成本高，也使得寿命周期成本较高；而当功能处在 $F^\#$ 附近区域时，功能能够满足使用需求，同时生产成本和使用成本都比较低，可使寿命周期成本也相对较低，从而实现比较理想的功能和成本关系。

价值工程是以技术和经济结合的方法对于对象进行改进和创新，以最低的寿命周期成本，可靠地实现所需要的功能，提高对象的价值，获得最佳的综合效益。价值工程的目标即为实现价值的提高。

由式（2-35）可知，提高对象的价值有以下 5 种途径：

（1）在提高功能的同时降低成本。这样可以使价值大幅度提高，是最理想的提高价值的途径；

（2）提高功能，保持成本不变；

（3）保持功能不变，降低成本；

（4）成本小幅度增加，同时功能大幅度提高；

（5）功能小幅度降低，成本大幅度降低。

3. 工作程序

价值工程可以分为准备、分析、创新和实施四个阶段。其一般工作程序和各阶段的工作步骤如表 2-3 所示。

表 2-3　价值工程一般工作程序表

阶　段	步　骤	说　明
准备阶段	1. 对象选择	明确目标、限制条件和分析范围
	2. 组成价值工程领导小组	一般由项目负责人、专业技术人员、熟悉价值工程的人员组成
	3. 制订工作计划	包括具体执行人、执行日期、工作目标等
分析阶段	4. 收集整理信息资料	此项工作贯穿价值工程的全过程
	5. 功能系统分析	明确功能特征要求，并绘制功能系统图
	6. 功能评价	确定功能目标成本，确定功能改进区域
创新阶段	7. 方案创新	提出实现功能的不同方案
	8. 方案评价	从技术、经济、社会、环境等方面综合评价各方案达到预期目标的可能性
	9. 提案编写	将选出的方案有关资料整理成提案材料
实施阶段	10. 审批	由主管部门进行
	11. 实施检查	制订实施计划、组织实施，并跟踪检查
	12. 成果鉴定	依据实施后的效果进行鉴定

　　在价值工程工作程序的各阶段中，准备阶段明确了价值工程的研究对象；分析阶段对于对象的用途、成本进行了分析，并对价值进行了量化；创新阶段提出了实现功能的各种新方案，并分析了各方案的成本；实施阶段解决了新方案能否满足要求等问题。各阶段分别提出和解决了不同的问题。可以说，价值工程的活动就是不断提出问题和解决问题的过程。

2.6.2　资料收集与对象选择

1. 信息资料收集

　　信息资料的收集是价值工程实施的重要环节。各种技术经济资料和信息是选择价值工程对象、进行功能分析、方案创新和方案评价等工作的基础。价值工程的成效与信息资料是否准确、及时、全面紧密相关。价值工程的资料主要包括以下几方面：

　　（1）用户有关资料。如用户对相关产品对象使用的目的和要求，产品对象的使用条件，产品对象使用中可能出现的故障情况、处理情况等。

　　（2）技术资料。如国内外同类产品对象的设计、制造、相关设备、材料的发展水平和状况，优势与劣势、关键问题等。

　　（3）经济分析资料。如同类产品对象的市场价格、生产成本及成本构成，产品对象的有关定额、有关经济指标等。

　　（4）社会影响及环境影响资料。如对象可能产生的社会影响、环境影响的范围、影响程度、各种影响的量化指标及数量等。

　　（5）本企业基本资料。如企业经营方针，目前及未来的生产能力，生产成本，销售状况，本企业的优势和劣势状况等。

　　对以上收集的资料需要进行分类，并对资料进行去粗取精、去伪存真的分析和整理，以获得有效的信息。

2. 对象选择

　　价值工程是对于具体的对象进行分析、评价和改进。可以说，凡是为了获取功能而发生费用的事务，都可以作为价值工程的研究对象。但显然，实施价值工程时，应当有重点地选择价值工程活动的对象。

　　选择价值工程对象的原则主要有两条。一是优先考虑对于国计民生有重大影响，或是在生产经营中迫切需要的项目；二是在改善价值上有较大潜力的项目。同时，需注意在项目实施的不同阶段应用价值工程的效果是不同的，应当优先在项目决策、规划、设计阶段选择价值工程的对象，开展价值工程活动，以取得更显著的效果。

以上对于价值工程作了概括介绍，下面对几个具体问题进行说明。

对于大型复杂项目，项目决策、规划设计完成后，项目的价值便基本确定了，在以后阶段实施价值工程的效果一般很有限。详见第3章第1节。

2.6.3 功能系统分析

功能系统分析包括功能分类、功能定义、功能整理和功能计量等内容。通过功能系统分析明确功能的特性和要求，以及各功能之间的关系，并能对功能结构进行调整，删除不必要的功能，改变各种功能的比重，使功能结构更为合理。

1. 功能分类

可按照不同方式对功能进行分类。

（1）使用功能和美学功能。这是按照功能的性质进行分类。使用功能从功能的内涵上反映对象的使用属性，是一种动态功能；美学功能从对象的外观上反映对象的艺术属性，是一种静态功能。

（2）基本功能和辅助功能。这是按照功能的重要性进行分类。基本功能是主要的、必不可少的功能；辅助功能是次要的、附加的功能。

（3）必要功能和不必要功能。这是按照用户的需求进行分类。必要功能是用户要求和必需的功能；不必要功能不是用户要求和必需的功能。对于用户，多余的功能、重复的功能都是不必要功能。

（4）过剩功能和不足功能。相对于一定的功能标准，满足需要有余，超过标准功能的称为过剩功能；对象的总体功能或部分功能达不到功能标准，不能满足需求，称为不足功能。

2. 功能定义

功能定义是功能系统分析的第一步工作，也是后续工作的基础。其主要任务是定性地回答"对象有哪些功能"的问题。

功能定义要透过对象的实物形象、结构，将本质的功能一一揭示出来。所定义的功能应当简明、准确、系统全面，同时便于量化测定。

3. 功能整理

功能整理运用系统的观点，将已经定义的功能系统化，找出各局部功能之间的逻辑关系，并用图表的方式表达出来，从而明确功能系统，并为后续的功能评价、方案创新等工作提供依据。

进行功能整理时，可采用编制功能卡片等方法，同时注重基本功能，明确功能间的关系。功能可以按照不同层次分解，功能整理的主要成果是功能系统图表。图2-7是经过功能整理建立的建筑物平屋面的功能系统图，表明了建筑物平屋面的各项基本功能，以及各层次功能之间的关系。

4. 功能计量

功能计量是以功能系统图为基础，逐级进行测算、分析，确定各级功能的数量指标，并揭示出各级功能有无不足或过剩的情况，从而为在后续

人们在选择、购买产品时，往往会同时从使用和外观方面进行考察，这实际上就是从使用功能和美学功能两方面出发进行选择。

不同的用户具有不同的需求，因此必要功能和不必要功能具有相对性。过剩功能和不足功能应按照一定的功能标准划分，是相对稳定的。

在2.6.5节将要介绍的方案创新与评价方法中，包括一些适用于功能计量的方法。

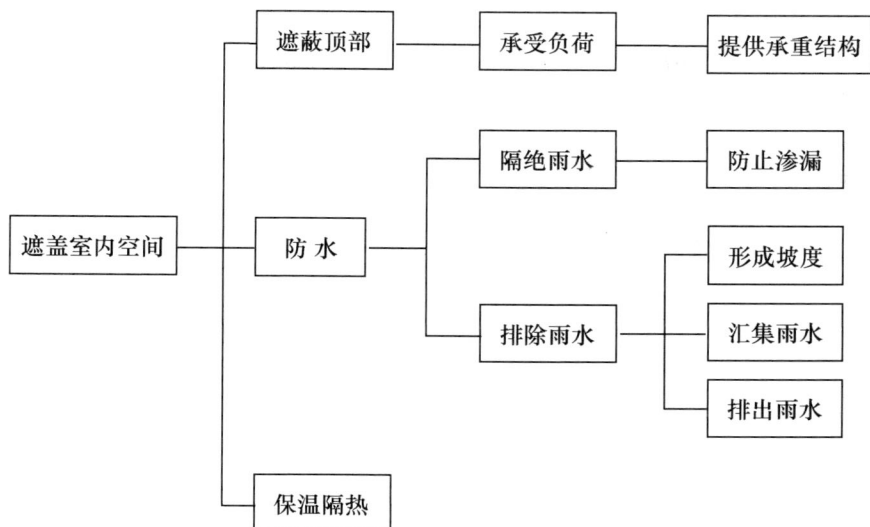

图 2 - 7　平屋顶功能系统图

工作中补足和保证必要功能，剔除过剩功能提供定性和定量的依据。

功能计量应当以用户的合理要求为出发点，以一定的方法确定功能的数量标准。由于对象的功能和影响有可能是多方面和复杂的，并出现难以定量描述的情况，因此功能计量要采用科学的方法，同时往往要借助有关专家的丰富知识和经验。

2.6.4　功能评价

功能评价是指定量地确定价值，并确定改进对象和目标。功能评价的方法可分为两大类，即功能成本法和功能指数法。

1. 功能成本法

功能成本法是用一定的方法测算实现功能所必需的最低成本，同时计算目前成本，经过分析对比确定价值工程的改进对象。

（1）价值系数与成本降低期望值。功能成本法用价值系数或成本降低期望值表示评价结果。

> 注意功能成本法可用价值系数或成本降低期望值两种指标表示评价结果。

价值系数的表达式为

$$VS = \frac{FS}{CS} \qquad\qquad (2-36)$$

式中：VS——价值系数；

　　　 FS——功能评价值；

　　　 CS——获得功能的目前成本（以下简称功能目前成本）。

功能评价值是指可靠地实现用户要求功能的最低成本。因此，价值系数是指可靠地实现用户要求功能的最低成本与功能目前成本的比值。

成本降低期望值的表达式为

$$\Delta C = CS - FS \tag{2-37}$$

式中，ΔC 是成本降低期望值，等于功能目前成本 CS 与可靠地实现用户要求功能最低成本 FS 的差值。

显然，当价值系数 VS 小或成本降低期望值 ΔC 大时，应优先考虑进行改进。

注意此处关于确定优先进行改进对象的原则。

（2）功能成本法的主要工作内容。功能成本法的主要工作内容是功能目前成本 CS 的计算和功能评价值 FS 的推算。

① 功能目前成本计算。功能目前成本的费用构成及项目与传统的成本核算是相同的。但其计算是以对象的功能为单位，而不是以对象或零部件为单位。因此，计算功能目前成本时，应当将对象或零部件的目前成本换算为获得功能的目前成本。当某一对象或零部件仅有一种功能时，其目前功能成本与目前成本相同；当对象或零部件具有多种功能或与多种功能有关时，须将对象或零部件的成本分摊到各个功能；当一种功能由多个对象或零部件共同实现时，功能目前成本应等于有关对象或零部件的目前功能成本之和。

② 功能评价值推算。常用的方法有方案估算法、实际价值标准法、实际统计值评价法等。

方案估算法是由若干有经验的专家，依据各方面的情报资料，初步构想出几种能够实现功能的方案，并估算各方案的成本，以其中最低的成本作为功能评价值。

实际价值标准法是依据同类或相近产品的调查结果，选取成本最低的作为功能评价值的基准，再考虑功能上的差别确定功能评价值。

实际统计值评价法是依据大量统计资料，计算出同类或相近产品的功能与成本的一般关系，再按照功能确定功能评价值。

（3）功能价值分析。按照价值系数或成本降低期望值的计算结果，功能评价中有三种情况。

① 价值系数 $VS = 1$，或成本降低期望值 $\Delta C = 0$。表明功能目前成本与实现用户要求功能的最低成本大致相当，已达到最佳状态，一般无须改进。

② 价值系数 $VS < 1$，或成本降低期望值 $\Delta C > 0$。表明功能目前成本高于实现用户要求功能的最低成本，其原因可能是存在着过剩的功能，或由于技术、管理、经营等状况不佳，使功能目前成本过高。此时应对相关对象进行改进，剔除过剩功能或降低功能目前成本。

③ 价值系数 $VS > 1$，或成本降低期望值 $\Delta C < 0$。表明功能目前成本低

于实现用户要求功能的最低成本。这种情况一般是由于功能不足,不能满足用户的功能需求,应当适当提高功能水平,增加成本,对相关对象进行改进。

2. 功能指数法

功能指数法是评定各个对象的功能在整体功能中所占的比率和其目前成本在全部成本中所占的比例,并分别用以表示功能和成本的相对值,再按照功能和成本相对值的比值确定改进对象。

(1)价值指数。被评价对象的功能在整体功能中所占的比率称为功能指数(又称功能重要度系数、功能评价系数等)。被评价对象的目前成本在全部成本中所占的比率称为成本指数。功能指数与成本指数的比值称为价值指数,其表达式为

$$VI = \frac{FI}{CI} \qquad (2-38)$$

式中:VI——价值指数;

FI——功能指数;

CI——成本指数。

对于价值系数 VI 小的对象应当优先进行改进。

(2)功能指数法的主要工作内容。功能指数法的主要工作内容是成本指数的计算和功能指数的推算。

① 成本指数的计算。成本指数的计算公式为

$$CI_i = \frac{C_i}{\sum C_i} \qquad (2-39)$$

式中:CI_i——第 i 个评价对象的成本指数;

C_i——第 i 个评价对象的目前成本;

$\sum C_i$——全部成本。

② 功能指数的推算。如前述,由于功能(效益、影响)具有多样性和复杂性,功能的度量和比较存在一定的困难。在进行功能指数推算时,需采用一定的科学方法,使功能指数能够尽可能客观、真实地反映被评价对象的功能在整体功能中所占的比率。

功能指数的计算方法有多种,以下介绍 01 法、多比例评分法和逻辑流程评分法。

a. 01 法。先将所有对象的功能进行两两对比,对功能相对重要的记为 1 分,相对不重要的记为 0 分,然后求得各对象功能得分的和数。为避免以后计算中出现功能指数为 0 的情况,可将各功能得分和数加 1 进行修正。最后以各对象功能修正后的得分与总修正得分的比值作为功能指数。

功能成本法与功能指数法分别以价值系数 VS 和价值指数 VI 表示价值。注意两者的具体内容是不同的。

功能指数和成本指数可以分别理解为对象的相对功能和相对成本,因它们都是无因次的量,故可以相互比较,其比值即为对象的价值指数。正常情况下,对象的相对成本增大,其相对功能也应当增大。如对象相对功能的增加小于其相对成本的增加,会使其价值指数变小。因此,对于价值指数小的对象应当优先进行改进。

当某一对象与多种功能有关,或某一功能与多个对象有关时,

01 法适用于对象功能的重要性差别不大、功能数目不多的情况。

【例2－10】 各评价对象的功能分别为F_1，F_2，$\cdots$，F_5，试用01法推算功能指数。

解：采用01法推算功能指数的计算过程和结果见表2－4。表中的FI_i为第i个对象的功能指数，等于第i个对象功能的修正得分除以总修正得分15。

表2－4　01法实例表

功能	F_1	F_2	F_3	F_4	F_5	得分	修正得分	FI_i
F_1	—	0	0	1	1	2	3	0.20
F_2	1	—	1	1	1	4	5	0.33
F_3	1	0	—	1	1	3	4	0.27
F_4	0	0	0	—	0	0	1	0.07
F_5	0	0	0	1	—	1	2	0.13
合计						10	15	1.00

b. 多比例评分法。按照6种比例 $(0, 10)$，$(1, 9)$，$(2, 8)$，$(3, 7)$，$(4, 6)$，$(5, 5)$ 对各对象功能的重要性记分，并用01法类似的方法算出各对象功能的功能指数。

多比例评分法适用于对象功能的重要性差别较大、对象功能数目不多的情况。

【例2－11】 各评价对象的功能分别为F_1，F_2，$\cdots$，F_5，试用多比例评分法推算功能指数。

解：采用多比例评分法推算功能指数的计算过程和结果见表2－5。表中的FI_i为第i个对象的功能指数，等于第i个对象功能的得分除以总得分100。

表2－5　多比例评分法实例表

功能	F_1	F_2	F_3	F_4	F_5	得分	FI_i
F_1	—	4	2	6	7	19	0.19
F_2	6	—	4	8	7	25	0.25
F_3	8	6	—	9	9	32	0.32
F_4	4	2	1	—	4	11	0.11
F_5	3	3	1	6	—	13	0.13
合计						100	1.00

c. 逻辑流程评分法。按照思维逻辑，判断各评价对象功能的重要程度关系并评定分数，从而推算出功能指数。评定分数时，先按照对象功能重要性的逻辑关系，将对象功能按由大到小的循序进行排列，然后自下而上进行比较，分析各对象功能之间在重要性上的关系，并进行评分。各对象的功能指数取为对象功能的评分值与总评分值的比值。

逻辑流程评分法适用于对象功能具有比较明显的逻辑可比关系的情况。

【例 2 – 12】　有 7 种对象功能，试用逻辑流程评分法推算功能指数。

解：采用逻辑流程评分法推算功能指数的计算过程和结果见表 2 – 6。先对各对象功能的重要性进行分析，将对象功能按其重要性从大到小进行排列，并分别用 F_1，F_2，…，F_7 表示。功能中 F_1 的重要性最大，F_7 的最小。然后自下而上，分析各对象功能重要性之间的逻辑关系。如经分析可知，$F_6 > F_7$，$F_4 > F_5 + F_6$，$F_2 > F_3 + F_4 + F_5 + F_6 + F_7$ 等。按照对象功能重要性的逻辑关系可进行评分，最后将各对象功能的评分值除以总评分值 785，求得功能指数 FI_i。

表 2 – 6　逻辑流程评分法实例表

功　能	逻　辑　关　系	评　分　值	FI_i
F_1	$F_1 > 3F_2$	500	0.64
F_2	$F_2 > F_3 + F_4 + F_5 + F_6 + F_7$	150	0.19
F_3	$F_3 > F_5 + F_6 + F_7$	50	0.06
F_4	$F_4 > F_5 + F_6$	40	0.05
F_5	$F_5 > F_6$	20	0.03
F_6	$F_6 > F_7$	15	0.02
F_7	F_7	10	0.01
合计		785	1.00

（3）功能价值分析。采用功能指数法进行功能评价的结果也有三种情况。

① 价值指数 $VI = 1$。表明被评价对象的目前成本在全部成本中所占的比率与其功能在整体功能中所占的比率大体上相当，匹配合理，一般可以认为对象的目前成本是合理的，无须进行改进。

② 价值指数 $VI < 1$。表明被评价对象的目前成本在全部成本中所占的比率高于其功能在整体功能中所占的比率，对象的目前成本偏高，应当降低成本，进行改进。

③ 价值指数 $VI > 1$。表明被评价对象的目前成本在全部成本中所占的

比率低于其功能在整体功能中所占的比率。其原因可能是由于对象功能超过了用户需求，出现过剩功能，也可能是由于成本过低，使功能不能满足用户需求，出现功能不足。对于这两种情况都应当进行改进，使对象功能适应用户的需求。特殊条件下，也可能由于技术、经济等方面的原因，出现实现重要功能只需较低成本，使价值指数 $VI > 1$ 的情况，此时则无须进行改进。

2.6.5　方案创新与评价

方案创新是从提高对象的价值出发，针对应改进的对象，依据已经建立和求得的功能系统图及功能目标成本，通过创造性的思维活动，提出和实现各种改进方案。

方案评价是在方案创新的基础上，对各方案的优缺点和可行性进行分析、比较，对方案进行优选，并对较优秀的方案进一步完善。

方案创新依赖于创造能力和思维，方案创新的方法应能促进人们积极思考，激发创新能力。方案评价的方法应能对方案多方面的复杂影响进行定性和定量的客观评价。在方案创新与评价中常用的方法有多种，以下介绍头脑风暴法和德尔菲法。

（1）头脑风暴法。该方法由美国人奥斯本（Osburn）在 1939 年提出，采用会议形式进行，由主持人组织对于课题具有较深入了解的人员参加，人数一般为 5～10 人，会议讨论时遵守以下规则。

① 不允许批评和反对别人的设想和意见；

② 欢迎提出尽可能多的方案和意见；

③ 欢迎对别人的意见进行补充和完善；

④ 主持人应思想活跃，知识面广，善于引导，使会议气氛活跃、融洽，使与会者广开思路，畅所欲言；

⑤ 会议应做记录，以便对意见进行综合整理。

头脑风暴法有益于打破常规，积极思考，相互启发，集思广益，提出具有创造性的意见，并防止片面和遗漏。

（2）德尔菲（Delphi）法。该方法是一种预测、评价、规划、决策的方法。其名称来源于古希腊神话。德尔菲是古希腊的一座城市，建有太阳神阿波罗（Apollo）神殿。神话中的阿波罗能预知未来，德尔菲成为神谕之地，于是人们以此为这种预测方法命名。

德尔菲法最早出现于 20 世纪 60 年代。1964 年美国兰德（RAND）公司的赫尔默（Helmer）和戈登（Gordon）发表了《长远预测研究报告》，首次将德尔菲法用于技术预测。以后，德尔菲法在美国和其他国家，在各种领域（如军事、人口、医疗保健、经营和需求、教育等）的预测、评

头脑风暴法、德尔菲法都是软科学（以具有复杂性、系统性的课题为研究对象的科学）研究中常用的方法，其用途十分广泛。在价值工程中，除进行方案创新、方案评价外，还可在功能计量、功能评价等方面应用。

价、规划和决策等工作中得到广泛应用。德尔菲法具有较强的科学性和实用性，是最为常用的专家咨询方法之一。

德尔菲法采用匿名发表意见的方式，专家之间不相互讨论，只与调查人员发生关系。通过多轮次征询意见和归纳、修改，最后汇总成专家基本一致的咨询结果，其一般实施步骤如下：

① 组成专家小组。按照课题范围和尺度确定专家范围及人数，专家人数一般不超过 20 人。

② 向专家提出问题及要求，并附上有关背景材料。

③ 专家提出咨询意见。

④ 对专家第一次咨询意见进行汇总（可列成图表，对定量化的指标求出均值、方差等统计参数），并将汇总资料反馈给专家，请专家进行比较后修改自己的意见和判断。

⑤ 将专家的修改意见收集起来，进行汇总，再次分发给专家，并由专家进行再次修改。

逐轮收集意见并向专家反馈信息是德尔菲法的主要环节（在向专家进行反馈时，仅给出各种意见，不告知发表意见的专家姓名）。这一过程重复进行，直到每一位专家不再改变自己的意见为止。一般收集意见和信息反馈需要经过三四个轮次。

⑥ 对专家的意见进行综合处理，得到咨询结果。

2.6.6　价值工程在工程造价管理中的应用

价值工程方法可在工程造价管理中得到广泛的应用。如在建设项目立项、可行性研究及决策中，在项目设计（包括初步设计、技术设计和施工图设计）中，均可采用价值工程方法进行各项方案的评价和优选。在项目建设实施阶段，业主及施工承包人也可开展各种价值工程活动，以提高管理水平，保证工程质量，缩短工程周期，降低工程造价等。目前我国在工程造价管理中开展价值工程活动还不够广泛，今后应进一步重视应用这种先进的经营管理思想和方法，提高工程造价管理水平。

【例 2-13】　某水利水电枢纽工程具有防洪（F_1）、发电（F_2）、灌溉（F_3）、养殖（F_4）、改善生态环境（F_5）等效益。在可行性研究中，提出 A、B、C 共 3 个不同方案，其估算造价分别为 850 万元、1 240 万元、3 900 万元。试用价值工程方法进行方案选择。

解：本题采用计算方法的要点为：a. 分别计算 3 个方案的价值指数，按价值指数进行选择；b. 价值指数按综合效益与造价的比值计算；c. 由专家分别对各项效益打分，采用多比例评分法确定各项效益的权重，并以各

采用匿名方式反复分别征求专家意见，可以避免会议讨论时产生的对权威的随声附和，或因顾虑情面不愿与他人意见冲突，不充分发表意见，以及因有人固执己见，使讨论不易进行等弊病。同时也可使专家意见能较快收敛，使综合意见更具有客观性。

这里介绍了一个运用价值工程进行水利水电建设项目方案选择的实例，所用方法的思路与前文介绍的功能指数法是一致的。例题最后进行了讨论，意在说明，进行方案选择不应绝对化，有时需从多方面进行考虑。

方案效益的加权平均值作为项目的综合效益；d. 各方案的综合效益和造价分别用综合效益指数和造价指数表示；e. 综合效益（或造价）指数等于各方案综合效益（或造价）与三方案综合效益（或造价）之和的比值。

由专家采用多比例评分法确定各效益权重结果见表 2 - 7，表中的 FI 为效益权重。

表 2 - 7　用多比例评分法确定效益权重表

效　益	F_1	F_2	F_3	F_4	F_5	得　分	FI
F_1	—	4	2	4	3	13	0.13
F_2	6	—	3	5	4	18	0.18
F_3	8	7	—	7	6	28	0.28
F_4	6	5	3	—	4	18	0.18
F_5	7	6	4	6	—	23	0.23
合计						100	1.00

专家对效益打分值及各方案综合效益值如表 2 - 8 所示。

表 2 - 8　综合效益值表

方　案	F_1	F_2	F_3	F_4	F_5	综 合 效 益
A	6	5	7	6	6	6.10
B	9	9	10	8	9	9.10
C	10	10	9	9	10	9.54

专家打分采用 10 分制，表中各方案的综合效益值由各项效益值加权平均求得，如 A 方案综合效益值的计算式和计算结果为

$$6 \times 0.13 + 5 \times 0.18 + 7 \times 0.28 + 6 \times 0.18 + 6 \times 0.23 = 6.10$$

方案价值指数计算数据见表 2 - 9。表中各方案的综合效益指数为方案综合效益与 3 个方案综合效益和数 24.74 的比值，造价指数为方案造价与 3 个方案造价和数 5 990 的比值，价值指数等于方案综合效益指数与造价指数的比值。

表 2 - 9　方案价值表

方　　案	综 合 效 益	综合效益指数	造　　价	造价指数	价值指数
A	6.10	0.246 6	850	0.141 9	1.737 8
B	9.10	0.367 8	1 240	0.207 0	1.776 8
C	9.54	0.385 6	3 900	0.651 1	0.592 2
合计	24.74	1.000	5 990	1.000	

由计算结果可知，按照价值指数进行比较，考虑到方案 B 价值指数最高，且较方案 A 能更充分地利用资源，一般应选择 B 方案。但在资金受到限制时，考虑到方案 A 与方案 B 的价值指数差别不大，也可优先选用 A 方案。

2.7　工程建设管理

对工程建设管理可分别从微观和宏观两个层面进行讨论。

2.7.1　建设项目管理

1. 项目与项目管理

（1）项目及其特征。项目是现代管理科学中的重要概念。对于项目的概念通常有不同的描述。我国有关国家标准对项目的定义为，"由一组有起止时间的、相互协调的受控活动所组成的特定过程，该过程要达到符合规定要求的目标，包括时间、成本和资源的约束条件"。这里所说的过程，是指"将输入转化为输出的一组彼此相关的资源和活动"，包括时间、成本和资源。所说的特定的过程是指"一次性的任务"。

项目可以是多方面的，存在于经济社会活动的各个方面。比如，有开发项目（如资源开发、新产品开发）、科研项目（如基础科学研究项目、应用科学研究项目、科技攻关项目）、投资项目、环境保护项目等。

虽然项目的内容是不胜枚举的，但具有以下共同的特性。

① 单件性和一次性。每个项目的目标、内容和过程都是唯一的，使项目的管理具有较大的风险和难度。

② 具有一定的约束条件。项目的约束条件一般有质量、时间及投资三方面。根据具体情况，项目还可能有其他约束条件，如水利水电工程项目有地点、空间、地质条件、水文条件、国民经济各部门要求、环境等各方面的约束条件。

③ 具有一定生命周期。每一个项目有自己的起始时间、发展时间、结束时间。在项目生命周期的不同阶段，都有其特定的任务。

（2）项目管理。人类的大量活动是以项目的形式完成的。随着人类生产的发展和科学技术水平的提高，人类活动的规模不断扩大。在现代，由于项目的规模不断增大，费用不断增加，大量尖端技术和科学研究成果在项目中得到应用，使得项目单凭经验已难以完成。随着现代管理科学和管理工程的产生，在 20 世纪 60 年代项目管理成为一门新的学科。

现代项目管理已经形成了完整的理论和方法体系，并将系统论、信息论、控制论、经济学、管理学、心理学、行为科学、价值工程、计算

此处项目的定义引自《质量管理　项目管理质量指南》（GB/T 19016—2000 idt ISO 10006：1997）。

我国已将国际标准化组织（ISO，International Organization for Standardization）颁布的 ISO 9000 族标准等同转化为我国国家标准。ISO 10006 是关于项目管理的标准。

如 20 世纪 70 年代以来国际上形成的建造管理（Construction Management，简称 CM）模式，以及本章第 3 节介绍的 BOT 模式，都是新兴的建设管理模式。

机技术、信息技术等各项新的理论和技术应用于项目管理的研究和实践，使项目管理学科日益发展和成熟。20 世纪 60 年代，美国阿波罗登月计划项目，涉及 2 万个企业，参加人员超过 40 万人，研制零部件 700 万个，耗资 300 亿美元，由于采用了网络技术进行计划管理，使整个计划进行井然有序，成为项目管理的一个范例。在建筑业，随着建设规模日趋扩大，工程复杂程度不断增加，在工程建设中，也引入了项目管理的理论和方法。近年来由此形成了一些新的建设管理模式，在国际上获得广泛应用。

2. 建设项目管理的含义和内容

（1）建设项目。建设项目是指按一个总体设计进行建设的各个单项工程所构成的总体。在我国，通常将建设一个企业、事业单位或一个独立工程项目作为一个建设项目。对属于一个总体设计中分期分批进行建设的主体工程和附属配套工程的全体也作为一个建设项目。

这里介绍的是建设项目划分层次的一般概念。进行水利水电工程估算、概算时，按照有关规定，水利水电工程应划分为不同类别和部分，各部分划分为不同等级项目，详见第 4 章有关介绍。

建设项目又可进一步划分为四个层次，即单项工程、单位工程、分部工程和分项工程。单项工程是指在一个建设项目中具有独立的设计文件，可以独立组织施工，建成竣工后可以独立发挥生产能力或工程效益的工程，它是建设项目的组成部分。

单位工程是指具有独立的设计文件，可以独立组织施工，但建成后不能独立发挥生产能力或工程效益的工程。单位工程是单项工程的组成部分。

分部工程按照单位工程的工程部位或安装工程的种类，以及施工使用的材料和工种不同而进行划分。如土建工程可以分为土石方工程、桩基工程、混凝土工程、钢筋混凝土工程、钢结构工程、砖石工程、地面工程、屋面工程等分部工程。

分项工程是指通过较简单的过程和方法就能完成，并能通过较简单的方法计算出工料消耗量的工程。如土石方工程又可分为开挖不同类别的土石方、回填土石方等分项工程。

作为建设项目的水利水电枢纽工程，按照以上划分方式，可包括大坝、水电站、溢洪道、取水建筑物等单项工程；其中水电站单项工程可包括水电站厂房建筑、水轮发电机设备安装等单位工程；水电站厂房建筑单位工程可包括厂房地面建筑、屋面建筑等分部工程；厂房地面建筑分部工程可包括厂房排架混凝土工程、厂房墙体砌筑等分项工程。

（2）建设项目分类。建设项目可按照不同的标准进行分类。

恢复项目是对原已全部或部分报废的固定资产进行重新建设。

① 按照建设性质，建设项目可分为基本建设项目和更新改造项目。如前述，基本建设以扩大生产能力或工程效益为主要目的。基本建设项目包括新建项目、扩建项目、迁建项目和恢复项目。更新改造项目是指企业、

事业单位对原有设施进行技术改造、技术引进或固定资产更新的项目，以及相应配套的辅助性生产生活福利等建设项目。

② 按照投资作用，建设项目可分为生产性建设项目和非生产性建设项目。生产建设性项目包括工业（含能源）、农业、水利、基础设施、商业等建设项目。非生产性建设项目是指用于满足人民物质文化生活和福利需求等的非物质生产部门的建设项目，包括办公用房、居住建筑、公共设施和其他建设项目（如国防项目）。

本章第 3 节曾对基本建设、更新改造投资、生产经营性投资、非生产经营性投资、融资方式等进行了介绍。

③ 按照投资的来源，建设项目可分为国家预算拨款项目、国家拨改贷项目、银行贷款项目、企业联合投资项目、企业自筹资金项目、利用外资项目、外资项目等。

④ 按照建设规模，建设项目可分为不同类别。按照国家有关规定，基本建设项目划分为大、中、小三种类型。凡生产单一产品的项目，一般按照产品的设计生产能力划分；生产多种产品的项目，一般按照其主要产品的设计生产能力划分；产品种类较多，不易分清主次，难以按产品生产能力划分的项目，可按投资额划分。更新改造项目划分为限额以上和限额以下两类，一般按其投资额进行划分。

对于基本建设项目，我国按照工业建设项目和非工业建设项目，对于不同行业和部门，分别规定了按照生产能力划分项目规模的标准（非工业建设项目分为大中型和小型两类）。对于电力工业（包括火电和水电），规定电站装机容量≥25 万 kW 的为大型项目，装机容量为 2.5 万~25 万 kW 的为中型项目，装机容量<2.5 万 kW 的为小型项目。对于水利建设项目，规定库容≥1 亿 m³ 的水库、灌溉面积≥50 万亩①的灌溉工程为大中型项目。这里介绍的项目规模划分方式系从国家投资计划管理和统计出发，与水利行业对于工程等级的划分方式不尽一致。从工程建设和管理角度出发，水利行业将水利水电工程、拦河闸工程和灌溉、排水泵站等项目分别划分为大（1）型、大（2）型、中型、小（1）型、小（2）型 5 个等级，详见《水利水电工程等级划分及洪水标准》（SL 252—2000）。

新中国成立以来，我国曾多次修订《大中小型建设项目划分标准》。

按投资额划分基本建设项目时，属于工业生产性项目中的能源、交通、原材料部门的建设项目，投资额达到 5 000 万元以上（含 5 000 万元）的为大中型项目；其他部门和非工业建设部门项目，投资额达到 3 000 万元以上的为大中型项目。

国家关于更新改造（含技术引进）项目的限额划分标准见表 2 - 10。对于不同规模的建设项目，在审批权限、报建程序等方面有不同规定。

---

① 亩不是常用国际计量单位，1 亩≈666.7 平方米。

表 2 - 10　更新改造项目限额划分标准

更新改造项目	计算单位（总投资）	限 额 以 上	限 额 以 下
能源、交通、原材料工业	万元	≥5 000	≥100 且 <5 000
其他更新改造项目	万元	≥3 000	≥100 且 <3 000
技术引进项目	万美元	≥500	<500

显然，工程造价管理是建设项目管理的重要组成部分。

（3）建设项目管理内容。建设项目管理是指在建设项目的生命周期内，应用现代项目管理理论、方法和技术对建设项目的全过程进行计划、组织、控制和管理的一系列活动。建筑项目管理以实现投资者或经营者的投资目标为目的。项目管理工作包括项目决策、立项、可行性研究、评估决策，项目的组织管理，项目实施中的规划、计划、指挥、协调管理，项目招标投标管理，合同管理，项目的投资控制、质量控制、进度控制，项目的生产准备、试生产、竣工验收，以及项目后评价等。

关于我国建设管理体制，以及业主、建设监理等内容将在本节下文中进一步介绍。

建设项目管理应当由参与项目建设的各方，包括业主、设计单位、承担施工的建筑业企业等共同实施。在我国，按照目前的建设管理体制，在项目建设自编制项目建议书至竣工验收投产使用的各个阶段，业主应当进行全过程的项目管理。在设计阶段，项目管理工作主要由设计单位承担。在建设施工阶段，项目管理工作主要由承担施工的建筑企业承担。实行建设监理的项目，监理单位在业主授权下，承担有关监督管理工作。

在社会主义市场经济体制下，在学习和借鉴国外项目管理经验的基础上，我国已初步形成了适合我国国情的建设项目管理理论和方法。今后，随着建设管理体制和投资体制改革形势的发展，建设项目管理的理论和方法将更进一步发展和成熟。

建设工程施工项目管理是建设项目管理的重要组成部分。2006 年，原建设部和国家质量监督检验检疫总局联合修订发布了国家标准《建设工程项目管理规范》（GB/T 50326—2006），规范了建设工程施工管理的基本做法。

2.7.2　我国工程建设管理体制

1. 工程建设管理现行体制

前述的建设项目管理可以理解为微观层面的管理。相对而言，以下介绍的工程建设管理体制可以理解为宏观层面的管理。

实行改革开放以来，随着社会主义市场经济体制的建立和发展，我国对工程建设管理体制进行了一系列重大改革。

如前述，依据现行规定，我国工程建设（含水利水电工程建设）程序一般分为项目建议书、可行性研究报告、项目决策、项目设计、建设准备、建设实施、生产准备、竣工验收、后评价等阶段。有关部门对工程建设程序实行严格管理。

在现阶段，我国工程建设管理体制的主要内容是实行项目法人责任制、招标投标制、工程监理制以及合同管理制四项制度。

（1）项目法人责任制。项目法人责任制是指按照《中华人民共和国公司法》（以下简称《公司法》）的规定，设立有限责任公司形式的项目法人，由项目法人对项目的策划、决策、资金筹措、建设实施、生产经营、债务偿还和资产保值增值，实行全过程负责的制度。按照规定，国有单位基本建设大中型项目在建设阶段必须组建项目法人。在我国目前以公有制为主体，多种所有制并存的体制下，在工程建设管理中实行项目法人责任制，对于提高工程建设效率，保障国有资产的保值增值具有十分重大的意义。

企业或财产的所有者称为业主。在我国，国有资产的所有权属于国家。国家投资进行工程建设时，由项目法人代表国家行使业主的权利和职责。

按照规定，项目建议书被批准后，应由项目投资方派代表组成项目法人筹备组，具体负责项目法人筹建工作。在申报项目可行性研究报告时，需同时提出项目法人的组建方案。项目可行性研究报告被批准后，正式成立项目法人，办理公司登记手续。国有独资公司设立董事会，国有控股或参股的有限责任公司设立股东会、董事会、监事会。董事会等机构应严格依照我国《公司法》及相关法规组建和运作。

（2）招标投标制。招标投标是市场经济条件下一种通行的交易方式。通常由采购方（买方）作为招标人，发布采购意向和条件，由提供方（卖方）作为投标人，提出响应招标的条件（如报价）。招标人在审查比较后，择优选定中标者，与其签订采购合同，并完成交易。招标投标制是市场经济体制下，实现公开、公平、公正竞争的重要机制。工程建设招标投标是指业主（项目法人）作为招标人，由建筑业企业（或咨询单位、设计单位、供应商等）作为投标人，通过招标投标择优选择工程施工单位（或咨询单位、设计单位、设备材料供应单位等）的经济活动。

我国于2000年起实施《中华人民共和国招标投标法》（简称《招标投标法》）。按照《招标投标法》的规定，在我国境内进行的下列工程建设项目，包括项目的勘察、设计、施工、监理以及与工程建设有关的重要设备、材料等的采购，必须进行招标。

① 大型基础设施、公共事业等关系社会公共利益、公共安全的项目；
② 全部或者部分使用国有资金投资或者国家融资的项目；
③ 使用国际组织或者外国政府贷款、援助资金的项目。

依据我国《民法通则》，法人是具有民事权利能力和民事行为能力，依法享有民事权利和承担民事义务的组织。

法人的法定代表人（俗称法人代表）是自然人。

注意业主的概念。

我国《招标投标法》于1999年8月30日由第九届全国人大常委会第十一次会议通过，2000年1月1日起施行。

招标投标中，招标投标的方式、程序等必须符合法律法规的有关规定，招标投标的全部活动必须依法进行。

工程建设招标投标的有关内容将在第5章进一步介绍。

（3）工程监理制。工程监理是指具有相应资质条件的工程监理单位，受建设单位（业主）的委托，依照法律、行政法规及有关的技术标准、设计文件和建筑工程承包合同，对承包单位在施工质量、建设工期和建设资金使用等方面，代表建设单位实施监督。国家规定，设立监理单位必须向资质管理部门申请资质审查，并取得监理资质证书。监理单位的资质分为甲级、乙级和丙级。按照国家有关部门规定，从事监理工作的监理工程师必须通过国家统一组织的监理工程师资格考试，取得"监理工程师资格证书"，并经注册取得"监理工程师岗位证书"。

我国1997年颁布了《中华人民共和国建筑法》（简称《建筑法》，2011年4月修订）。其中规定，国家推行建筑工程监理制度，并授权国务院规定实行强制监理的建筑工程的范围。水利部于2006年修订发布《水利工程建设监理规定》，按照该规定，在我国境内的大中型水利工程建设项目，必须实施建设监理，小型水利工程建设项目也应逐步实施建设监理。该规定还明确了水利工程建设监理单位申报、审批，以及监理工程师注册管理等事宜。

在国外，工程监理属于建设项目管理咨询服务的范畴，包括建设前期的可行性研究、设计准备，以及招标投标、工程设计、项目施工、投产前准备及工程保修等各个阶段。每个阶段都包括投资控制、进度控制、质量控制、合同管理、信息管理、组织协调等各方面的咨询工作。但目前我国的工程监理工作主要是在工程施工阶段。今后应进一步扩大监理工作的范围，提高工作水平。

（4）合同管理制。合同制是商品经济社会中重要的民事法律制度。我国于1999年颁布实施了《中华人民共和国合同法》（以下简称《合同法》）。按照《合同法》规定，合同是平等主体的自然人、法人、其他经济组织之间设立、变更、终止民事权利义务关系的协议。

建设工程合同的当事人是发包人和承包人。建设工程合同是承包人进行工程建设，发包人支付工程款的合同。建设工程合同包括工程勘察、设计、施工合同。

根据《合同法》《招标投标法》，并参照国际通行的FIDIC（Fédération Internationale Des Ingénieurs Conseils，国际咨询工程师联合会，FIDIC是法文缩写）合同条件文本和管理模式，我国有关部门编制推行了有关建设工程招标投标和合同管理的示范文本。自1991年起，原建设部和原国家工商行政管理局陆续联合发布了《建设工程施工合同》《建设工程勘察合同》《建

注意建设工程合同包括三类合同。

设工程设计合同》（1999 年、2000 年曾对以上文本进行修订）。水利部、原电力工业部、原国家工商行政管理局于 1997 年发布了《水利水电土建工程施工合同条件》。2000 年，又由水利部、国家电力公司、原国家工商行政管理局发布了《水利水电工程施工合同和招标文件示范文本》。推行这些示范文本，对于规范招标投标与合同管理，保障发包人和承包人的利益，确保建设管理和合同管理的公平、公正性和健康有序具有重要作用。

按照国际工程建设管理惯例，实行项目法人责任制、招标投标制、工程监理制、合同管理制进行建设项目管理，推进了我国建设管理实现法制化、规范化，对于提高我国建设管理总体水平，促进其与国际接轨具有重要意义。

2. 工程建设管理体制的改革与发展

实行改革开放以来，我国工程建设管理体制发生了巨大变化。但总的看来，目前建筑市场的法制还不够健全，建筑市场各方主体还不够成熟，行为还不够规范，建筑市场秩序存在较严重的问题。我国工程建设管理体制必须进一步全面深化改革，以建立和发展具有我国社会主义市场经济特色，并与国际接轨的工程建设管理体制。进一步的改革应在宏观和微观的不同层面，从法律、法规、机制、执法管理等各方面全方位地进行。要注重建立一系列具有较强可操作性的法规和实施细则，并严格执行。

> 近年来国家在市场经济秩序整顿中，一直将建筑市场作为整治重点。

（1）应进一步改革和完善建设市场现行的从业资质、资格管理办法，建立严格规范的市场准入和清出制度。凡从事勘察、设计、施工、监理、造价咨询、招标代理等活动的单位，必须依法取得相应的资质证书，严禁无证、越级和超范围承接工程任务。有关专业人员必须通过考试、注册，取得相应的执业资格。要制定和实行更为严格的处罚制度，对于违法违规，造成工程质量与伤亡事故，以及各种欺诈行为要依法从重处罚。勘察设计单位的资质证书可分为综合证书、专业证书、专项证书三类。建筑业企业可分为施工总承包、专业承包和劳务承包三个序列。对于不同类别的勘察设计单位和建设业企业，限定其承担工程的规模和范围，实行严格管理。

（2）为适应和促进我国建设投资多元化的发展，对不同投资主体的工程，应实行不同模式的管理方法。要集中力量严格管好国家投资项目，并减少对非国有投资项目的过多干预和限制。对政府投资的建设项目应进一步完善项目法人责任制，严格实行公开招标、工程监理及合同管理。对于非政府投资工程，除大型公共建筑及基础设施等项目，主要可依法对其规划、环保等进行控制，对基础、主体结构进行质量监督，并查处建设中的违法行为。

（3）要改革和完善现行的政府工程质量监督方式，建立符合市场经济要求和建筑市场产品特点的质量监督制度。工程质量监督要以法律、法规和强制性标准为依据，以政府认可的第三方强制监督为主要方式，以地基基础、主体结构和环境为主要内容，以施工许可证和土地使用证为主要手段，以保证使用安全和环境质量为主要目的。要建立和实施工程设计审查制度。要对现有的工程质量检查站进行改造，使其成为政府认可的具有工程质量监督职能的独立法人机构，对施工质量实施强制监督。

（4）要建立以工程担保和工程保险为主要内容的工程风险管理制度。如前述，目前我国已有《担保法》《合同法》等法律，在一些工程施工合同示范文本中也有工程保险的有关规定。为推动和实施工程担保和工程保险，应进一步制定具有可操作性的法律规定，并严格实行。要加快建立工程风险咨询机构，使其为业主和相关企业进行工程风险分析，帮助洽谈保险合同，并指导实施。除已经开办的工程险和意外伤害险，保险行业还应逐步开办勘察设计、工程监理和其他咨询机构的职业责任险、工程质量险等险种。

（5）要建立完善的工程咨询代理制度。在工程建设中，业主作为投资者，一般不具备直接进行工程建设管理的能力。为此，应大力发展专业化、社会化的咨询机构，使其受业主的委托，代表或协助业主组织项目建设实施。要积极发展工程造价咨询、招标代理、工程监理和其他咨询机构，为业主和工程建设各方进行咨询服务。对于咨询机构（造价咨询、招标代理、工程监理以及可行性研究、项目评估、风险管理、勘察、设计机构等）要通过竞争，择优选用。要改革咨询服务的收费办法，逐步将国家定价改为行业指导价。要改变不合理的收费方式（如将工程设计按投资比例收费改为考虑方案优劣，奖励节约投资的收费方式等）。在对勘察设计、工程施工、咨询服务等单位进行资质管理中，要充分发挥行业组织（如协会、学会）的作用，由行业组织或资质评审委员会进行资质评审，政府有关部门核准。

在社会主义市场经济体制下进行工程建设是前所未有的实践。我国改革开放的形势在不断发展，中国加入世界贸易组织后，建设市场更加开放。在新的形势下，我国建设管理体制将不断改革和发展。

2.8 工程造价计价

2.8.1 工程投资及造价构成

按照现行管理体制，我国建设项目总投资包括固定资产投资和流动资

知识产业是第三产业的重要组成部分。在发达国家，咨询业居于知识产业之首，在经济社会活动中发挥着极为重要的作用。

应当说明，这里对我国工程建设管理体制改革的讨论仅仅是初步的。另外，应注意工程造价管理改革是工程建设管理体制改革的重要组成部分，本书第1章对此作了介绍。

产投资两部分。工程造价即等于固定资产投资，由设备及工具、器具购置费用，建筑安装工程费用，工程建设其他费用，预备费，建设期贷款利息，固定资产投资方向调节税等构成。

（1）设备及工具、器具购置费用是指设备购置费，工具、器具及生产家具购置费。

（2）建筑安装工程费包括直接工程费、间接费、利润及税金。其中，直接工程费包括直接费（指工程施工中直接消耗的，构成工程主体或有助于工程形成的各种费用，包括人工费、材料费和施工机械使用费）、其他直接费（指除了直接费之外，在施工过程中直接发生的其他费用，如冬、雨季施工增加费，夜间施工增加费，检验试验费等）。

间接费是指不直接由施工的工艺过程所引起，但与工程总体有关的，建筑业企业为组织施工和进行经营管理，以及间接为建筑安装生产服务的各项费用，包括企业管理费（如企业管理人员工资和福利费、企业办公费、旅差交通费、职工养老及待业保险费等）、财务费（指企业为筹集资金而发生的各项费用，如企业短期贷款利息净支出、金融机构手续费等）、其他费用（如上级管理费等）。

（3）工程建设其他费用是指从工程筹建到交付使用的整个建设期间，除建筑安装工程费和设备及工具、器具购置费用外，为保证建设顺利完成和交付使用后能正常发挥效用而发生的各项费用，包括土地使用费、与工程建设有关的其他费用（如用于建设单位的建设单位管理费、勘察设计费、工程监理费、工程保险费等）、与未来生产经营有关的其他费用（如生产准备费、办公及生活家具购置费等）。

（4）预备费包括基本预备费和涨价预备费。前者用于支付初步设计概算中难以预料的工程费用（如因工程设计变更增加的费用、因自然灾害增加的费用等），后者用于支付由于市场价格变动使工程造价增加的费用。

（5）建设期贷款利息是指向国内外银行或其他金融机构、外国政府、国际组织贷款或通过其他方式融资所需支付的利息。

（6）固定资产投资方向调节税应按国家税法缴纳（如前述，按照现行税法，水利工程及水力发电工程的固定资产投资方向调节税税率为0）。

我国现行建设项目总投资及工程造价构成见图2-8。

应当说明，这里介绍的是一般情况下建设项目的费用划分。在我国，不同行业，在建设程序的不同阶段计价时，由于工作深度不同，依据的规范不同等，对于费用的具体划分不尽相同。

对于工程造价，目前也有不同理解。在本书中，如无特别说明，工程造价即等于固定资产投资。

在第3章、第4章及第7章中，将分别介绍水利水电建设项目经济评价、工程概（估）算及竣工决算中的费用组成，其情况均与此处介绍的不完全一致。在实际工作中，费用划分应按有关规范执行。但应当看到，此处介绍的费用划分是基本形式。

设备及工具、器具购置费 ┤设备购置费
工具、器具及生产家具购置费

建筑安装工程费用 ┤直接工程费 / 间接费 / 利润 / 税金

工程建设其他费用 ┤土地使用费 / 与工程建设有关的其他费用 / 与未来企业生产经营有关的其他费用

预备费 ┤基本预备费 / 涨价预备费

建设期贷款利息

固定资产投资方向调节税

流动资产投资——流动资金

建设项目总投资 → 固定资产投资 → 工程造价

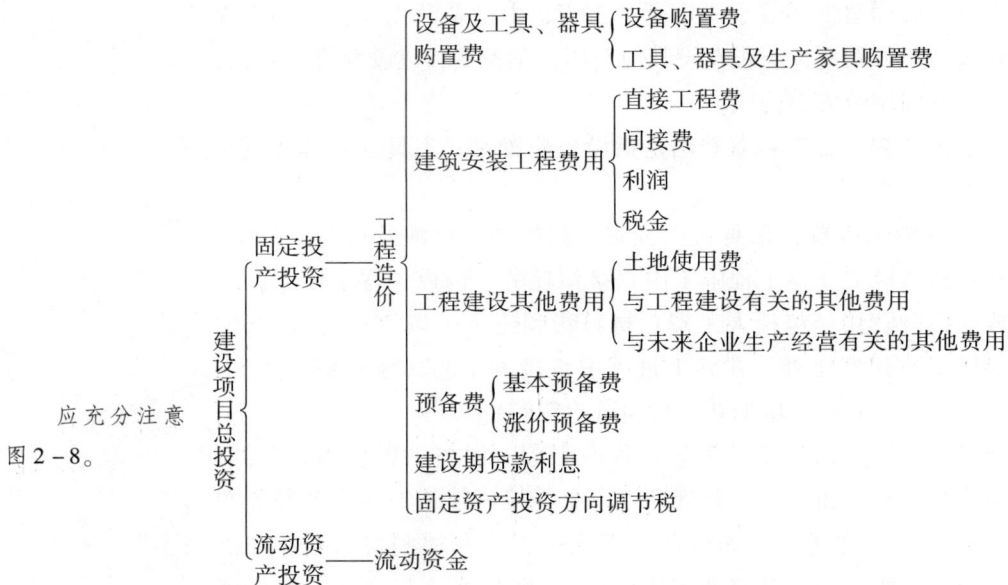

图 2 − 8　建设项目总投资及工程造价构成

（左侧边注）应充分注意图 2 − 8。

2.8.2　不同建设阶段工程造价编制

计算和编制工程造价是工程造价管理的重要内容。按照我国基本建设程序，在不同建设阶段，应编制不同的工程造价。

（1）投资估算。投资估算是指在项目建议书阶段和可行性研究阶段对工程造价的预测，它是对项目建设进行科学决策的重要依据。

（2）设计概算。设计概算是指在初步设计阶段，设计单位为确定拟建建设项目的投资额或费用而编制的工程造价文件。设计概算是具有定位性质的造价测算。设计概算经过批准后，就成为控制建设项目总投资的主要依据，不得任意突破。设计概算不得突破投资估算。

（3）业主预算。业主预算是为了满足业主对工程建设进行控制管理的需要，按照总量控制、合理调整的原则编制的内部预算（也称执行预算）。它在已获批准的初步设计概算基础上进行，主要是按照管理单位或招标分标行投资切块分配，对各单项、单位、分部工程的量和价进行必要的调整。

（4）标底与报价。标底是工程招标的预期价格，它由业主委托具有相应资质的设计单位、咨询单位编制完成。报价是建筑业企业响应招标，进行投标时提出的价格。当前在我国，标底和报价均应参照国家和地区的现行工程预算定额，并考虑市场价格及有关因素进行编制。

（5）施工图预算。施工图预算是指在工程施工图设计阶段，根据施工

（左侧边注）这里所说的工程造价包括水利水电工程造价。

（左侧边注）第 1 章曾对水利水电建设项目不同建设阶段的工程造价管理工作做了介绍。

关于工程招标投标将在第 5 章进一步介绍。

图纸、施工组织设计、国家颁布的预算定额和工程量计算规则、地区材料预算价格、施工管理费用标准、计划利润、税金等，计算工程所需的人力、物力和投资额的设计文件。它在已获批准的设计概算控制下编制，由设计单位完成。施工图预算是对设计概算的细化，也是具体实施工程建设管理的重要依据。

（6）施工预算。施工预算是在施工阶段，承担施工的建筑业企业为内部经济核算和管理的需要，在施工图预算的控制下，编制的直接用于生产的技术经济文件。

（7）竣工结算。竣工结算是指建筑业企业就承建工程和业主进行的最终结算。

（8）竣工决算。竣工决算是指建设项目全部完工后，在工程竣工验收阶段，由建设单位（业主）编制的从项目筹建到投产全部费用的技术经济文件。它是工程竣工、交付使用的重要依据，也是对建设项目进行财务总结和监督的必要手段。

2.8.3　定额

1. 定额及其发展

定额是指规定的数额或数量，它在社会经济生活中广泛存在。

在生产领域中，为了生产某种合格的产品，要消耗一定数量的人力、物力、材料、机具、资金等。在不同社会生产力条件下，生产的消耗不同。在同等社会生产力条件下，不同生产者的消耗也不相同。生产领域中的定额是指按照一定的生产力水平和产品的质量要求，规定在产品生产中人力、物力或资金消耗的数量标准。定额反映了一定时期的社会生产力水平。因此，制定定额必须坚持平均先进的原则，即定额应当是在一定的社会生产条件下，多数生产者经过努力可以达到或超过的标准。同时，定额是随着社会生产力水平的发展而变化的。

在古代，人们已经有了定额的概念，并在生产中加以应用。但定额在理论、方法和应用上得到重大发展，并成为现代管理科学的一门重要学科是在 19 世纪末至 20 世纪初。1880 年开始，美国工程师弗·温·泰勒（F. W. Taylor）进行了一系列试验，着重从工人操作方法上研究工时的科学利用。泰勒对工人操作的动作用秒表做记录，并拍摄电影，分析研究。他把工人操作最经济、最有效的动作集中整理起来，据以制定出高效率的"标准操作方法"，并制定更高的工时定额。为了使工人能够达到定额，提高工作效率，泰勒又使工具、设备、材料和作业环境实现标准化。1911 年泰勒发表了《科学管理》一书，总结提出了一套系统、标准、科学的管理

关于定额将在下文介绍。

需要强调，原则上工程决算不得超过预算，预算不得超过概算，概算不得超过投资估算。

如在我国历代宫廷建筑中，自唐代已形成工料限额管理制度，并在北宋、明、清历代不断发展完善。

19 世纪末至 20 世纪初，美、法、英、俄、波兰等国都开展了管理科学的有关研究，"泰勒制"是其中最著名的成果。

方法，其核心是所谓的"泰勒制"。随着世界经济的发展，自 20 世纪 40 年代至今，管理科学又有许多新的进展和创新，但在现代企业管理中，定额仍然占据重要地位，发挥着不可替代的作用。

新中国成立后，我国于 20 世纪 50 年代编制了全国统一的劳动定额，60 年代又进行了修订，"十年动乱"期间定额被全盘否定。粉碎"四人帮"后，国家和各省、市、自治区先后恢复、建立了劳动定额机构，并修订和颁布了新的劳动定额。新中国成立以来的实践证明，实行科学的定额管理，发挥定额在组织生产、分配、经营管理中的作用，是我国社会主义"四化"建设的客观需要。

2. 工程建设定额及其分类

工程建设定额是指在工程建设中，对于单位产品的人工、材料、机械、资金消耗的规定额度。工程建设定额反映了在一定社会生产条件下，完成工程建设中的某项产品与各种生产消耗之间的特定数量关系。

工程建设定额是一定时期生产技术和管理水平的反映，故具有时效性和稳定性。定额稳定期间一般为 5～10 年。

依照不同的原则和方法，可将工程建设定额分为不同种类。

（1）按照定额所反映的物质消耗的内容，可将工程建设定额分为劳动消耗定额、机械消耗定额、材料消耗定额、费用定额等。

劳动消耗定额简称劳动定额。劳动定额是指完成一定的合格产品，规定的活劳动消耗的数量标准。其表现形式主要是时间定额，以工日或工时为计量单位。

机械消耗定额是指为完成一定的合格产品，规定的施工机械消耗的数量标准。在我国，机械消耗定额以一台机械一个工作班为计量单位，故又称为机械台班定额。其表现形式主要是时间定额。

材料消耗定额简称为材料定额。材料定额是指为完成一定的合格产品，规定的消耗材料的数量标准。材料是指工程建设中使用的各种原材料、成品、半成品、构配件，以及燃料、水、电等资源。

费用定额是指直接费定额、间接费定额、其他费用定额等有关费用的定额。

（2）按照定额的编制程序和用途，可将工程建设定额分为投资估算指标、概算定额、预算定额、施工定额等。

投资估算指标是指在项目建议书和可行性研究阶段，编制投资估算时使用的定额。它一般比较粗略，常以工程建设项目或单项工程为计算单位。

概算定额是指初步设计阶段，编制工程概算使用的定额。

预算定额是指在施工图设计阶段，编制施工图预算使用的定额。

施工定额是指建筑业企业为组织生产和进行企业管理，在企业内部使用的定额。

（3）按照建筑安装工程费用的性质划分，可将工程建设定额分为直接费用定额、间接费用定额、其他基本建设费用定额、施工机械台班费用定额等。

直接费用定额是指工程建设中发生的人工、材料等直接费用和其他直接费用的定额。

间接费用定额是指建筑业企业为组织施工和进行经营管理，以及间接为建筑安装生产服务的各项间接费用的定额。它一般表示为直接费用的比率（费率）。

其他基本建设费用定额是指与工程建设和未来生产经营有关的其他费用（如勘察设计费、工程保险费、办公及生活家具购置费等）的定额。它一般也以费率的形式给出。

施工机械台班费用定额是指施工机械每台班的费用定额。

（4）在我国现行管理体制下，按照定额编制和管理的权限，可将工程建设定额分为全国统一定额、行业统一定额、地方定额、企业定额等。

全国统一定额是指由国家建设行政主管部门，综合全国建设中技术和施工组织管理情况编制，并在全国范围内执行的定额。如全国市政工程预算定额、送电线路工程定额等。

行业统一定额是指国家行业主管部门主持编制的，考虑各行业专业特点以及施工生产和管理水平，在本行业和相同专业性质范围内使用的专业定额，如水利部 2002 年发布了《水利建设工程预算定额》《水利建设工程概算定额》《水利工程施工机械台时费定额》等。

地方定额是指各省、市、自治区根据地方工程特点，对全国性统一定额做适当调整补充编制，并在本地区执行的定额。

企业定额是指建筑业企业考虑本企业具体情况，参照国家、行业或地方定额编制，并在企业内部使用的定额。企业定额一般高于国家、行业或地区的现行定额，以适应市场竞争形势。

2.8.4　工程造价计价依据和计价基本方法

1. 工程造价计价依据

工程造价计价依据是据以计算工程造价的各类基础资料的总称。工程造价受众多复杂因素的影响。工程本身的用途、规模、结构、建设标准、所在位置，工程材料、设备、建筑安装费用等的市场价格，国家相关产业

国外一般不存在全国、全行业统一的定额。目前我国建设市场还很不规范，编制并推行具有经济法规性质的全国及全行业的统一定额是必要的。随着我国市场经济体制的完善和发展，国家及行业统一定额的权威性将逐渐弱化。

政策、法律、法规等情况不同都会使工程造价发生变化。

概括起来，工程造价计价依据可分为以下几类。

（1）计算工程设备和工程量的依据。如可行性研究及初步设计、施工图设计的图纸及文件资料等。

（2）计算分部、分项工程人工、材料、机械台班数量及费用的资料。如概算定额、预算定额和相关单价等。

物价指数资料可用于进行市场价格变动的预估分析。

（3）计算建筑安装工程费用的依据。如其他直接费定额、现场经费定额、间接费定额、计划利润率、物价指数等。

（4）计算设备费的依据。如设备价格、运杂费费率等。

（5）计算工程建设其他费用依据。如土地占用及补偿费用指标、工程建设其他费用定额等。

（6）与计算工程造价相关的法律、法规。如税法，与产业政策及能源、环境、技术、土地资源政策等相关的法律、法规，各项利率、汇率等。

工程造价计价依据必须具有权威性，并准确可靠，便于计算。

2. 工程造价计价基本方法

应注意掌握这里介绍的工程造价计价的 3 类基本方法。

目前通行的工程造价计价方法可分为三类，即综合指标法、单价法和实物量法。

（1）综合指标法。在工程建设项目建议书阶段和可行性研究阶段，因工作深度不足，无法确定具体项目和工程量，此时可采用综合指标法对工程造价进行预测。综合指标法所采用的综合指标应由专门机构、专业人员，通过对已建成或在建的工程项目的有关资料进行综合分析得到。综合指标应具有权威性、概括性，并能反映不同行业、不同类型工程项目的特点。

综合指标可分为建设项目综合指标、单项工程指标、单位工程指标。其中，建设项目综合指标和单项工程指标多以项目（单项）的单位综合生产能力或单位使用功能的投资表示，并采用相应计量单位。如作为建设项目，钢铁企业的指标单位为"元/（t 钢铁产量）"，水（火）力发电厂的指标单位为"元/（kW 装机容量）"。作为单位工程，变配电站的指标单位为"元/（kV·A）"，水库重力坝的指标单位为"元/（m^3 混凝土）"，住宅的指标单位为"元/m^2"等。

概括地说，单价法的基本方法是按照定额确定单位工程量的人、物力消耗量，按消耗量和相应价格及费用标准求出工程单价，再按工程单价和工程量求得工程造价。

按照不同工程项目、单项工程、单位工程，选用相应的综合指标，依据综合生产能力或使用功能，可估算出工程投资或建筑安装工程费用。

（2）单价法。单价法是将单位工程划分为若干分部、分项工程。按照工程性质、部位，采用不同定额确定分部、分项工程单位工程量所需的人力、材料机械耗用量，同时通过一定方法确定人工、材料、机械的价格，求得分部、分项工程单位工程量的直接费用金额。然后按照规定加上相应有关费用（其他直接费、间接费、企业利润等）和税金，求得分部、分项工程的单价（单位工程量的建筑安装工程费用）。再由单价和分部、分项工程数量，求得分部、分项工程造价，进而求得单位工程的造价。

建设项目工程造价中的其他费用（如土地使用费等工程建设其他费用、预备费等），也可依照有关费用定额、工程量等求得。

单价法适用于设计概（预）算、施工预算等。我国自新中国成立至今，一直沿用单价法进行工程价格预测。国外有些国家，如德国、日本等，也采用单价法进行工程造价预测，但一般不设国家或行业统一的定额和取费标准。

（3）实物量法。实物量法是按照建设项目的实际施工条件和施工规划，依据主要工程费用项目和市场价格编制造价文件的一种工程计价方法。

实物量法一般将工程造价划分为直接成本（直接费用）、间接成本（间接费）、承包商加价，以及施工准备工程费、设备采购费、技术采购费、保险费、准备金（预备费，包括不可预见费和价格变动预备费）和建设期资金成本等若干部分。

计算工程的直接成本时，根据确定的工程项目（结合工程招标分标确定），以及相应的施工规划（包括主体工程和辅助工程的施工进度规划、预计施工强度、分项分部施工工艺、施工方法、施工设备以及劳务、材料、设备资源的合理配置等）可确定各种资源（劳力、材料、设备）的预期消耗量。参照当地市场价格，可确定资源的预算价格。由资源消耗量和价格，可算出直接成本。

间接成本包括现场管理费用（如办公费、办公设备费、车辆费用）、承包商进场费（人员和设备进场费）、财务费用（如银行手续费、流动资金贷款利息）等。间接成本根据建设项目工程规模、施工规划等实际情况确定。

承包商加价根据工程施工特点，以及预期承包商的经营成本和利润、管理水平、经营水平和市场竞争形势等因素分析确定。

工程准备金在工程风险分析的基础上确定。根据建设项目的工程规模、结构特点、设计深度和水平，以及相应自然条件和社会条件（如政治环境，劳力、材料、设备供应情况等），可进行工程风险分析。

关于单价法的具体计算方法将在第 4 章详细介绍。

此处的承包商即工程承包人。

实物量法按照工程实际具体情况（包括工程本身情况和市场情况），而不是通过套用现有定额确定工程中耗用的劳力、材料、设备和其他费用数量。这是它与单价法最主要的区别。

对于施工准备工程费、设备采购费、技术采购费、保险费、建设期资金成本等项费用，可采用以上类似方法，按照实际情况加以确定。

将以上各项费用总和起来，即可确定建设项目的总造价。

实物量法是当前美、英等发达国家普遍采用的估价计价方法。这种计价方法针对每一个建设项目"量体裁衣"，能够更好地适应建筑市场的需求，更准确地确定工程造价，提高工程造价管理水平。但采用这种方法进行工程造价预测工作，需要准确掌握市场动态，占有大量翔实的基础资料，还要预先制定科学严密、符合实际的工程施工规划，因此工作量大，技术难度高。同时，要求承担编制工程造价的专业人员具有较高的素质。在国际上，从事工程造价的咨询工程师，不仅具有工程计价方面的经济、财务、法律等方面的知识，而且是懂工程、熟悉工程施工组织设计的复合型专家。

推行实物量法进行工程计价是我国工程造价管理改革的一个方面。在管理改革进程中，应注意积累相关基础资料，抓紧提高造价专业人员素质。我国已对实物量法进行了一些试点，对于某些工程，在编制工程造价时，对部分费用采用实物量法的方式确定。通过试点可取得经验，逐步探索出符合我国国情，适应新形势的工程造价计价方法。

小 结

本章介绍了工程造价管理的基础知识。主要内容有：

1. 价格原理的有关基本概念，如价值、货币、价格与价值规律、需求和供应、弹性、价格的影响因素等；

2. 与水利水电建设较为密切的几种税金；

3. 投资与融资的基本知识，如固定资产与流动资产、我国投资管理体制、资本金及其筹集、负债筹集资金、项目融资与 BOT 模式、资金成本等；

4. 工程保险及其险种；

5. 工程经济的基础知识，如计算价格、资金时间价值及其计算公式、国民经济评价与财务评价、不确定性分析等；

6. 价值工程的基本原理和方法；

7. 建设项目管理、我国工程建设管理体制；

8. 工程投资及造价构成，定额，工程造价计价依据和计价基本方法等。

工程造价管理的基础知识涉及的范围比较广。本章对于相关的管理科学、经济学等方面的基本概念、原理和知识做了较全面的介绍，学习中应注意掌握。

作　业

一、思考题

1. 什么是商品和商品价值？

2. 什么是通货膨胀？应当如何认识？

3. 商品的价格由哪几部分构成？

4. 什么是价值规律？

5. 什么是需求？一般情况下需求变化有何规律？

6. 什么是供给？一般情况下供给变化有何规律？

7. 什么是均衡价格？

8. 什么是弹性？什么是弹性系数？其计算公式是什么？

9. 什么是恩格尔指数？它有何意义？

10. 什么是营业税？营业税的应纳税额如何计算？

11. 什么是固定资产？在我国会计实务中，什么样的资产作为固定资产？

12. 按照固定资产投资活动的工作内容和实现方式，可将其分为哪几部分？分别说明其含义。

13. 什么是流动资产？什么是流动资产投资？

14. 说明"拨改贷"的含义。

15. 什么是资本金制度？什么是项目资本金？

16. 什么是项目负债？项目负债筹集资金的主要方式有哪几种？各有什么特点？

17. 什么是资金成本？什么是资金成本率？

18. 什么是可比价格？可比价格有哪几种？其含义是什么？

19. 什么是建设项目经济评价？建设项目国民经济评价和财务评价有哪些主要区别？

20. 为什么说在项目建设决策中，经济评价的作用具有一定的局限性？

21. 什么是价值工程中的价值？价值工程的目标是什么？

22. 什么是德尔菲法？简要说明德尔菲法的一般实施步骤。

23. 什么是项目？项目具有哪些共同的特征？

24. 什么是建设项目？建设项目可进一步划分为哪几个层次？试以你所了解的某个水利水电工程为例，对建设项目的划分进行说明。

25. 什么是项目法人责任制？在我国实行项目法人责任制有何意义？

26. 简述你对我国工程建设管理体制进一步深化改革的认识和看法。

27. 建筑工程安装工程费中的直接工程费包括哪些费用？间接费包括哪些费用？

28. 什么是工程建设其他费用？它包括哪些费用？

29. 预备费包括哪几种？

30. 试绘图表示建设项目总投资及工程造价的构成。

31. 分别简要说明投资估算、设计概算、业主预算、标底与报价、施工图预算、施工预算、竣工结算、竣工决算的含义。

32. 什么是生产领域中的定额？实行定额管理有何意义？

33. 什么是工程建设定额？它具有哪些性质？

34. 什么是工程造价计价的综合指标法？它主要应用于项目建设的哪些阶段？

35. 什么是工程造价计价的单价法？概述用单价法求得工程造价的基本方法。

36. 什么是工程造价计价的实物量法？实物量法与单价法的主要差别是什么？

二、填空题

1. 商品的价值是按照生产商品的_____来衡量的。

2. 货币是作为_____的特殊商品。

3. 商品价值的_____就是价格。

4. 商品价格围绕价值_____是价值规律作用的表现形式。

5. 需求弹性表明价格变动或消费收入变动对于_____的影响。

6. 价格的影响因素是_____的。

7. 税金的多少取决于_____与_____两个因素。

8. 按照我国税法，江河治理、排灌、农田水利、水土保持等水利工程，以及大中小型水力发电工程，固定资产投资方向调节税税率为_____％。

9. 增值税是以商品流通各个环节的_____为征税对象的一种流转税。

10. 投资是指投资主体为了特定的目的和取得预期收益而进行的_____行为。

11. 按照投资在再生产过程中周转方式不同，可将投资分为_____资产投资和_____资产投资。

12. 固定资产投资包括_____固定资产以及_____固定资产投资。

13. 全社会固定资产投资总额可分为_____、_____、_____投资和_____固定资产投资四个部分。

14. 建设项目可以通过_____、_____、_____和_____等多种渠道来筹集资本金。

15. BOT 意为_____、_____、_____，是一种国际通行的_____模式，适用于_____项目建设。

16. 风险具有_____性、_____性和_____性。按照风险的后果，可将风险分为_____风险和_____风险。保险属于风险应对中_____风险的措施。

17. 按照国际惯例，工程保险的险种主要包括_____险、_____险、_____险、_____保险、_____险。

18. 与现行价格相比，影子价格能更好地反映_____，消除_____的影响。影子价格是一种_____价格。

19. 当前，建设项目经济评价不确定性分析主要包括_____分析和_____分析。

20. 按照价值工程的概念，成本是指对象的_____成本，包括_____成本和_____成本两部分。

21. 价值工程中，功能评价可分为两大类，即_____法和_____法。

22. 工程建设管理中，建设项目管理可以理解为_____层面的管理，国家工程建设管理体制可理解为_____层面的管理。

23. 按照建设性质，建设项目可划分为_____项目和_____项目。

24. 在现阶段，我国工程建设管理体制的主要内容是实行_____制、_____制、_____制，以及_____制。

25. 企业或财产的_____称为业主。在我国，国家投资进行工程建设时，由_____代表国家行使业主的权利和职责。

26. 招标投标是_____条件下一种通行的交易方式。

27. 国家规定，设立监理单位必须向资质管理部门申请_____，并取得_____。监理单位的资质分为_____级、_____级和_____级。

28. 建筑工程合同包括工程_____、_____、_____合同。

29. 按照现行管理体制，我国建设项目总投资包括_____投资和_____投资两部分。工程造价等于_____投资，由_____费用、_____费用、_____费用、_____费、_____、_____构成。

30. 按照工程造价控制原则，一般情况下，工程决算不得超过_____，_____不得超过概算，概算不得超过_____。

31. 设计概算是具有_____性质的造价估算。

32. 按照定额所反映的物质消耗内容，可将工程建设定额分为_____定额、_____定额、_____定额、_____定额等。

33. 按照定额的编制程序和用途，可将工程建设定额分为_____指标、_____定额、_____定额、_____定额等。

34. 按照建筑安装工程费用的性质划分，可将工程建设定额分为_____定额、_____定额、_____定额、_____定额。

35. 按照定额编制和管理的权限，可将定额分为_____定额、_____定额、_____定额、_____定额等。

36. 水利部2000年发布的《水利建设工程预算定额》《水利建设工程概算定额》《水利工程施工机械台时费定额》属于_____定额。

三、选择题

1. 价格最基本的功能是（　　　）。

A. 表价职能　　　　　　　　　　B. 支付职能

C. 流通手段　　　　　　　　　　D. 世界货币

2. 企业所得税的税率为 （　　　）。

    A. 5%   B. 13%

    C. 20%   D. 33%

3. 基本建设是指 （　　　）。

    A. 企业、事业单位对原有设施进行固定资产更新的工作

    B. 企业、事业、行政单位以扩大生产能力或工程效益为主要目的新建、扩建工程及有关工作

    C. 房地产开发公司、其他房地产开发单位进行房屋建筑物和配套的服务设施建设，以及土地开发

    D. 未列入基本建设、更新改造和房地产开发投资的建造和购置固定资产的活动

4. 利用外资直接投资筹集资本金，（　　　）。

    A. 外方不具有建设项目的管理权

    B. 不包括合作开发方式

    C. 融资人与外方不发生债权债务关系

    D. 不包括外资独资经营方式

5. 保险合同的被保险人 （　　　）。

    A. 可以是保险人   B. 不可以是受益人

    C. 可以是投保人，也可与之分离   D. 只存在于人身保险合同中

6. 建设项目经济评价，（　　　）。

    A. 应当遵循费用与效益计算口径一致的原则

    B. 应全部采用动态经济计算方法进行

    C. 对属于公益性质的水利建设项目，因其没有或很少有财务收入，无须再进行财务分析计算

    D. 应全部采用影子价格进行计算

7. 提高对象价值的途径有多种，其中包括 （　　　）。

    A. 功能大幅度降低，成本小幅度降低

    B. 在提高功能的同时降低成本

    C. 成本大幅度增加，同时功能小幅度提高

    D. 功能小幅度降低，成本小幅度增加

8. 采用功能成本法进行功能评价，当求得的 （　　　） 时，应对优先进行改进。

    A. 价值系数等于 1

    B. 成本降低期望值等于 0

    C. 价值系数等于 1 或成本降低期望值等于 0

    D. 价值系数小于 1 或成本降低期望值大于 0

9. 采用功能指数法进行功能评价，当价值指数（　　　） 时，应优先进行改进。

A. 等于1   B. 等于0

C. 小于1   D. 小于0

10. 施工图预算是由（   ）完成的。

　　A. 业主   B. 承担施工的建筑业企业

　　C. 设计单位   D. 监理单位

四、判断题

1. 由于价值规律的存在，在商品交换中，商品的价格与价值完全一致。（   ）

2. 供给弹性与价格变化的方向无关，价格的上涨与下降，一般不会对供给弹性发生影响。（   ）

3. 影响价格的一般经济因素主要包括价值、供求关系和货币币值。（   ）

4. 建筑业企业从事多种经营，对于建筑安装和销售行为应分别核算，分别缴纳营业税和增值税。如企业不能分别核算，则一并对其征收增值税，不再征收营业税。（   ）

5. 股票代表了股东的永久性投资，投资者购买股票后无权退股，但可以在股票交易市场上出售其持有的股票。（   ）

6. 项目融资的基本特征是归还债务的资金来源不仅限于项目本身的收益和资产范围。

（   ）

7. 投保建筑工程一切险后，承保的保险公司应对于建筑工程的一切财产损失承担赔付保险金的责任。（   ）

8. 建设项目经济评价敏感性分析能够定量地表示各种因素发生变化的可能性，以及相应经济评价指标发生各种变化的可能性。（   ）

9. 德尔菲法采用匿名方式反复征求专家意见，可以使综合意见更具有客观性。（   ）

10. 价值工程方法在工程造价管理中的应用限于在项目建设决策阶段。（   ）

11. 我国《建设工程项目管理规范》（GB/T 50326—2006）是进行建设工程施工项目管理的规范。（   ）

12. 基本预备费不包括用于支付由于市场价格变动使工程造价增加的费用。（   ）

13. 业主预算在已获批准的初步设计概算的基础上进行，也称为执行预算。（   ）

14. 施工预算即为施工图预算，是由设计单位编制的。（   ）

15. 竣工结算即为竣工决算，是由建设单位（业主）编制的。它是工程竣工、交付使用的重要依据。（   ）

16. 新中国成立以来，我国一直沿用单价法进行工程概（预）算编制。（   ）

五、计算题

1. 某水电站建设中，为筹集资金自银行贷款800万元，贷款年利率为5.76%，贷款中发生的资金筹集成本为1.6万元，水电站建成运营后企业所得税税率为33%，试计算该水电站的贷款资金成本率。

提示：可参照例2-3进行计算。

2. 某商品各年价格见表 2-11。试分别计算该商品的定基比价格指数和环比价格指数（计算定基比价格指数时，以 1991 年价格为商品的基期价格）。

表 2-11　某商品价格指数计算表

年　份	价格/元	定基比价格指数	环比价格指数
1991	700.0		—
1992	716.8		
1993	770.0		
1994	828.1		
1995	781.2		

提示：可参照式 (2-30)、式 (2-31) 进行计算。

3. 某水电站工程，其造价折算至建设期末的现值为 2 058 万元。如工程正常运行期为 50 年，年利率按 12% 计，工程每年年末等额偿还造价和利息，试求水电站的年偿还费。

提示：可参照例 2-9 进行计算。

4. 由专家采用多比例评分法对某对象各功能的重要性记分，结果见表 2-12，试计算各功能的功能指数。

表 2-12　功能指数计算表

功　能	F_1	F_2	F_3	F_4	F_5	得　分	FI_i
F_1	—	3	1	5	7		
F_2	7	—	4	7	7		
F_3	9	6	—	9	9		
F_4	5	3	1	—	3		
F_5	3	3	1	7	—		
合计							

提示：可参照例 2-11 进行计算。

第 3 章

水利水电建设项目决策阶段工程造价管理

学习指导

目标：1. 了解水利水电建设项目的决策程序及决策阶段工程造价管理的主要内容；
      2. 理解水利水电建设项目国民经济评价和财物评价的指标和方法；
      3. 理解水利水电建设项目方案经济比较方法。

重点：1. 水利水电建设项目国民经济评价和财物评价的指标和方法；
      2. 水利水电建设项目方案经济比较方法。

3.1 概 述

3.1.1 建设项目决策与工程造价管理

建设项目决策是指提出拟建建设项目，对拟建项目的必要性和可行性进行论证，对不同建设方案进行比较，并对项目建设做出决策的过程。

从投资角度，建设项目决策是指对项目投资行为进行选择和做出决策的过程。

在我国，按照建设程序，建设项目决策的工作内容一般主要包括提出项目建设设想并编制项目建议书，进行可行性研究及编制可行性研究报告，由国家主管部门对项目进行审批和最后决策等。

建设项目决策属于投资前期工作。项目决策是工程造价管理的重要方面，决策对于控制和降低工程造价具有重要意义，其表现包括以下各方面：

（1）正确的决策是做好工程造价管理的前提。如决策失误，使不该建设的项目投入建设，或建设地点选择错误，或投资方案不合理等，必然造成大量的投资和人力、物力的浪费，带来不可挽回的损失。如发生此种情况，进行工程造价管理已失去基础和意义。

（2）建设项目决策是决定工程造价的基础。决策阶段对于建设项目的基本方面，如建设规模、建设标准水平、建设地点、主要设备、主要技术、平面布置，以及建设期间等应做出选择和决定，并确定项目建设的基本构架。因此，在项目建设的各阶段中，决策阶段对于工程造价的影响最大。

此处介绍了建设项目决策的概念和主要工作内容。

按照国际惯例，工程建设程序也可分为决策与实施两大阶段。决策阶段包括投资机会研究、可行性研究以及决策；实施阶段包括工程设计、招标和投标、工程施工、竣工验收、投产使用等。

新中国成立以来，因工程建

设前期工作不足，投资决策失误，造成重大损失的情况不为鲜见。

"三超"是指在工程建设中决算超预算，预算超概算，概算超估算。在我国计划经济时期，因管理体制等原因，基本建设中"三超"现象十分严重。改革开放以来，随着我国建设管理体制和投资体制的改革，"三超"得以控制，但防止"三超"仍是工程造价管理的核心工作。

据有关资料统计，决策阶段对于工程造价的影响可达到80%～90%，远高于其他阶段的影响。

（3）建设项目决策对于工程造价具有控制作用。在项目建议书中进行了投资估算，在可行性研究报告中，进行了详细投资估算。在初步设计、技术设计、施工图设计阶段，以及工程招投标、工程施工和竣工阶段分别形成了设计概算、施工图预算、工程承包合同价格、工程结算价格以及竣工决算价格等。项目建设不同阶段的造价之间，存在前者控制后者、后者补充前者的相互作用关系。决策阶段采用科学的估算方法和可靠的数据资料做出投资估算，可使工程造价得到有效的控制和降低，并避免"三超"现象出现。

3.1.2 决策程序

如前述，在我国，建设项目决策的工作内容主要包括编制项目建议书，编制可行性研究报告，并由国家主管部门对项目进行审批和决策。

一般由主管部门或项目法人（或项目筹建单位，下同）形成项目建设的设想，由项目法人委托咨询单位、设计单位编制项目建议书。跨地区、跨行业的建设项目以及对国计民生有重大影响的重大项目，由有关部门和地区联合提出项目建议书，并按照国家有关规定和审批权限，申请立项报批。

大中型及限额以上项目的建议书初审由行业归口主管部门负责，终审由国家发展和改革委员会负责，投资额超过2亿元的项目还需报国务院审批。小型或限额以下项目的建议书按隶属关系，由主管部门或省、自治区、直辖市的发改委审批。项目建议书获得批准后，项目得以立项。

项目建议书经批准后，项目法人即可组织进行该项目的可行性研究。可行性研究报告由项目法人委托具有相应资质的咨询公司或设计单位进行编制，可行性研究报告中有关地震安全评价和环境评价部分，应经地震和环保部门审批。可行性研究报告完成后，项目法人应组织有资格的人员进行审查，然后报批。

本书第2章第7节曾对建设项目分类进行了介绍。

大中型建设项目的可行性研究报告，由主管部，各省市、自治区或全国性工业公司负责预审，报国家发展和改革委员会审批，或由国家发展和改革委员会委托有关单位审批。重大项目和特殊项目的可行性研究报告，由国家发展和改革委员会会同有关部门预审，报国务院审批。小型项目的可行性研究报告，按隶属关系由各主管部门，各省、市、自治区或全国性专业公司审批。

咨询或设计单位提出的可行性研究报告和有关文件，按项目大小应在预审前一至三个月提交预审主持单位。当经进一步工作，发现可行性研究报告有原则性错误，或可行性研究的基础依据或社会环境条件有重大变化时，应对可行性研究报告进行修改和复审。

在报建项目经过可行性研究，已证明没有建设必要时，经过审定，决定取消该项目。

3.2　项目建议书与可行性研究报告

3.2.1　项目建议书

项目建议书根据国家经济发展的长远规划和行业、地区规划，经济建设的方针，技术政策和建设任务，结合资源情况、建设布局等条件，在调查研究、收集资料、踏勘建设地点、初步分析投资效果的基础上提出。

1. 项目建议书的作用

项目建议书有以下作用：

（1）项目建议书是国家选择建设项目的依据，项目建议书批准后即为立项；

（2）批准立项的项目可进一步开展可行性研究；

（3）涉及利用外资的项目，只有在批准立项后方可对外开展工作。

2. 水利水电工程项目建议书的主要内容

按照有关规定，需报送国家发展和改革委员会审批的中央和地方（包括中央参与投资）的新建、扩建的大中型水利水电工程项目建议书应按 11 章编制，其内容一般包括以下几方面：

（1）项目建设的必要性和任务。简述项目所在地区的行政、自然地理、资源情况，社会经济现状及对水利水电工程建设的要求，各类工程项目建设的必要性，建设任务，开发目标及近期、远期开发任务等。

（2）建设条件。简述水文、地质及其他条件。

（3）建设规模。对流域（或区域）规划阶段拟定的规模进行复核，说明分期建设要求及其原因，通过初步技术经济分析，初选各类工程规模指标，如初拟防洪工程水库的防洪运用方式，初选水库防洪库容、防洪高水位、总库容和防洪限制水位，分析水力发电工程的供电范围和电站在电力系统中的任务、作用，初拟设计水平年和设计保证率，初选水库正常蓄水位、死水位、调节库容及总库容，初选装机容量，提出多年平均发电量指标等。

（4）主要建筑物布置。工程等别和标准，工程选址、选线、选型及布

可行性研究报告的编制程序、编制内容、审批权限及程序等详见原国家计委 1983 年 2 月颁发的《建设项目进行可行性研究的试行管理办法》。

这里的每一项一般对应于项目建议书中的一章。

水利水电工程项目建议书编制的原则、要求及内容详见水利部于 1996 年 12 月发布的《水利水电工程项目建议书编制暂行规定》（水利部水规计〔1996〕608 号）。

置，主要建筑物，机电和金属结构，工程量等。

（5）工程施工。施工条件、施工导流、主体工程施工、施工总布置及总进度等。

（6）淹没、占地处理。淹没、占地处理范围及主要实物指标，如简述受淹人口、耕地数量，简述受淹或受影响的城镇、集镇规模及影响程度，移民安置、专项迁建，补偿投资初估等。

（7）环境影响。简要分析有利影响和不利影响，工程开发与水资源保护及环境保护的协调关系，从保护环境角度分析是否存在工程开发的重大制约因素，初步提出对环境不利影响的减免对策和措施等。

（8）工程管理。初步提出项目管理机构及维持项目正常运用所需管理维修费用及其负担原则、来源及应采取的措施，初步匡算工程管理占地规模，初步提出工程管理运用原则及要求等。

关于投资估算及各项投资的含义将在第4章中进一步介绍。

（9）投资估算及资金筹措。简述投资估算的编制原则、依据及采用的价格水平，初拟主要基础单价及主要工程单价，提出投资主要指标，包括主要单项工程投资、工程静态总投资及动态总投资，估算分年度投资，对主体工程、导流工程进行单价分析，估算工程投资，对其他工程可按类比法或扩大指标法估算，提出项目投资主体的组成以及资金来源的设想，利用外资的工程应初拟资本金和贷款来源、贷款利率及偿还措施等。

（10）经济评价。简述经济评价依据，国民经济初步评价、财务初步评价以及综合评价等。

（11）结论与建议。综述编制项目建议书的主要成果，简述项目建设的主要问题，简述地方政府及各部门、有关方面的意见和要求，提出综合评价结论，提出今后工作的建议等。

以上各部分应有必要的附图和附表。

小型水利水电工程的项目建议书可适当简化。

对影响立项的关键问题和利用外资的水利水电建设项目可适当增加工作内容和深度。

3.2.2　可行性研究报告

可行性研究是建设前期工作的重要内容，是项目建设程序中的重要组成部分。

按照国家有关规定，利用外资项目、技术引进和设备进口项目、大型工业交通项目（包括重大技术改造项目），都应进行可行性研究。其他建设项目有条件时，也应进行可行性研究，具体编制范围由各部门、各地区自行决定。

大中型水利水电建设项目应编制可行性研究报告。

1. 可行性研究工作的主要依据

建设项目可行性研究工作的依据主要包括以下几方面：

（1）国家有关的发展规划、计划文件。

（2）项目主管部门对项目建设要求请求的批复。

（3）项目建议书及其审批文件。

（4）拟建地区的环境状况资料。

（5）有关可行性研究工作的合同协议。

（6）国家或地方颁布的与项目建设有关的法律、法规、标准、规范、定额。

（7）市场调查资料及报告。

（8）主要设备和工艺的有关资料。

（9）自然、社会、经济有关资料。

（10）其他有关资料。

2. 水利水电建设项目可行性研究报告的主要内容和要求

按照有关规定，大中型水利水电建设项目的可行性研究报告应按 12 章编制，内容一般包括以下几方面：

（1）综合说明。简述工程地理位置和所在河流（河段）的规划成果及工程可行性研究报告编制的依据和过程；简述工程的自然条件、水文主要成果、区域地质、水库地质、工程地质的主要结论；简述工程建设的任务和作用，工程规模及综合利用效益，水库淹没，工程占地及移民处理，环境影响评价；简述工程场址、坝（闸）址、厂（站）址，基本坝型和主要建筑物形式及工程布置，施工导流，对外交通，工程控制进度，主要工程量和材料、劳动力、投资估算；说明经济评价和综合评价的结论，提出对今后工作的建议等。

> 这里的每一项一般对应于可行性研究报告中的一章。

（2）水文。说明流域概况，流域气象、水文基本资料，径流、洪水、设计洪水、地下水、泥沙、冰情、潮汐、水面蒸发资料与分析等。

（3）工程地质。区域地质，水库、坝（闸）、厂（站）址及主要建筑工程地质条件，输（排）水线路，堤防及河道整治工程的地质条件，灌（排）区水文地质条件，天然建筑材料等。

（4）工程任务和规模。地区社会经济发展状况及工程建设的必要性，综合利用、水力发电、防洪、灌溉、治涝、城镇和工业供水、通航过水、垦殖等各类项目的有关社会经济条件、自然条件、工程规模指标及特征水位、主要参数等。

> 水利水电建设项目可行性研究报告编制的原则、要求及内容详见原电力工业部、水利部于 1993 年 3 月发布的《水利水电工程可行性研究报告编制规程》（DL5020—93）。

（5）工程选址、工程总布置及主要建筑物。工程等别和标准，工程选址，工程布置，主要建筑物及其形式等。

（6）机电及金属结构。初选水力发电机组、水泵机组形式、单机容量或流量、台数及主要参数，初选接入电力系统方式、电气主接线，初选阀门、启闭机等主要机械设备，以及控制、保护、远动、通信方案和主要设备，初选机电设备布置，水工建筑物金属结构布置、形式、尺寸、容量、数量等。

（7）工程管理。提出工程管理机构、管理办法等。

（8）施工组织设计。说明施工条件，如交通条件、工期、建筑材料来源等，初选施工导流、截流有关技术标准、方式，提出工程量，初选主体工程施工方法、程序、进度，估列主要施工设备，基本选定交通方案，研究规划施工总布置，提出工程总进度及控制进度，论述施工进度，三材（钢材、木材、水泥）和劳动力等。

（9）水库淹没处理和工程永久占地。初定淹没范围和实物指标，提出初步移民安置规划，说明重要企业、交通、电力、电信及文物古迹等改建、迁建或防护的可行性规划，进行淹没处理投资估算，说明工程永久占地范围、实物指标、移民安置初步规划，并估算补偿投资等。

（10）环境影响评价。环境状况，环境影响预测评价，综合评价与结论等。

（11）工程投资估算。此内容包括投资估算编制说明、各项工程投资估算表、计算影子价格投资、外资工程估算编制等部分。其中，投资估算编制说明应说明投资主要指标（包括总投资、静态总投资、工程开工至发挥效益总静态投资、单位千瓦投资、单位千瓦小时投资等），并说明投资估算编制原则和依据，以及主要技术经济指标。

（12）经济评价。此内容包括概述、国民经济评价、财务评价、利用外资项目经济评价、综合评价等部分。国民经济评价和财务评价中，均包括投资估算、效益估算、经济评价指标计算、敏感性分析等。

以上各部分应有必要的附图和附表。可行性研究的有关重要文件和报告、规划等可列为报告的附件。

大中型水利水电建设项目可行性研究报告的主要内容和工作深度应符合以下要求。

（1）论证工程建设的必要性，确定本工程建设任务和综合利用的主次顺序。

（2）确定主要水文参数和成果。

（3）查明影响工程的主要地质条件和主要地质问题。

（4）选定工程建设场址、坝（闸）址、厂（站）址等。

注意此处介绍的对可行性研究报告工作内容和深度的要求。

项目建议书和可行性研究报告的编制是建设

（5）基本选定工程规模。

（6）选定基本坝型和主要建筑物的基本形式，初选工程总体布置。

（7）初选机组、电气主接线及其他主要机电设备和布置。

（8）初选金属结构设备的形式和布置。

（9）初选工程管理方案。

（10）基本选定对外交通方案，初选施工导流方式、主体工程的主要施工方法和施工总布置，提出控制性工期和分期实施意见。

（11）基本确定水库淹没、工程占地的范围，查明主要淹没实物指标，提出移民安置、专项设施迁建的可行性规划和投资。

（12）评价工程建设对环境的影响。

（13）提出主要工程量和建材需要量，估算工程投资。

（14）明确工程效益，分析主要经济评价指标，评价工程的经济合理性和财务可行性。

（15）提出综合评价和结论。

规模较小、条件简单的中型水利水电工程的可行性研究报告可适当简化。特别重要的大型和利用外资的水利水电工程建设项目的可行性研究报告，其工作内容和深度可根据需要由主管部门提出补充要求。

可行性研究报告是决策的依据，项目法人报批前，应对可行性研究报告组织进行审查和评价。应着重审查可行性研究报告中建设项目的必要性、建设条件、建筑方案与标准、基础经济数据测算、经济效益、社会效益、环境影响，以及不确定性分析等方面的内容。

> 项目决策中相互联系的两个阶段。两项工作所涉及的范围相近，但目的和作用、论证的侧重点以及工作深度、精度均不同。

3.3　水利水电建设项目经济评价

3.3.1　水利水电建设项目经济评价的原则和一般规定

如前述，工程经济分析计算和评价是工程造价管理的重要内容和手段。在项目建设的各个阶段，工程经济分析与评价是决策的重要依据，也是方案比较、方案选择的重要基础，对于已建项目，经济评价是后评价的重要内容。

国家发改委、原建设部于 2006 年发布了《建设项目经济评价方法与参数》（第三版），水利部于 1998 年发布了《已成防洪工程经济效益分析计算及评价规范》（SL 206—1998），于 2013 年发布了《水利建设项目经济评价规范》（SL 72—2013）（以下简称《水利经济评价规范》）。国家能源

> 第 2 章曾对工程经济的基础知识进行了介绍。
>
> 限于篇幅，本节仅对水利水电建设项目经济评价进行简要介绍，详细内容可参阅有关专著及技术标准。

局于 2010 年发布了《水电建设项目经济评价规范》（DL/T 5441—2010）。水利水电建设项目经济评价应当以工程设计文件和各项其他资料为依据，参照国家有关法规、政策和各项技术标准进行。

进行水利水电建设项目经济评价，应遵循以下原则：

（1）进行经济评价，必须重视社会经济资料的调查、收集、分析、整理等基础工作。调查应结合项目特点有目的地进行。引用调查收集的社会经济资料时，应分析其历史背景，并根据各时期的社会经济状况与价格水平进行调整、换算。

（2）经济评价包括国民经济评价和财务评价。水利水电建设项目经济评价应以国民经济评价为主，也应重视财务评价。对属于社会公益性质的水利建设项目，如国民经济评价合理，而无财政收入或财务收入很少时，应进行财务分析计算，提出维持项目正常运行需由国家补贴的资金数额和需采取的经济优惠措施及有关政策。

（3）具有综合利用功能的水利水电建设项目，国民经济评价和财务评价都应把项目作为整体进行评价。

在进行方案研究、比较时，应根据项目的各项功能，对项目的投资和年运行费进行分摊，分析项目各项功能的合理性，协调各项功能的要求，合理选择项目的开发方式和工程规模。

（4）水利水电建设项目经济评价应遵循费用与效益计算口径对应一致的原则，计及资金的时间价值，以动态分析为主，辅以静态分析。

进行水利水电建设项目经济评价有以下规定：

（1）资金时间价值计算的基准点应定在建设期的第一年年初。投入物和产出物除当年利息外，均按年末发生结算。

（2）经济评价的计算期，包括建设期和运行期。运行期可根据项目具体情况或按照以下规定研究确定。

防洪、治涝、灌溉等工程：30～50 年；

大、中型水电站、城镇供水等工程：30～50 年；

机电排灌站等：15～25 年。

3.3.2 费用

进行水利水电建设项目经济评价时，费用（或投入、支出）主要包括固定资产投资、折旧费、摊销费、流动资金、年运行费、更新改造费、税金、建设初期和部分运行初期的贷款利息等。

1. 固定资产投资

如前述，固定资产是指能够多次使用而不改变其形态，仅将其价值逐

（margin note left, middle）采用动态分析方法进行经济评价时，不同时间发生的资金具有不同的折现值。应注意此处的规定。

（margin note left, lower）这里所说的费用包括了国民经济评价和财务评价中的费用。

渐转移到所生产的产品中去的各种劳动资料和其他物质资料。

水利水电建设项目的各种水工建筑物、水电站厂房、闸门、启闭机、水轮发电机等设施、设备都属于固定资产。水利水电建设项目的固定资产投资包括建设项目达到设计规模所需由国家、企业和个人以各种方式投入的主体工程和相应配套工程的全部建设费用。

（1）主体工程投资。包括以下各项：

① 建筑工程投资。包括主体工程、交通工程和其他建筑工程投资，可按各项工程的单价、工程量计算或估算。

② 机电设备及安装工程投资。可按单价和设备数量及安装费率（或实际安装费用）计算或进行估算。

③ 金属结构设备及安装工程投资。可按金属结构设备价格和数量及安装费率（或实际安装费用）计算或估算。

④ 临时工程投资。包括施工导流工程、交通工程、临时房屋建筑工程、施工场外供电线路工程和其他临时工程等，可按工程单价和数量或临时工程费用占主体建筑工程投资的比率进行计算或估算。

⑤ 建设占地及水库淹没处理补偿费。包括建设占地和水库淹没土地费用，农村和城镇房屋迁建费用（包括损失赔偿费等）、工矿企业迁建费用（包括停产损失等）和其他费用。可按单价、工程量或实际费用进行计算或估算。

⑥ 其他费用。包括建设管理费、生产准备费、科研勘设费、国外贷款利息和其他等。可按照各项费用占主体建筑工程投资的比率或实际费用进行计算或估算。

⑦ 预备费。对于拟建工程，固定资产投资中包括预备费，即基本预备费和价差预备费。

（2）配套工程投资。可按工程单价和工程量进行计算或估算。

2. 折旧费

水利水电建设项目的固定资产在使用中要受到磨损而消耗。固定资产的磨损可以是因自然因素引起的有形磨损，还可以是因社会技术进步引起的无形磨损（如随着社会发展，新修同等工程的成本不断降低，造成原工程价值减少，或因新技术、新设备出现，使原工程在技术上落后，造成固定资产价值减少等）。水利水电建设项目的折旧费即为固定资产价值降低的货币表现。

3. 摊销费

水利水电建设中，能够长期使用，但没有物质形态的资产，如知识产权（专利权、商标权等）、土地使用权、非专利技术、商业信誉等，称为

（旁注）水库淹没处理补偿费包括一般所说的"移民处理费"。

无形资产。

水利水电建设项目中不能全部计入当年损益，应在以后年度中分期摊销的各项费用，如开办费、租入固定资产改良支出等，称为递延资产。

无形资产和递延资产均应在一定期限中摊销，对应的支出费用称为摊销费。

4. 流动资金

流动资金是建设项目投产后，为维持正常运行所需的周转金，用于购置原材料、燃料、备品、备件和支付职工工资等。流动资金在生产过程中转变为产品的实物形态，产品销售后可得到回收，其周转期不得超过一年。

流动资金可按照有关规定或参照类似项目分析确定。

5. 年运行费

年运行费指建设项目运行期间，每年需要支出的各种经常性费用，主要包括以下几项：

（1）工资及福利费。指职工工资、津贴、奖金、福利基金等。

（2）材料费和燃料及动力费。指项目运行中耗用的各种材料和煤、电、油、水等的费用。可按项目实际运行情况或规划设计资料确定。

（3）维修养护费。指项目各类建筑物和设施、设备日常养护、维修等的费用。可按项目实际情况或按工程投资的一定比率确定。

（4）其他费用。包括为消除或减轻项目所带来的不利影响，需支付的经常性补救费用（如清淤、排水、治碱费用，改善移民生产、生活条件费用），以及其他经常性开支费用等。

年运行费一般为工程投资的 $1\% \sim 2\%$。

6. 更新改造费

水利建设项目更新改造费包括维持项目正常运行所需的金属结构及机电设备等一次性更新改造费用，可根据项目金属结构及机电设备等的固定资产投资分析确定。

3.3.3 效益

这里所说的效益包括了国民经济评价中的效益和财务评价中的效益。

水利水电建设项目的效益可以分为对社会、经济、生态环境等各个方面的效益。因为水利水电工程的修建，可能促进某一地区以至全国经济社会的发展，提高人民的物质、文化生活水平，改善生态环境等。在这些效益和影响中，有些是可以用货币表示或用其他定量指标度量的，有些则是无形的，只能定性地描述。

一般说来，水利水电工程的效益和影响主要是正面的，但也可能产生不利影响，造成负效益。如因为修建水利水电工程，可能造成土地淹没、浸没和盐渍化，造成移民。在多沙河流上，可能因修建水库增大上游河道淤积，且因清水下泄冲刷下游河道，危及防洪工程。还可能因修建工程导致血吸虫病、疟疾等地方性疾病的流传等。

在水利水电工程经济评价中，主要是对工程能以货币表示的经济效益进行分析计算。计算中，要全面客观地考虑正面和负面效益。

水利水电建设项目的经济效益又可以为直接效益和间接效益。直接效益一般指工程的直接产出物（水利水电产品或服务，如发电、灌溉、防洪等）的经济价值。间接效益是指项目为国民经济做出的其他贡献，如项目的兴建促进地区的经济发展等。在水利水电工程经济评价中，对间接效益要适当予以考虑和计算，以便对工程做出正确的评价。间接效益可以根据典型调查资料，按其相当于直接效益的比率计算。

因水文现象具有随机性，水利水电建设项目各年的效益往往相差很大，对于拟建工程，应计算多年平均效益，并以其作为项目评价的基础。但为了全面反映防洪、治涝、灌溉、城镇供水在设计年、特大洪涝年或特殊大干旱年对国民经济的重大贡献，还需要计算这类特殊年份的效益，供决策研究。对于已建工程，应主要计算实际发生的效益。

按照考察效益的角度不同，水利水电建设项目的经济效益还可以分为宏观经济效益和微观经济效益。其中宏观效益是指项目对于国民经济的贡献。微观经济效益是指项目通过经营管理及销售水利水电产品所获得的实际财务收入。

进行水利水电建设项目经济评价时，效益（或产出）主要包括以下几方面：

1. 防洪（防凌、防潮）效益

防洪效益应按项目可减免的洪灾损失和可增加的土地开发利用价值计算。

洪灾损失可分为五类，即人员伤亡损失；城乡房屋、设施和物资损坏造成的损失；工矿停产，商业停业，交通、电力、通信中断等造成的损失；农、林、牧、副、渔各业减产造成的损失；防汛、抢险、救灾等费用支出等。

各类防护对象受洪灾后的损失，应根据洪水淹没深度、淹没历时，结合各地区的具体情况分析计算。

北方地区水利水电建设项目的防凌效益，以及沿海地区的防潮效益，可以参照防洪效益计算方法，结合具体情况进行分析计算。

2. 治涝（治碱、治渍）效益

治涝效益应按项目可减免的涝灾损失计算。涝灾损失可主要分为以下四类，即农、林、牧、副、渔各业减产造成的损失；房屋、设施和物资损坏造成的损失；工矿停产，商业停业，交通、电力、通信中断等造成的损失；抢排涝水及救灾等费用支出。

治碱、治渍效益应结合地下水埋深和土壤含盐量与作物产量的试验或调查资料，结合项目降低地下水和土壤含盐量的功能分析计算。治涝与治碱、治渍效益联系密切的，也可结合起来计算项目的综合效益。

3. 灌溉效益

灌溉效益指项目向农、林、牧等提供灌溉用水可获得的效益。可按有、无项目对比灌溉措施可获得的增产量计算灌溉效益（因一般农业增产是灌溉和各项农业技术措施共同作用的结果，计算灌溉效益时应注意对农业增产效益的分摊）。

灌溉效益也可按缺水使农业减产造成的损失或分析当地的影子水价进行计算。

4. 城镇供水效益

城镇供水效益指项目向城镇工矿企业和居民提供生产、生活用水可获得的效益。可按最优等效替代法进行计算，即按修建最优的等效替代工程（如用开采地下水工程替代供水水库或引水工程等），或实施节水措施所需费用计算城镇供水效益。也可按缺水损失或影子水价等方法对城镇供水效益进行计算。

5. 乡村人畜供水效益

乡村人畜供水效益指项目向乡村提供人畜用水可获得的效益。主要包括三个方面，即节省运水的劳力、畜力、机械和相应燃料、材料等费用；改善水质，减少疾病可节约的医疗、保健费用；增加畜产品可获得的效益等。

6. 水力发电效益

水力发电效益指项目向电网或用户提供容量和电量所获得的效益，可按最优等效替代法（一般用燃煤机组等效火电站替代水电站）或按影子电价进行计算。影子电价可按各电网主管部门定期公布的预测电价或按有关规范中的方法分析确定。

7. 航运效益

航运效益指项目提供或改善通航条件所获得的效益。可按节省运输费用、提高运输效率和提高航运质量可获得的效益计算，或按最优等效替代设施所需的费用计算。

8. 其他效益

如水土保持效益、牧业效益、渔业效益、改善水质效益、滩涂开发效

第 2 章第 5 节曾对影子价格的含义进行了介绍。按影子价格计算效益适用于国民经济评价。

益、旅游效益等，可按项目的实际情况，用最优等效替代法、影子价格法或对比有无该项目情况的方法进行分析计算。

3.3.4　影子价格计算

如前述，影子价格是指在最优的社会生产组织和充分发挥价值规律作用的条件下，供求达到平衡时的价格。与现行价格相比，影子价格能更好地反映价值，消除价格扭曲的影响。按照有关规范，在水利水电建设项目国民经济评价中，原则上采用影子价格进行分析计算。

采用影子价格进行经济评价时，各类工程单价、费用等均应采用影子价格，以确定建设项目的影子价格费用和效益，并求得各项经济评价指标。为此，应先确定水利水电建设各项投入物和产出物的影子价格。如前述，在实际社会经济生活中，影子价格的条件是很难实现的。因此，影子价格一般按照一定的方法并参考国际市场价格分析测定。

按照《水利经济评价规范》，水利水电建设项目投入物和产出物的影子价格，应按以下 3 种类型进行计算。

（1）对具有市场价格的投入物和产出物的影子价格应分别按外贸货物和非外贸货物两种类型进行计算。

（2）对项目产出效果不具有市场价格的，应遵循消费者支付意愿或接受补偿意愿的原则，测算其影子价格。

（3）特殊投入物（如劳动力、土地等）的影子价格，按规范有关规定进行计算。

《水利经济评价规范》"附录 A 水利建设项目主要投入物和主要产出物影子价格计算方法"给出了影子价格计算的有关计算公式，并分别对水利建设项目中的主要材料、主要进口机电设备，产出物中主要的农产品、电力、水产品、作为水电替代方案的火电所耗用的动力原煤，防洪、治涝项目减免的铁路、公路、供电输电线路、通信线路等设施损失等项的计算方法以及影子汇率确定方法作了规定。

3.3.5　费用分摊

如前述，对于综合利用水利水电建设项目，为了合理确定各个功能的开发规模，控制工程造价，应当分别分析计算各项功能的效益、费用和经济评价指标，此时需对建设项目的费用进行分摊。费用分摊包括固定资产投资分摊和年运行费分摊等。

综合利用水利水电建设项目费用，可以分为为各功能共同服务的共用工程费用和专为某项功能服务的专用工程费用两部分。如水利水电枢纽工程中，大坝等工程的费用即为共用工程费用，水电站厂房、水轮发电机或灌溉引水取水建筑物费用等则为专用工程费用。项目的共用工程费用应当进行分摊，专为某个功能服务的工程费用，应由该功能自身承担。

如果因为项目兴建使某功能受到损害，需采取补救措施恢复原有效能（如因修建水库使航运受阻，需修建船闸、过船机等通航建筑物以恢复航运，或因筑坝危及了洄游性鱼类的生存，需修建鱼道等过鱼建筑物以保证鱼类洄游等），则采取补救措施所需的费用，应由各受益功能分担。但超过原有效能（如通航航运能力加大）所增加的费用，应由该功能承担。

综合利用水利水电建设项目费用分摊的方法主要有以下几种：

1. 按功能指标分摊

可按各功能利用项目的水量、库容等指标的比例分摊共用工程项目费用。

如某水利水电枢纽工程具有灌溉、城镇供水、水力发电等综合利用功能，则可按工程具体情况估算各功能的用水量，并按各功能用水量的比例分摊该枢纽的共用工程费用。再如，某水库防洪和兴利分别具有专用库容，则可按专用库容的比例分摊该水库的共用工程费用。

2. 按各功能可获得效益现值的比例分摊

按同一基准点计算各功能可获得效益的现值，则按各功能可获得效益现值的比例分摊项目共用工程费用。

3. 按各功能主次关系分摊

如项目中各功能的主次关系明显，其主要功能可能获得的效益占项目总效益比例很大（如某水电站以发电为主，防洪、灌溉等效益很小，发电效益占水电站效益的绝大部分），可由项目的主要功能承担大部分费用。次要功能只承担其可分离费用或其专用工程费用（如上述水电站中可由水力发电承担项目的大部分费用，防洪、灌溉等功能只承担自身的可分离费用或专用工程费用）。

4. 按"可分离费用—剩余效益法"分摊

将水利水电建设项目中，包括某功能的费用与不包括某功能的费用之差，称为该功能的可分离费用（如某水利水电枢纽，其水力发电功能的可分离费用，应指枢纽的总费用减去不包括水力发电功能后枢纽费用所得的差值）。本法对项目的总费用与各项可分离费用之和的差值，按照剩余效益的比率进行分摊。剩余效益为各功能的计算效益与可分离费用之差，计算效益按一定方法求得。

> 按功能指标分摊的方法是目前生产实际中最为常用的。

> "可分离费用—剩余效益法"较为复杂，具体方法可参阅有关专著。

> 国外使用"可分离费用—剩余效益法"较多。

5. 按各功能最优等效替代方案费用现值的比例分摊

拟订各功能的最优等效替代方案（如可用发展井灌或采取节水措施替代灌溉水库，用修建或加高下游堤防替代上游防洪水库，用火电替代水电等），并按同一基准点计算各最优等效替代方案费用的现值，则可按各最优等效替代方案的费用现值的比例分摊项目共用工程费用。

对于综合利用水利水电建设项目费用分摊的计算结果应进行合理性检查。检查时应注意，各个功能分摊的费用应小于该功能可获得的效益；各功能分摊的费用应小于专为该功能服务而兴建的工程设施的费用或小于其最优等效替代方案的费用；费用分摊应公平合理等。

3.3.6　国民经济评价

如前述，国民经济评价从国家整体角度，采用影子价格，分析计算项目的全部费用和效益，考察项目对国民经济所做的净贡献，评价项目的经济合理性。

按照《水利经济评价规范》，在国民经济评价中，当水利水电建设项目的费用和效益可以用货币表示时，应采用费用经济效益分析方法进行国民经济评价。

水利水电建设项目属于国民经济和社会发展的基础设施，有许多费用和效益不能用货币表示，甚至不能定量。此时可采用费用效果分析方法进行评价。

1. 费用

水利水电建设项目国民经济评价的费用包括固定资产投资、流动资金、年运行费和更新改造费。

2. 效益

水利水电建设项目国民经济评价的效益即宏观经济效益，包括防洪、灌溉、水力发电、城镇供水、乡村供水、水土保持、航运效益，以及防凌、防潮、治涝、治碱、治渍和其他效益。

水利水电建设项目对社会、经济、环境造成的不利影响，应采取补救措施（有关费用应计入项目费用），未能补救的应计算其负效益。

当项目使用年限长于经济评价计算期时，要计算项目在评价期末的余值（残值），并在计算期末一次回收，计入效益。对于项目的流动资金，在计算期末也应一次回收，计入效益。

3. 社会折现率

社会折现率定量反映了资金的时间价值和资金的机会成本，是建设项目国民经济评价的重要参数。

按照《水利经济评价规范》，进行国民经济评价时，应采用当前国家规定的8%的社会折现率进行分析计算。对属于或主要为社会公益性质的水利建设项目，可同时采用6%的社会折现率进行经济评价，供项目决策参考。

4. 费用效益分析

水利水电建设项目国民经济评价的费用效益分析，可根据经济内部收益率、经济净现值及经济效益费用比等评价指标和相应评价准则进行。

（1）经济内部收益率。经济内部收益率（EIRR）以项目计算期内各年净效益现值累计等于零时的折现率表示。其计算公式为

$$\sum_{t=1}^{n}(B-C)_t(1+EIRR)^{-t}=0 \tag{3-1}$$

式中：$EIRR$——经济内部收益率；

B——年效益，元（万元）；

C——年费用，元（万元）；

n——计算期，年；

t——计算期各年的序号，计算基准点的序号为1；

$(B-C)_t$——第 t 年的净效益，元（万元）。

经济内部收益率可以用试算的方法求得。试算时，先假定折现率 i，并相应计算项目的累计净效益，如算得的累计净效益为零，说明假定正确，该假定值即为所求的经济内部收益率。如计算所得的累计净效益不为零，则需重新假定折现率，再做计算。为尽快结束试算，当有两次试算求得的净效益值为一正一负，且取值接近（一般要求其绝对值之和不超过1%）时，则可用内插法求得经济内部收益率。内插法计算公式为

$$EIRR=i_1+\frac{|NPV_1|}{|NPV_1|+|NPV_2|}(i_2-i_1) \tag{3-2}$$

式中：NPV_1，NPV_2——净效益为正、负的两个值；

i_1，i_2——与 NPV_1，NPV_2 相对应的折现率。

以经济内部收益率评价项目经济合理性的准则是，将项目的经济内部收益率与社会折现率（i_s）比较，当项目的经济内部收益率大于或等于社会折现率（$EIRR \geqslant i_s$）时，该项目在经济上是合理的。

（2）经济净效益。经济净效益（ENPV）以项目计算期内各年净效益折算到计算期初的现值之和表示。其计算公式为

$$ENPV=\sum_{t=1}^{n}(B-C)_t(1+i_s)^{-t} \tag{3-3}$$

式中：$ENPV$——经济净现值，元（万元）；

经济内部收益率即为计算期内累计效益与累计费用相等时的折现率，可以理解为项目在计算期内可以实现的年利率。

经济净效益（ENPV）可理解为按动态经济分析方法求得的项目实现的总净效益。

i_s——社会折现率。

以经济净效益评价项目经济合理性的准则是，当经济净效益大于或等于零（$ENPV \geqslant 0$）时，该项目在经济上是合理的。

（3）经济效益费用比。经济效益费用比（R_{BC}）以项目计算期内，各年效益折算到计算期初的现值之和，与各年费用折算到计算期初的现值之和的比值表示。其计算公式为

$$R_{BC} = \frac{\sum_{t=1}^{n} B_t (1 + i_s)^{-t}}{\sum_{t=1}^{n} C_t (1 + i_s)^{-t}} \qquad (3-4)$$

式中：R_{BC}——经济效益费用比；

　　　B_t——第 t 年的效益，元（万元）；

　　　C_t——第 t 年的费用，元（万元）。

以经济效益费用比评价项目经济合理性的准则是，当经济效益费用比大于或等于 1.0（$EBCR \geqslant 1.0$）时，该项目在经济上是合理的。

> 需注意，按照经济内部收益率、经济净效益、经济效益费用比对同一水利水电建设项目的经济合理性进行评价，所得到的结论应当是一致的。

3.3.7　财务评价

按照《水利经济评价规范》，水利水电建设项目财务评价应在拟订的资金来源和不同的筹措方案基础上，根据国家现行财税制度，采用财务价格进行。

财务评价应包括财务生存能力分析、偿还能力分析和盈利能力分析。

财务评价根据项目的功能特点和财务收支情况区别对待。

水利水电建设项目财务评价应进行融资前分析和融资后分析。融资前分析是指在考虑投资方案前就可以开始进行的财务分析，即不考虑借款条件下的财务分析。融资后分析是指以设定的融资方案为基础进行的财务分析。应先进行融资前分析，在融资前分析结论满足要求的情况下，再进行融资后分析。

> 财务价格依据市场价格按不同情况考虑物价变动而确定。

1. 财务支出及总成本费用

水利水电建设项目的财务支出包括建设项目总投资、年运行费（经营成本）、更新改造投资、流动资金和税金等。

建设项目总投资包括固定资产投资和建设期利息。

2. 财务收入

水利水电建设项目的财务收入包括出售水利水电产品（如出售水电、供水等）和提供服务（如防洪、治涝等）所获得的收入，以及可能获得的补贴或补助收入。

> 有关项目功能特点及财务收支的不同情况及相应财务评价内容详见《水利经济评价规范》"4. 财务评价"。

3. 财务报表

水利水电建设项目财务评价应视项目性质编制全部投资现金流量表、资本金现金流量表、投资各方现金流量表、损益表（利润与利润分配表）、财务计划现金流量表、资产负债表、借款还本付息计划表等基本报表。

以上报表的内容、格式及编制说明等详见《水利经济评价规范》。

4. 财务评价指标和评价准则

如前述，财务分析包括财务生存能力分析、偿债能力分析和盈利能力分析，以下分述相应的财务评价指标和评价准则。

（1）财务生存能力分析

应在财务分析辅助表和损益表（利润与利润分配表）的基础上编制财务计划现金流量表，考察计算期内的投资、融资和经营活动所产生的各项现金流入和流出，计算净现金流量和累计盈余资金，分析项目是否有足够的净现金流量维持正常运行，以及各年累计盈余资金是否出现负值。并分析相应短期借款的数额及可靠性等，从而进行项目财务生存能力分析。

（2）偿债能力分析

应在编制损益表（利润与利润分配表）、借款偿还计划表和资产负债表的基础上，计算利息备付率（ICR）、偿债备付率（$DSCR$）和资产负债率（$LOAR$）等指标，以分析判断项目在计算期各年的偿债能力，进行项目偿债能力分析。

① 利息备付率（ICR）。应以在借款偿还期内各年的息税前利润（$EBIT$）与该年应付利息（PI）的比值表示，其计算公式为

$$ICR = \frac{EBIT}{PI} \tag{3-5}$$

式中：ICR——利息备付率；

$EBIT$——息税前利润；

PI——计入总成本费用的应付利息。

利息备付率应大于1，并结合债权人的要求确定。

② 偿债备付率（$DSCR$）。应以借款偿还期内各年用于计算还本付息的资金（$EBITDA - T_{AX}$）与该年应还本付息金额（PC）的比值表示，其计算公式为

$$DSCR = \frac{EBITDA - T_{AX}}{PC} \tag{3-6}$$

式中：$DSCR$——偿债备付率；

$EBITDA$——息税前利润加折旧费和摊销费；

T_{AX}——企业所得税；

PC——应还本付息金额。

偿债备付率应大于 1，并结合债权人的要求确定。

③ 资产负债率（$LOAR$）。应以各期末项目负债总额对资产总额的比率表示，其计算公式为

$$LOAR = \frac{TL}{TA} \times 100\% \qquad (3-7)$$

式中：$LOAR$——资产负债率；

　　　TL——各期末项目负债总额；

　　　TA——期末资产总额。

可按资产负债率衡量分析项目面临的财务风险程度及偿债能力。

（3）盈利能力分析

应在编制项目现金流量表、资本金现金流量表和投资各方现金流量表的基础上，计算项目全部投资财务内部收益率和财务净现值、项目资本金财务内部收益率、投资各方财务内部收益率、投资回收期、总投资利润率和项目资本金净利润率等指标，进行项目盈利能力分析。

① 财务内部收益率。财务内部收益率（$FIRR$）以项目计算期内各年净现金流量现值累计等于零时的折现率表示。其计算公式为

$$\sum_{t=1}^{n} (CI - CO)_t (1 + FIRR)^{-t} = 0 \qquad (3-8)$$

式中：$FIRR$——财务内部收益率；

　　　CI——现金流入量，元（万元）；

　　　CO——现金流出量，元（万元）；

　　　$(CI - CO)_t$——第 t 年的净现金流量，元（万元）；

　　　t——计算各年的年序号，基准年的序号为 1；

　　　n——计算期，年。

财务内部收益率可用试算法求得，试算方法与推求经济内部收益率方法类似。

当水利水电建设项目的财务内部收益率大于或等于行业财务基准收益率 i_c（$FIRR \geqslant i_c$）或设定的折现率（i）时，该项目在财务上是可行的。

② 财务净现值。财务净现值（$FNPV$）以用行业财务基准收益率 i_c 或设定的折现率 i，将项目计算期内各年净现金流量折算到计算期初的现值之和表示。其计算公式为

$$FNPV = \sum_{t=1}^{n} (CI - CO)_t (1 + i_c)^{-t} \qquad (3-9)$$

或　　　　$$FNPV = \sum_{t=1}^{n} (CI - CO)_t (1 + i)^{-t} \qquad (3-10)$$

式中：$FNPV$——财务净现值，元（万元）。

当财务净现值大于或等于零（$FNPV \geq 0$）时，项目在财务上是可行的。

③ 投资回收期。投资回收期（P_t）以项目的净现金流量累计等于零时所需要的时间（以年计）表示。其计算公式为

$$\sum_{t=1}^{P_t} (CI - CO)_t = 0 \qquad (3-11)$$

式中：P_t——投资回收期，年。

投资回收期计算中未考虑资金的时间价值，它是考察投资回收能力的一项静态评价指标。

④ 总投资利润率。总投资利润率（ROI）表示总投资的盈利水平。应以项目达到设计能力后正常年份的年息税前利润或运行期内年平均息税前利润（$EBIT$）与项目总投资（TI）的比率表示。其计算公式为

$$ROI = \frac{EBIT}{TI} \times 100\% \qquad (3-12)$$

式中：ROI——总投资利润率；

$EBIT$——项目达到设计能力后，正常年份的年息税前利润或运行期内年平均息税前利润，元（万元）；

TI——项目总投资，元（万元）。

⑤ 项目资本金净利润率。项目资本金净利润率（ROE）表示项目资本金的盈利水平，以项目达到设计能力后正常年份的年净利润或运行期内年平均净利润（NP）与项目资本金（EC）的比率表示。其计算公式为

$$ROE = \frac{NP}{EC} \times 100\% \qquad (3-13)$$

式中：ROE——项目资本金净利润率；

NP——项目达到设计能力后，正常年份的年净利润或运行期内年平均净利润，元（万元）；

EC——项目资本金，元（万元）。

项目资本金净利润率高于同行业的净利润率参考值，表明用项目资本金净利润率表示的盈利能力满足要求。

3.3.8　方案经济比较

如前述，在决策阶段，对于水利建设项目的设计标准、工程规模、工程布局、主要设计方案等，应在经济、社会、环境等多方面进行方案比较，合理确定。

方案经济比较是工程造价管理工作的重要方面。因水利水电建设项目

一般都具有显著的宏观经济效益，其方案经济比较应根据国民经济评价结果进行。在财务评价与国民经济评价结果不矛盾时，也可以按财务评价结果进行方案比较。

1. 方案比较条件

进行方案经济比较时，为使各方案具有可比性，应满足以下条件。

（1）参与比较的各方案，其研究深度、经济分析计算原则、方法及参数等应一致。如各方案的费用和效益的计算范围、价格水平、采用折现率、汇率参数等均应一致。

（2）各方案的费用和效益应按统一基准点进行资金时间价值折算。当各方案工程开工时间不同时，一般可以最早开工方案的建设期第一年年初，作为经济计算的基准点。

（3）在各种方案比较方法中，除按年费用和年净效益进行比较的方法外，各方法计算期的长短、起止时间均应一致。当计算期长于方案使用年限时，应考虑设备更新，当计算期短于使用年限时，应在计算期末回收固定资产的余值。

2. 方案比较方法

按照《水利经济评价规范》，方案经济比较可视项目的具体条件和资金情况，采用效益比选法、费用比选法、最低价格法、最大效果法和增量分析法进行。

（1）效益比选法

当比选方案的费用及效益都可以货币化时，在无资金约束的条件下，可采用效益比选法。

效益比选法包括差额投资内部收益率法、净现值法、净年值法。

当各比选方案的投资和效益均不相同、计算期相同时，应主要采用差额投资内部收益率法、净现值法。如比选方案的计算期不同，宜采用净年值法。

① 差额投资内部收益率法。设有两个建设方案，方案二的投资折算到计算基准点的现值较方案一的大，此时可计算计算期内两方案各年净效益流量差额的现值累计等于零时的折现率，并称为差额投资内部收益率（ΔIRR）。差额投资内部收益率的计算式为

$$\sum_{t=1}^{n} \left[(B-C)_2 - (B-C)_1 \right]_t (1+\Delta IRR)^{-t} = 0 \qquad (3-14)$$

式中：ΔIRR——差额投资内部收益率；

$(B-C)_2$——投资现值大的方案的年净效益流量，元（万元）；

$(B-C)_1$——投资现值小的方案的年净效益流量，元（万元）。

方案经济评价和经济比较成果是项目决策的重要依据。因水利水电建设项目对于经济、社会、环境的影响是复杂和多方面的，在进行决策时，还应尽可能采用适用于复杂大系统的各种软科学方法进行多方面的评价与比较。第 2 章介绍的价值工程方法为常用的方法之一。

差额投资经济内部收益率即为计算期内两方案各年净效益累计值相等时的折现率，可以理解为因投资现值的增加所能实现的利率。当计算所得的差额投资经济内部收益率大于社会折现率（或财务基准收益率）时，说明投资现值增加是合理的，此时投资现值大的方案是经济效果较好的方案。当计算所得的差额投资经济内部收益率小于社会折现率（或财务基准收益率）时，说明投资现值增加是不合理的，此时投资现值小的方案是经济效果较好的方案。

进行多方案比较时，应按照投资现值由小到大依次进行两两比较。

② 净现值法。比较各方案的经济净现值（或财务净现值），净现值大的是经济效果较好的方案。净现值的表达式为

$$NPV = \sum_{t=1}^{n} (B - I - C' + S_v + W)_t (1 + i_s)^{-t} \qquad (3-15)$$

式中：B——效益，元（万元）；

I——固定资产投资和流动资金之和，元（万元）；

C'——年运行费，元（万元）；

S_v——计算期末回收的固定资产余值，元（万元）；

W——计算期末回收的流动资金，元（万元）；

n——计算期，年；

i_s——社会（设定）折现率；

NPC——净现值。

③ 净年值法。比较各方案的净年值（NAW），净年值大的是经济效果较好的方案。

净年值是折算求得的等额年净效益。在计算期内，如各年取得相同的净效益，且将各年取得的等额净效益折现到计算期第一年年初的现值累计等于总净效益，则该等额净效益值即为经济净年值。净年值的表达式为

$$NAW = \left[\sum_{t=1}^{n} (B - I - C' + S_v + W)_t (1 + i_s)^{-t} \right] \frac{i_s(1 + i_s)^n}{(1 + i_s)^n - 1}$$

$$(3-16)$$

式中：NAW——净年值，元（万元）。

其他符号意义同前。

（2）费用比选法

① 费用现值法

当各方案能同等满足国民经济的需求（即效益相同）时，可比较方案的费用现值（PC），费用现值小的方案是经济效果较好的方案。费用现值的表达式为

$$PC = \sum_{t=1}^{n} (I + C' - S_v - W)_t (1 + i_s)^{-t} \qquad (3-17)$$

式中：PC——费用现值，元（万元）。

其他符号意义同前。

② 费用年值法

当各方案的效益相同时，还可以比较方案的等额年费用（AC）。等额年费用小的方案是经济效果好的方案。等额年费用的表达式为

$$AC = \left[\sum_{t=1}^{n} (I + C' - S_v - W)_t (1 + i_s)^{-t} \right] \frac{i_s (1 + i_s)^n}{(1 + i_s)^n - 1} \qquad (3-18)$$

式中：AC——费用年值（年费用），元（万元）。

其他符号意义同前。

（3）最低价格法、最大效果法与增量分析法

① 最低价格法。在项目的产品为单一产品或能折合为单一产品，而各方案的产品产量不同时，可采用最低价格比较法。对各方案均以净现值为零推算产品的最低价格，应以产品最低价格较低的方案为优。

② 最大效果法与增量分析法。对于效益无法货币化的项目，在各方案效果相同的情况，可采用费用比选法进行方案比选，以费用现值最小的方案为优；在费用相同的情况下，可采用最大效果法，以效果最大的方案为优；当各方案的效果与费用均不相同，且差别较大时，宜采用增量分析法比较两个备选方案之间的费用差额和效果差额，视其差额比值是否合理加以衡量。

进行水利建设项目方案经济比较，须切实注意以上方案比较方法的适用条件。

水利建设项目的方案比选必要时还可进行不确定性分析和风险分析，通过综合分析合理选定方案。

限于篇幅，此处对最低价格法、最大效果法与增量分析法仅做了概括介绍，其具体方法及计算公式等可参阅《水利经济评价规范》及有关专著。

小　结

本章对于水利水电建设项目决策阶段工程造价管理进行了介绍。主要内容有：

1. 水利水电建设项目决策的主要工作内容和程序，决策对工程造价管理的作用；

2. 项目建议书的主要内容；

3. 可行性研究报告的主要依据、主要内容和要求；

4. 经济评价的原则和一般规定；

5. 费用和效益；

6. 投入产出物影子价格计算；

7. 综合利用水利水电建设项目费用分摊；

8. 国民经济评价；

9. 财务评价；

10. 方案经济比较等。

本书第 2 章第 5 节曾对工程经济的基础知识进行了介绍，学习本章时应对其进行必要的复习。本章应重点掌握水利水电建设项目国民经济评价与财务评价的指标和评价准则、水利水电建设项目方案经济比较方法等内容。水利水电建设项目经济评价的内容较多，本章仅做了简要介绍，详细内容可参阅有关专著及技术标准。

作 业

一、思考题

1. 简述水利水电建设项目决策阶段的主要工作内容及其对工程造价管理的作用。

2. 简述水利水电工程项目建议书的主要内容。

3. 简述水利水电建设项目可行性研究报告的主要内容和要求。

4. 简述水利水电建设项目经济评价的原则和一般规定。

5. 水利水电建设项目的费用包括哪些？

6. 水利水电建设项目的效益包括哪些？何谓宏观效益及微观效益？

7. 为何对于综合利用水利水电建设项目应进行费用分摊？试对目前生产中最为常用的费用分摊方法做简单说明。

8. 简要说明水利水电建设项目国民经济评价的各项指标及相应评价准则。

9. 简要说明水利水电建设项目财务评价的各项指标及相应评价准则。

10. 分别说明水利水电建设项目方案经济比较的各种方法及其适用条件。

二、填空题

1. 折旧费是水利水电建设项目固定资产_____的货币表现。

2. 流动资金是建设项目投产后，为维持正常运行所需的_____。

3. 年运行费是建设项目运行期间，每年需要支出的各种_____。

4. 《水利经济评价规范》规定，资金时间价值计算的基准点应定在建设期的_____。

5. 参照《水利经济评价规范》，对于属于或兼有社会公益性质的水利水电建设项目，可以同时采用_____%和_____%的社会折现率进行国民经济评价。

6. 当水利水电建设项目的财务内部收益率大于或等于_____时，该项目在财务上是合理的。

7. 方案经济比较时，如计算两方案差额投资内部收益率大于社会折现率，则投资现值较_____的方案是经济效果较好的方案。

8. 采用年费用法进行方案比较，要求所比较的方案_____。

三、选择题

1. 项目建设决策（　　）。

　　A. 工作内容主要包括编制项目建议书和可行性研究报告

　　B. 对于工程造价具有控制作用

　　C. 应首先进行可行性研究

　　D. 由建设单位做出

2. 水利水电建设项目的年运行费（　　）。

　　A. 即为流动资金

　　B. 包括折旧费

　　C. 不包括维修养护费

　　D. 指建设项目运行期间，每年需要支出的各种经常性费用

3. 防洪效益一般（　　）。

　　A. 在国民经济评价中计入项目效益

　　B. 在财务评价中计入效益

　　C. 在国民经济评价和财务评价中均计入项目效益

　　D. 在国民经济评价和财务评价中均不计入项目效益

4. 对某水利水电建设项目进行国民经济评价，算得其经济内部收益率为 9.5%，则（　　）。

　　A. 按 8% 社会折现率计算项目的效益费用比可能小于 1.0

　　B. 按 8% 社会折现率计算该项目的经济净效益应大于零

　　C. 按 8% 社会折现率计算，可能该项目的经济净效益小于零，但效益费用比大于 1.0

　　D. 按 8% 社会折现率计算，可能该项目的经济净效益大于零，但效益费用比小于 1.0

5. 水利水电建设项目财务评价中的投资回收期（P_t）（　　）。

　　A. 如长于贷款方要求的期限，项目在财务上是可行的

　　B. 是动态经济分析指标

　　C. 不是主要的财务评价指标

　　D. 是静态经济分析指标

6. 方案经济比较中，差额投资经济内部收益率法（　　）。

　　A. 适用于建设资金不受约束，工程规模能够增大的情况

　　B. 适用于建设资金受到限制，工程规模不宜增大的情况

　　C. 要求进行比较的不同方案能同等满足国民经济需求

　　D. 不要求对各方案采用统一的计算期

7. 方案经济比较中，年费用法（　　）。

　　A. 要求各方案的计算期必须相同

　　B. 适用于各方案效益不相同的情况

C. 要求各方案同等满足国民经济需求

D. 不适用于各方案在财务上进行经济比较

四、判断题

1. 在项目建设的各阶段中，决策阶段对于工程造价的影响最大。项目建设不同阶段的造价（如项目建议书中的投资估算、可行性研究报告中的详细投资估算、设计概算、施工图预算、工程承包合同价格、工程结算价格及决算价格等）之间，存在着前者控制后者，后者补充前者的相互作用关系。　　　　　　　　　　　　　　　　　　　　　（　　）

2. 项目建议书和可行性研究报告的编制是建设项目决策中相互联系的两个阶段。两项工作所涉及的范围相近，但目的和作用、论证的侧重点以及工作深度、精度均不同。　　（　　）

3. 采用动态分析方法进行经济评价，资金时间价值计算的基准点应定在建设期的第一年年初。投入物、产出物和当年利息，均按年末发生结算。　　　　　　　　　　　　（　　）

4. 水利水电工程建设占地及水库淹没处理补偿费属于递延资产投资。　　　　（　　）

5. 水利水电工程经济评价中，主要是对工程的正面效益进行分析计算，无须考虑负面效益。　　　　　　　　　　　　　　　　　　　　　　　　　　　　　　　　　（　　）

6. 在水利水电建设项目国民经济评价中，原则上采用影子价格进行分析计算。（　　）

7. 计算某水利水电建设项目经济效益费用比，按社会折现率8%进行计算的结果应高于采用社会折现率6%的结果。　　　　　　　　　　　　　　　　　　　　　　（　　）

8. 投资利税率是水利水电建设项目财务评价所采用的一项经济分析指标。　（　　）

9. 水利水电建设项目方案经济比较中所采用的年费用法属于静态经济分析方法。（　　）

五、计算题

某小型水利水电建设项目，拟2年建成，第1、第2年投资分别为45.7万元和69.8万元，项目正常运用期为20年，年运行费1.8万元，需占用流动资金0.4万元（周转期短于1年），项目正常运行期年效益16万元。试绘制资金流程图，计算该工程的经济内部收益率（EIRR）、经济净现值（ENPV）和经济效益费用比（R_{BC}），并评价工程的经济合理性（分别采用社会折现率8%和6%计算，同时考察折现率取值对计算结果的影响）。

提示：（1）流动资金可在年内回收并再次投入使用，故自第2年起各年新投入的流动资金为零。计算期末流动资金应回收。

（2）可用现值计算公式（2-33）分别计算各年的各项效益及费用在建设期第1年年初的现值，然后分别求和，计算总效益现值和总费用现值（视情况可采用等比级数求和公式）。

（3）参照式（3-1）至式（3-4），可知经济内部收益率（EIRR）即为总效益现值与总费用现值相等时的折现率，可试算求得。总效益现值与总费用现值之差即为经济净现值（ENPV），总效益现值与总费用现值之比即为经济效益费用比（R_{BC}）。

第 4 章

水利水电建设项目设计阶段工程造价管理

学习指导

目标：1. 理解项目设计阶段工程造价管理的主要内容；

2. 理解工程分类和项目组成及其分类的概念；

3. 掌握水利水电工程各项费用的概念及其编制；

4. 掌握水利水电工程基础单价、工程单价的概念及其编制；

5. 掌握水利水电工程分部工程概（预）算编制方法；

6. 掌握水利水电工程分年度投资及资金流量的概念及其编制方法；

7. 掌握水利水电工程静态总投资、总投资的概念及其编制方法。

重点：1. 水利水电工程基础单价、工程单价的概念及其编制；

2. 水利水电工程分部工程概（预）算编制方法。

4.1 概　述

按照基本建设程序，工程建设一般要经过项目建议书、可行性研究报告、项目决策、项目设计、建设准备、建设实施、生产准备、竣工验收、后评价等阶段。根据建设项目的不同情况，设计可以划分为初步设计、技术设计、施工详图设计等阶段。

水利水电工程基本建设程序可参阅第 1 章。

水利水电建设项目设计阶段工程造价管理，应是努力促使工程设计在保证满足工程质量和功能要求的前提下，按照设计图纸实施的建设项目，其活劳动与物化劳动的消耗，以货币形式体现的数值，不应超过项目可行性研究的估算投资额，且尽可能降低。显而易见，项目的工程设计质量好坏，与项目设计阶段的工程造价管理是有密切关系的。在工程项目设计阶段，要控制工程规模、工程范围、设计标准，并通过技术经济比较，优化设计方案，推行限额设计等方法，对工程造价进行前期预控制。

如前述，有的工程需进行招标设计。

建设工程项目概预算所确定的投资额，实质上是相应工程的计划价格。它是国家对基本建设实行科学管理和有效监督的重要手段之一，对提高经营管理水平和经济效益，节约国家建设资金具有重要的意义。

这种计划价格就是项目设计阶段的工程造价预控制的部分内容。

水利水电工程设计阶段的投资，是根据初步设计概算确定的。初步设计是水利水电工程建设程序中的一个重要阶段，初步设计概算是初步设计文件的重要组成部分，在编制初步设计文件的同时，必须编制设计概算。

为了使建设项目初步设计完成时的概算不超过项目可行性研究的估算投资额，工程设计应以项目的可行性研究的估算投资额作为建设项目的投资控制目标。

在我国，多年来由于种种主客观原因，基本建设项目存在投资失控，出现"概算超估算，预算超概算，决算超预算"的"三超"现象。一些建设、设计单位，或为了使项目能审查通过，立项上马，或为了获得银行贷款，有意压低概（估）算投资，有的甚至弄虚作假，搞"钓鱼工程"。为此，国家有关主管部门陆续出台了关于控制建设工程造价和开展限额设计的规定文件，防止出现工程投资失控的现象。

工程造价的预测，应符合价值规律，体现社会必要劳动量，并全面反映建筑产品的价值构成。工程价格和工业品价格之间应保持一个合理的比价。预测应严格按照国家法律、基本建设程序和有关依据进行。因此，工程造价的预测，必须根据各阶段设计内容、调查数据和各级主管部门颁发的有关编制办法、规定、定额、费用计算标准，以及资金来源来进行计算。

对预测的工程建设成本的管理，不仅是概预算的编制，而应当是对工程造价进行全面的预测和控制，其中包括各个设计阶段的工程投资费用和工程价格的控制。为达到控制造价的目的，在工程设计阶段控制造价通常采用的手段与方法包括进行计划投资范围内的限额设计，应用经济分析和价值工程方法进行方案比较和选择，对设计进行优化，进行项目全寿命周期内的费用分析和控制等。

工程造价管理的基本内容是合理确定和有效地控制工程造价。水利水电建设项目设计阶段工程造价管理要贯彻设计阶段的全过程，包括设计优化、推行限额设计、设计方案技术经济评价、工程造价预测、工程造价预控以及有关的计价定额、费用标准、计价方法、造价人员的培训等。

设计提供的资料、数据，是工程造价预测的基本依据。随着建设程序各阶段工作的不断深化，工程造价预测的内容及方法将由粗到细，精度逐步提高，对预测的要求也相应提高。在可行性研究中进行投资估算，在初步设计阶段编制"设计概算"，到施工图设计阶段编制"施工图预算"。投资估算、设计概算、施工图预算，是工程建筑产品在工程设计的不同阶段，与之相应的三种互为联系和制约的计价方法。投资估算、设计概算、施工图预算的编制方法大体相同。但由于编制阶段不同，所以工作的深度、精度要求不同，概预算编制费用的内容不完全相同，分项大小和所使用的工

推行限额设计对于控制和降低工程造价具有重要作用。限额设计是指按照批准的可行性研究报告及投资估算控制初步设计，按照批准的设计总概算控制技术设计和施工图设计，同时在各专业保证达到使用功能的前提下，按照分配的投资限额控制设计，严格控制不合理的变更，保证总投资不被突破。

价值工程的方法可参阅第 2 章及有关专著。

程定额也不同。投资估算较粗略，施工图预算较专题，而设计概算较深入全面。在本书中，对于工程设计阶段工程造价管理，重点介绍设计概算的编制方法。本节所介绍的方法除特别说明外，对投资估算、施工图预算都是适用的。

1. 工程初步设计程序

水利水电建设工程初步设计在上级主管部门批准的可行性研究报告的基础上，遵循国家有关政策法令，按有关规程、规范进行编制。工程设计的主要内容包括以下各项：

（1）水文、工程地质设计。

（2）工程布置及建筑物的设计。此内容主要包括复核工程的等级和设计标准，确定工程总体布置、主要建筑物的轴线、线路、结构形式和布置、控制尺寸、高程和工程数量。

（3）水力机械、电工、金属结构及采暖通风设计。

（4）消防设计。

（5）施工组织设计。

（6）环境保护设计。

（7）工程管理设计。

（8）设计概算。这是目前我国在设计阶段进行工程造价管理的核心工作。为有效控制工程造价，加强技术经济指标积累和基本数据统计汇总，提高工程建设管理水平，概算文件必须标准、规范。概算文件的编制是根据各级主管部门规定的组成内容、项目划分和计算方法进行，内容应完整、表式要简明。如前述，目前我国编制概预算的基本方法是单价法（见第 2 章）。水利系统编制设计概算执行的现行规定是水利部 2002 年 3 月发布的《水利工程设计概（估）算编制规定》（以下简称《概算编制规定》）及其相应定额（包括《水利建筑工程概算定额》《水利工程施工机械台时费定额》等）。初步设计概算包括从项目筹建到竣工验收所需的全部建设费用。概算文件内容由编制说明、设计概算表和附件三部分组成。概算正件及附件均应单独成册并随初步设计文件报批。

设计概算的编制，一般按下述程序进行：

① 了解工程概况。

② 编写工作大纲。

③ 调查研究搜集资料。

④ 编制基础单价。

⑤ 编制主要工程概算单价和确定有关指标。

⑥ 编制建筑工程、机电和金属结构设备及安装工程、施工临时工程和

此处的说明十分重要，应充分注意。

由于水利水电工程建设项目隶属关系不同，在建设项目的名称和分类划分上有所不同。如国家电力系统称建设项目为水电水利工程或水力发电工程。水利系统则称建设项目为水利水电工程或水利工程。

注意此处关于简称的约定。

需注意，《概算编制规定》及相应定额是现行的编制水利水电工程概算的基本依据，为做好概算编制工作，必须认真学习和掌握。

国家电力公司发布了水力发电工程设计概算编制办法，其内容与《概算编制规定》大同小异。本章主要按照《概算编制规定》进行介绍。

概算工作大纲的主要内容包括编制原则和依据、编制人员的分工安排等内容，详见有关概预算的编制简则、手册等。

独立费用概算。

⑦ 编制总概算和工程概算总表。

⑧ 计算分年度投资和资金流量。

⑨ 打印送审、整理归档。

（9）经济评价。

2. 设计优化及开展限额设计

每一个项目都要做两个以上的设计方案，同时推行限额设计。好的设计方案对降低工程造价、提高经济效益、缩短建设工期，都有十分重要的作用。

3. 设计方案技术经济评价

对每一种设计方案都应进行技术经济评价，论证其技术上的可行性、经济上的合理性。在工程设计阶段通常采用的手段与方法，主要是进行项目全寿命期内的费用分析和设计概预算的编制，用于选择、衡量设计方案是否经济合理；也可应用价值工程方法对设计进行技术经济比较，聘请专家做技术经济比较，进行设计挖潜等。不同的设计方案，必然会产生不同的概预算结果。通过技术经济比较，优选出最佳方案。

4. 控制设计标准

在安全、可靠的前提下，设计标准应合理。设计标准要与工程的规模、需要、财力相适应。该高的要高，不该高的就不应该高。尽量节约资金，提高建设资金的保障度。

4.2 水利水电工程分类与工程概算构成

4.2.1 概 述

1. 水利水电工程分类

水利水电工程按工程性质划分为两大类，具体划分如图 4-1 所示。

2. 水利水电工程概算构成

水利水电工程概算由工程以及移民和环境两大部分构成，具体划分如图 4-2 所示。

概算的工程部分下设一级、二级、三级项目。

移民和环境部分划分的各级项目执行《水利工程建设征地移民补偿投资概（估）算编制规定》《水利工程环境保护设计概（估）算编制规定》和《水土保持工程概（估）算编制规定》。

本书主要对水利水电工程概算的工程部分进行介绍。

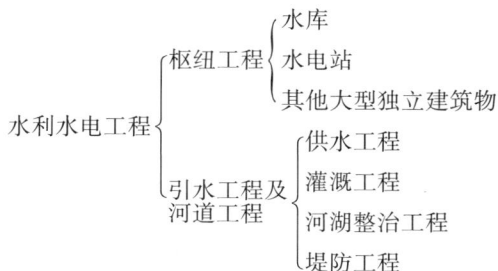

图 4-1　水利水电工程分类

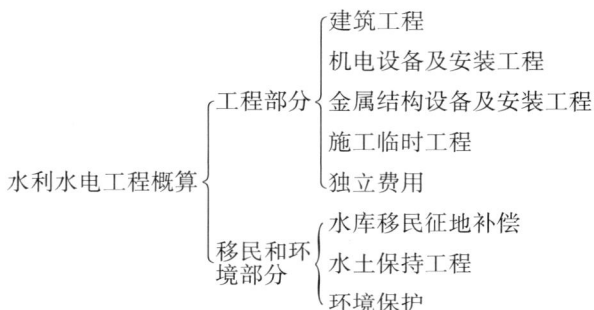

图 4-2　水利水电工程概算

4.2.2　水利水电工程项目划分和概算工程部分组成

根据水利水电工程性质，其工程项目分别按枢纽工程、引水工程及河道工程划分，工程各部分下设一级、二级、三级项目。

水利水电工程概算，工程部分由建筑工程、机电设备及安装工程、金属结构设备及安装工程、施工临时工程、独立费用五部分内容组成。

第一部分，建筑工程，由枢纽工程、引水工程及河道工程组成。

枢纽工程是指水利枢纽建筑物（含引水工程中的水源工程）和其他大型独立建筑物，包括挡水工程、泄洪工程、引水工程（包括发电引水明渠、进水口、隧洞、调压井、高压管道等工程）、发电厂工程、升压变电站工程、航运工程、鱼道工程、交通工程、房屋建筑工程和其他建筑工程。其中挡水工程等前七项为主体建筑工程。

引水工程及河道工程是指供水、灌溉、河湖整治、堤防修建与加固工程，包括供水工程、灌溉渠（管）道工程、河湖整治与堤防工程、建筑物工程（水源工程除外）、交通工程、房屋建筑工程、供电设施工程和其他建筑工程。

第二部分，机电设备及安装工程，是指构成枢纽工程、引水工程及河道工程固定资产的全部机电设备及安装工程。枢纽工程由发电设备及安装

工程各部分及其下设的一级、二级、三级项目的详细内容应参照《概算编制规定》。

125

工程、升压变电设备及安装工程、公用设备及安装工程三项组成。引水工程及河道工程一般由泵站设备及安装工程、小水电站设备及安装工程、供变电站工程、公用设备及安装工程四项组成。

第三部分，金属结构设备及安装工程，是指构成枢纽工程和其他水利工程固定资产的全部金属结构设备及安装工程，包括闸门、启闭机、拦污栅、升船机等设备及安装工程，压力钢管制作及安装工程，其他金属结构设备及安装工程。

金属结构设备及安装工程项目要与建筑工程项目相对应。

第四部分，施工临时工程，是指为辅助主体工程所必须修建的生产和生活用临时性工程，包括导流工程、施工交通工程、施工场外供电工程、施工房屋建筑工程、其他施工临时工程。

第五部分，独立费用，本部分由建设管理费、生产准备费、科研勘测设计费、建设及施工场地征用费和其他五项组成。

在第五部分之后分列预备费、建设期融资利息、静态总投资、总投资。

在现行设计概算编制规定中，工程各部分下设的第二、第三级项目，仅列示了代表性子目。编制概算时，第二、第三级项目可根据水利工程初步设计编制规程的工作深度要求和工程情况增减或再划分。以三级项目为例，土方开挖工程，应将土方开挖与砂砾石开挖分列；混凝土工程，应将不同工程部位、不同标号、不同级配的混凝土分列；机电、金属结构设备及安装工程，应根据设计提供的设备清单，按分项要求逐一列出。

项目划分的具体格式及内容详见《概算编制规定》，同时可参考表 4－46 至表 4－51。

4.3 水利水电工程费用

4.3.1 水利水电工程费用组成

水利水电工程概算工程部分的费用组成如图 4－3 所示。

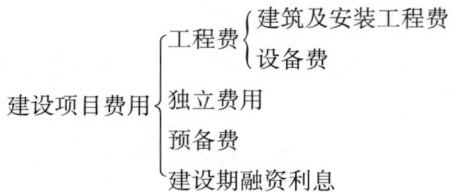

因概算编制主管部门不同，水力发电工程对项目划分、费用及组成的内容、名称与水利工程有所区别，但基本内容大同小异。如前述，本章主要以《概算编制规定》为依据，对费用组成内容进行介绍。

```
                            ┌ 工程费 ┌ 建筑及安装工程费
                            │        └ 设备费
建设项目费用 ┤ 独立费用
                            │ 预备费
                            └ 建设期融资利息
```

图 4－3 水利水电工程概算工程部分的费用组成

以下分别对各项费用进行介绍。

4.3.2　建筑及安装工程费

建筑及安装工程费由直接工程费、间接费、企业利润、税金组成。

1. 直接工程费

直接工程费是指建筑安装工程施工过程中直接消耗在工程项目上的活劳动和物化劳动，由直接费、其他直接费、现场经费组成。

直接费包括人工费、材料费、施工机械使用费。

其他直接费包括冬、雨季施工增加费，夜间施工增加费，特殊地区施工增加费和其他费用。

现场经费包括临时设施费和现场管理费。

（1）直接费。它包括以下各项：

① 人工费。指直接从事建筑安装工程施工的生产工人开支的各项费用，内容包括以下各项。

a. 基本工资。由岗位工资和年功工资以及年应工作天数内非作业天数的工资组成。

（a）岗位工资。指按照职工所在岗位各项劳动要素测评结果确定的工资。

（b）年功工资。指按照职工工作年限确定的工资，随工作年限增加而逐年累加。

（c）生产工人年应工作天数内非作业天数的工资。这部分工资包括职工开会学习、培训期间的工资，调动工作、探亲、休假期间的工资，因气候影响的停工工资，女工哺乳期间的工资，病假在六个月以内的工资及产、婚、丧假期的工资。

b. 辅助工资。指在基本工资之外，以其他形式支付给职工的工资性收入，包括根据国家有关规定属于工资性质的各种津贴，主要包括地区津贴、施工津贴、夜餐津贴、节日加班津贴等。

c. 工资附加费。指按照国家规定提取的职工福利基金、工会经费、养老保险费、医疗保险费、工伤保险费、职工失业保险基金和住房公积金。

② 材料费。指用于建筑安装工程项目上的消耗性材料、装置性材料和周转性材料摊销费，包括定额工作内容规定应计入的未计价材料和计价材料。

材料预算价格一般包括材料原价、包装费、运杂费、运输保险费和采购及保管费五项。

a. 材料原价。指材料指定交货地点的价格。

b. 包装费。指材料在运输和保管过程中的包装费和包装材料的折旧摊

> 直接工程费的概念及费用组成内容。

> 人工费的概念。

> 材料费的概念。

销费。

c. 运杂费。指材料从指定交货地点至工地分仓库或相当于工地分仓库（材料堆放场）所发生的全部费用，包括运输费、装卸费、调车费及其他杂费。

d. 运输保险费。指材料在运输途中的保险费。

e. 材料采购及保管费。指材料在采购、供应和保管过程中所发生的各项费用，主要包括：材料的采购、供应和保管部门工作人员的基本工资、辅助工资、工资附加费、教育经费、办公费、差旅交通费及工具用具使用费；仓库、转运站等设施的检修费、固定资产折旧费、技术安全措施费和材料检验费；材料在运输、保管过程中发生的损耗等。

③ 施工机械使用费。指消耗在建筑安置工程项目上的机械磨损、维修和动力燃料费用等，包括折旧费、修理及替换设备费、安装拆卸费、机上人工费和动力燃料费等。

施工机械使用费的概念。

a. 折旧费。指施工机械在规定使用年限内回收原值的台时折旧摊销费用。

现行《水利施工机械台时费定额》以台时为计量单位，由两类费用组成，（a～c）项为一类费用，（d）和（e）项为二类费用，台时费中人工费按中级工计算。

b. 修理及替换设备费。修理费指施工机械使用过中，为了使机械保持正常功能而进行修理所需的摊销费用和机械正常运转及日常保养所需的润滑油料、擦拭用品的费用，以及保管机械所需的费用。

替换设备费是指施工机械正常运转时所耗用的替换设备及随机使用的工具附具等摊销费用。

c. 安装拆卸费。指施工机械进出工地的安装、拆卸、试运转和场内转移及辅助设施的摊销费用。部分大型施工机械的安装拆卸费不在其施工机械使用费中计列，包含在其他施工临时工程中。

d. 机上人工费。指施工机械使用时机上操作人员的人工费用。

e. 动力燃料费。指施工机械正常运转时所耗用的风、水、电、油和煤等费用。

（2）其他直接费。它包括以下各项：

① 冬、雨季施工增加费。指在冬、雨季施工期间为保证工程质量和安全生产所需增加的费用，包括增加施工工序，增设防雨、保温、排水等设施增设的动力、燃料、材料以及因人工、机械效率降低而增加的费用。

其他直接费是指基本直接费以外施工过程中发生的其他费用。

② 夜间施工增加费。指施工场地和公用施工道路的照明费用。

③ 特殊地区施工增加费。指在高海拔和原始森林等特殊地区施工而增加的费用。

④ 其他费用。这部分费用包括施工工具用具使用费、检验试验费、工

程定位复测费、工程点交费、竣工场地清理费、工程项目及设备仪表移交生产前的维护观察费等。其中，施工工具用具使用费，指施工生产所需，但不属于固定资产的生产工具，检验、试验用具等的购置、摊销和维护费。检验试验费，指对建筑材料、构件和建筑安装物进行一般鉴定、检查所发生的费用，包括自设实验室所耗用的材料和化学药品费用，以及技术革新和研究试验费，不包括新结构、新材料的试验费和建设单位要求对具有出厂合格证明的材料进行试验、对构件进行破坏性试验，以及其他特殊要求检验试验的费用。

（3）现场经费，它包括以下各项：

① 临时设施费。指施工企业为进行建筑安置工程施工所必需的但又未被划入施工临时工程的临时建筑物、构筑物和各种临时设施的建设、维护、拆除摊销等费用。如供风、供水（支线）、供电（场内）、夜间照明、供热系统及通信支线，土石料场，简易砂石料加工系统，小型混凝土拌和浇筑系统，木工、钢筋、机修等辅助加工厂，混凝土预制构件厂，场内施工排水，场地平整、道路养护及其他小型临时设施。

临时设施费的概念。

② 现场管理费。它包括以下各项：

a. 现场管理人员的基本工资、辅助工资、工资附加费和劳动保护费。

b. 办公费。指现场办公用具、印刷、邮电、书报、会议、水、电、烧水和集体取暖（包括现场临时宿舍取暖）用燃料等费用。

c. 差旅交通费。指现场职工因公出差期间的差旅费、误餐补助费，职工探亲路费，劳动力招募费，职工离退休、退职一次性路费，工伤人员就医路费，工地转移费以及现场职工使用的交通工具运行费、养路费及牌照费。

d. 固定资产使用费。指现场管理使用的不属于固定资产的设备、仪器等的折旧、大修理、维修费或租赁费等。

e. 工具用具使用费。指现场管理使用的不属于固定资产的工具、器具、家具、交通工具和检验、试验、测绘、消防用具等的购置、维修和摊销费。

f. 保险费。指施工管理用财产、车辆保险费，高空、井下、洞内、水下、水上作业等特殊工种安全保险费等。

g. 其他费用。

2. 间接费

间接费是指施工企业为建筑安装工程施工而进行组织与经营管理所发生的各项费用。它构成产品成本，由企业管理费、财务费用和其他费用组成。

间接费的概念及其组成内容。

企业管理费
的概念。

（1）企业管理费。指施工企业为组织施工生产经营活动所发生的费用。内容包括以下各项：

① 管理人员基本工资、辅助工资、工资附加费和劳动保护费。

② 差旅交通费。指施工企业管理人员因公出差、工作调动的差旅费、误餐补助费，职工探亲路费，劳动力招募费，离退休职工一次性路费及交通工具油料、燃料、牌照、养路费等。

③ 办公费。指企业办公用具、印刷、邮电、书报、会议、水电、燃煤（气）等费用。

④ 固定资产折旧、修理费。指企业属于固定资产的房屋、设备、仪器等折旧及维修等费用。

⑤ 工具用具使用费。指企业管理使用不属于固定资产的工具、用具、家具、交通工具、检验、试验、消防等的摊销及维修费用。

⑥ 职工教育经费。指企业为职工学习先进技术和提高文化水平按职工工资总额计取的费用。

⑦ 劳动保护费。指企业按照国家有关部门规定标准发放给职工的劳动保护用品的购置费、修理费、保健费、防暑降温费、高空作业及进洞津贴、技术安全措施费以及洗澡用水、饮用水的燃料费等。

⑧ 保险费。指企业财产保险、管理用车辆等保险费用。

⑨ 税金。指企业按规定交纳的房产税、管理用车辆使用税、印花税等。

⑩ 其他。这部分费用包括技术转让费、设计收费标准中未包括的应由施工企业承担的部分施工辅助工程设计费、投标报价费、工程图纸资料费及工程摄影费、技术开发费、业务招待费、绿化费、公证费、法律顾问费、审计费、咨询费等。

财务费用的
概念。

（2）财务费用。指施工企业为筹集资金而发生的各项费用，包括企业经营期间发生的短期融资利息净支出、汇兑净损失、金融机构手续费，企业筹集资金发生的其他财务费用，以及投标和承包工程发生的保函手续费等。

（3）其他费用。指企业定额测定费及施工企业进退场补贴费。

3. 企业利润

企业利润是指按规定应计入建筑、安装工程费用中的利润。

4. 税金

税金是指国家对施工企业承担建筑、安装工程作业收入所征收的营业税、城市维护建设税和教育费附加。

4.3.3　设备费

设备费包括设备原价、运杂费、运输保险费和采购及保管费。

1. 设备原价

设备原价包括以下各项:

(1) 国产设备原价。指出厂价。

(2) 进口设备原价。以到岸价和进口征收的税金、手续费、商检费及港口费等各项费用之和计。

(3) 大型机组分搬运至工地后的拼装费用。应包括在设备原价内。

2. 运杂费

运杂费是指设备由厂家运至工地安装现场所发生的一切运杂费用,包括运输费、调车费、装卸费、包装绑扎费、大型变压器充氮费及可能发生的其他杂费。

3. 运输保险费

运输保险费是指设备在运输过程中的保险费用。

4. 采购及保管费

采购及保管费是指建设单位和施工企业在负责设备的采购、保管过程中发生的各项费用。主要包括:

(1) 采购保管部门工作人员的基本工资、辅助工资、工资附加费、劳动保护费、教育经费、办公费、差旅交通费、工具用具使用费等。

(2) 仓库、转运站等设施的运行费、维护费、固定资产折旧费、技术安全措施费和设备的检验、试验费等。

4.3.4　独立费用

独立费用由建设管理费、生产准备费、科研勘测设计费、建设及施工场地征用费和其他五项组成。

1. 建设管理费

建设管理费是指建设单位在工程项目筹建和建设期间进行管理工作所需的费用,包括项目建设管理费、工程建设监理费和联合试运转费。

(1) 项目建设管理费。它包括建设单位开办费和建设单位经常费。

① 建设单位开办费。指新组建的工程建设单位,为开展工作所必须购置的办公及生活设施、交通工具等,以及其他用于开办工作的费用。

② 建设单位经常费。它包括建设单位人员经常费和工程管理经常费。

a. 建设单位人员经常费。指建设单位从批准之日起至完成该工程建设

(页边注:)

设备费的组成内容。

独立费用的组成部分。

建设管理费的概念及组成内容。

管理任务之日止，需开支的经常费用，主要包括工作人员的基本工资、辅助工资、工资附加费、劳动保护费、教育经费、办公费、差旅交通费、会议费、交通车辆使用费、技术图书资料费、固定资产折旧费、零星固定资产购置费、低值易耗品摊销费、工具用具使用费、修理费、水电费、采暖费等。

b. 工程管理经常费。指建设单位从筹建到竣工期间所发生的各种管理费用。这部分费用包括：该工程建设过程中用于资金筹措、召开董事（股东）会议、视察工程建设所发生的会议和差旅等费用；建设单位为解决工程建设涉及的技术、经济、法律等问题需要进行咨询所发生的费用；建设单位进行项目管理所发生的土地使用税、房产税、合同公证费、审计费、招标业务费等；施工期所需的水情、水文、泥沙、气象监测费和报汛费；工程验收费和由主管部门主持对工程设计进行审查、安全进行鉴定等费用；在工程建设过程中，必须派驻工地的公安、消防部门的补贴费以及其他属于工程管理性质开支的费用。

（2）工程建设监理费。指在工程建设过程中聘任监理单位，对工程的质量、进度、安全和投资进行监理所发生的全部费用。这部分费用包括监理单位为保证监理工作正常开展而必需的交通工具、办公及生活设备、检验试验设备的购置费以及监理人员的基本工资、辅助工资、工资附加费、劳动保护费、教育经费、办公费、差旅交通费、会议费、技术图书资料费、固定资产折旧费、零星固定资产购置费、低值易耗品摊销费、工具用具使用费、修理费、水电费、采暖费等。

（3）联合试运转费。指水利工程的发电机组、水泵等安装完毕，在竣工验收前，进行整套设备带负荷联合试运转期间所需要的各项费用，主要包括联合试运转期间所消耗燃料、动力、材料及机械使用费，工具用具购置费，施工单位参加联合试运转人员的工资等。

2. 生产准备费

生产准备费的概念及组成部分。

生产准备费是指水利建设项目的生产、管理单位为准备正常的生产运行或管理所发生的费用，包括生产及管理单位提前进厂费、生产职工培训费、管理用具购置费、备品备件购置费、工器具及生产家具购置费。

（1）生产及管理单位提前进厂费。指在工程完工之前，生产、管理单位有一部分工人、技术人员和管理人员提前进场进行生产筹备工作所需的各项费用。其内容包括提前进场人员的基本工资、辅助工资、工资附加费、劳动保护费、教育经费、办公费、差旅交通费、会议费、技术图书资料费、零星固定资产购置费、低值易耗品摊销费、工具用具使用费、修理费、水电费、采暖费等，以及其他属于生产筹建期间应开支的费用。

（2）生产职工培训费。指工程在竣工验收之前，生产及管理单位为保证生产、管理工作能顺利进行，需对工人、技术人员和管理人员进行培训所发生的费用。其内容包括基本工资、辅助工资、工资附加费、劳动保护费、差旅交通费、实习费，以及属于生产职工培训应开支的费用。

（3）管理用具购置费。指为保证新建项目的正常生产和管理所必须购置的办公费和生活用具等费用。其内容包括办公室、会议室、资料档案室、阅览室、文娱室、医务室等公用设施需要配置的家具器具。

（4）备品备件购置费。指工程在投产运行初期，由于易损件损耗和可能发生的事故，而必须准备的备品备件和专用材料的购置费。不包括设备价格中配备的备品备件。

（5）工器具及生产家具购置费。指按设计规定，为保证初期生产正常运行所必须购置的不属于固定资产标准的生产工具、器具、仪表、生产家具等的购置费。不包括设备价格中已包括的专用工具。

3. 科研勘测设计费

科研勘测设计费指为工程建设所需的科研、勘测和设计等费用，包括工程科学研究试验费和工程勘测设计费。

科研勘测设计费的概念及组成内容。

（1）工程科学研究试验费。指在工程建设过程中，为解决工程技术问题，而进行必要的科学研究试验所需的费用。

（2）工程勘测设计费。指工程从项目建议书开始至以后各设计阶段发生的勘测费、设计费。

4. 建设及施工场地征用费

建设及施工场地征用费是指根据设计确定的永久、临时工程征地和管理单位用地所发生的征地补偿费用及应缴纳的耕地占用税等，主要包括征用场地上的林木、作物的赔偿，建筑物迁建及居民迁移费等。

5. 其他

（1）定额编制管理费。指为水利工程定额的测定、编制、管理所需的费用。该项费用交由定额管理机构安排使用。

（2）工程质量监督费。指为保证工程质量而进行的检测、监督、检查工作等费用。

（3）工程保险费。指工程建设期间，为使工程能在遭受水灾等自然灾害和意外事故造成损失后得到经济补偿，而对建筑、设备及安置工程保险所发生的保险费用。

（4）其他税费。指按国家规定应缴纳的与工程建设有关的税费。

4.3.5 预备费

预备费的含义及构成。

预备费是指在设计阶段难以预测，而在建设施工过程中又可能发生的规定范围内的工程费用，以及因工程建设期内可能发生的政策法规和价格变动而增加的投资。预备费包括基本预备费和价差预备费。

1. 基本预备费

基本预备费主要为解决在工程施工过程中，经上级批准的设计变更和国家政策性变动增加的投资及为解决意外事故而采取的措施所增加的工程项目和费用。

2. 价差预备费

价差预备费主要为解决在工程项目建设过程中，因人工工资、材料和设备价格上涨以及费用标准调整而增加的投资。

4.3.6 建设期融资利息

根据国家财政金融政策规定，工程在建设期内需偿还并应计入工程总投资的融资利息。考虑合理建设工期、施工年度、还息年度、在建期资金流量、各施工年份融资额占当年投资比例、建设期融资利率、付息额度等因素后进行计算。

4.4 基础单价编制

基础单价是编制工程概预算的基本依据。

在编制水利水电工程概预算投资时，需要根据施工技术及材料来源、施工所在地区有关规定及工程具体特点等编制人工预算单价，材料预算价格，施工用电、风、水价格，施工机械台时（班）费以及自行采备的砂石料价格等，是这编制工程单价的基本依据之一。这些预算价统称为基础单价。

4.4.1 人工预算单价

1. 人工预算单价计算方法

（1）基本工资：

1.068 为年应工作天数内非工作天数的工资系数。

$$基本工资（元/工日）= 基本工资标准（元/月）× 地区工资系数 × 12 月 ÷ 年应工作天数 ×1.068 \qquad (4-1)$$

（2）辅助工资：

① 地区津贴（元/工日）= 津贴标准（元/月）× 12 月 ÷ 年应工作天数 ×1.068 $\qquad (4-2)$

② 施工津贴(元/工日) = 津贴标准(元/月) ×365 天 ×95% ÷年应工作天数 ×1.068　　　　　　　　　　　　　　　　　　(4 – 3)

③ 夜餐津贴(元/工日) = (中班津贴标准 + 夜班津贴标准) ÷2 × (20% ~ 30%)　　　　　　　　　　　　　　　　　　　(4 – 4)

④ 节日加班津贴(元/工日) = 基本工资(元/工日) ×3 ×10 ÷年应工作天数 ×35%　　　　　　　　　　　　　　　　　　(4 – 5)

（3）工资附加费：

① 职工福利基金(元/工日) = [基本工资(元/工日) + 辅助工资 (元/工日)] ×费率标准(%)　　　　　　　　　　　　　　(4 – 6)

② 工会经费(元/工日) = [基本工资(元/工日) + 辅助工资 (元/工日)] ×费率标准(%)　　　　　　　　　　　　　　(4 – 7)

③ 养老保险费(元/工日) = [基本工资(元/工日) + 辅助工资 (元/工日)] ×费率标准(%)　　　　　　　　　　　　　　(4 – 8)

④ 医疗保险费(元/工日) = [基本工资(元/工日) + 辅助工资 (元/工日)] ×费率标准(%)　　　　　　　　　　　　　　(4 – 9)

⑤ 工伤保险费(元/工日) = [基本工资(元/工日) + 辅助工资 (元/工日)] ×费率标准(%)　　　　　　　　　　　　　(4 – 10)

⑥ 职工失业保险基金(元/工日) = [基本工资(元/工日) + 辅助工资 (元/工日)] ×费率标准(%)　　　　　　　　　　　(4 – 11)

⑦ 住房公积金(元/工日) = [基本工资(元/工日) + 辅助工资(元/工日)] ×费率标准(%)　　　　　　　　　　　　　　(4 – 12)

（4）人工工日预算单价：

人工工日预算单价(元/工日) = 基本工资 + 辅助工资 + 工资附加费

　　　　　　　　　　　　　　　　　　　　　　　(4 – 13)

（5）人工工时预算单价：

人工工时预算单价(元/工时) = 人工工日预算单价(元/工日) ÷日工作时间(工时/工日)　　　　　　　　　　　　　　(4 – 14)

2. 人工预算单价计算标准

（1）有效工作时间。年应工作天数为 251 工日；日工作时间为 8 工时/工日。

（2）基本工资。根据国家有关规定和水利部企业工资制度改革办法，并结合水利工程特点，分别确定了枢纽工程、引水工程及河道工程六类工资区分级工资标准。按国家规定享受生活费补贴的特殊地区，可按有关规定计算，并计入基本工资。

① 基本工资标准，见表 4 – 1。

根据《概算编制定额》，计算夜餐津贴时，式中百分数，枢纽工程取 30%，引水及河道工程取 20%。

人工预算单价的计算应采用计算表的形式进行，详见表 4 – 39。

表4-1　基本工资标准表（六类工资区）

序 号	名 称	单 位	枢 纽 工 程	引水工程及河道工程
1	工长	元/月	550	385
2	高级工	元/月	500	350
3	中级工	元/月	400	280
4	初级工	元/月	270	190

本章表格中的工资标准、费用标准均来源于《概算编制规定》。

②地区工资系数。根据劳动部规定，六类以上工资区的工资系数如下：

七类工资区　　　　　1.026 1

八类工资区　　　　　1.052 2

九类工资区　　　　　1.078 3

十类工资区　　　　　1.104 3

十一类工资区　　　　1.130 4

（3）辅助工资标准，见表4-2。

表4-2　辅助工资标准表

序 号	项 目	枢 纽 工 程	引水工程及河道工程
1	地区津贴	按国家、省、自治区、直辖市的规定	
2	施工津贴	5.3元/天	3.5元/天~5.3元/天
3	夜餐津贴	4.5元/夜班，3.5元/中班	

根据《概算编制规定》，初级工的施工津贴标准按表中数值的50%计取。

（4）工资附加费标准，见表4-3。

表4-3　工资附加费标准表

序号	项 目	费率标准	
		工长、高中级工	初 级 工
1	职工福利基金	14%	7%
2	工会经费	2%	1%
3	养老保险费	按各省、自治区、直辖市规定	按各省、自治区、直辖市规定的50%
4	医疗保险费	4%	2%
5	工伤保险费	1.5%	1.5%
6	职工失业保险基金	2%	1%
7	住房公积金	按各省、自治区、直辖市规定	按各省、自治区、直辖市规定的50%

根据《概算编制规定》，养老保险费率一般取20%以内。

根据《概算编制规定》，住房公积金费率一般取5%左右。

4.4.2 材料预算价格

1. 主要材料预算价格

对于用量多、影响工程投资大的主要材料，如钢材、木材、水泥、粉煤灰、油料、火工产品、电缆及母线等，一般需编制材料预算价格。

计算公式为

材料预算价格 = （材料原价 + 包装费 + 运杂费）×

（1 + 采购及保管费率）+ 运输保险费　　（4 - 15）

（1）材料原价。按工程所在地区就近大的物资供应公司、材料交易中心的市场成交价或设计选定的生产厂家的出厂价计算。

（2）包装费。应按工程所在地区的实际资料及有关规定计算。

（3）运杂费。铁路运输按原铁道部现行《铁路货物运输规则》及有关规定计算其运杂费。公路及水路运输，按工程所在省、自治区、直辖市交通部门现行规定计算。

（4）运输保险费。按工程所在省、自治区、直辖市或中国人民保险公司的有关规定计算。

（5）采购及保管费。按材料运到工地仓库价格（不包括运输保险费）的3%计算。

2. 其他材料预算价格

可参考工程所在地区的工业与民用建筑安装工程材料预算价格或信息价格。

3. 西藏等地区材料预算价格

由于西藏等地区，部分材料运输距离较远、预算价格较高，故应限价计入工程单价，余额以补差形式计算税金后列入本相应部分之后。

4.4.3 电、水、风预算价格

1. 施工用电价格

施工用电价格由基本电价、电能损耗摊销费和供电设施维修摊销费组成，根据施工组织设计确定的供电方式以及不同电源的电量所占比例，按国家或工程所在省、自治区、直辖市规定的电网电价和规定的加价进行计算。

电价计算公式：

$$P = P_1 \div (1 - E_1) \div (1 - E_2) + F_1 \qquad (4 - 16)$$

$$P_2 = \left(\frac{A + B}{CK} \right) \div (1 - D) \div (1 - E_3) + F_2 \qquad (4 - 17)$$

工程中所使用的炸药、雷管、导火索和导爆索等统称为火工产品。

材料预算价格的计算应采用计算表的形式进行，详见表4-40、表4-41。

电、水、风预算价格的组成内容。

柴油发电机供电如采用循环冷却水，不用水泵，电价计算公式为

$$P_3 = \left(\frac{A}{CK}\right) \div (1-D) \div (1-E_3) + F_2 + F_3 \qquad (4-18)$$

式中：P——电网供电价格；

P_1——基本电价；

E_1——高压输电线路损耗率，取 $4\% \sim 6\%$；

E_2——35 kV 以下变配电设备及配电线路损耗率，取 $5\% \sim 8\%$；

F_1——供电设施维修摊销费（变配电设备除外），取 $0.02 \sim 0.03$ 元 $/(\text{kW} \cdot \text{h})$；

P_2——柴油发电机供电价格（自设水泵供冷却水）；

A——柴油发电机组（台）时总费用；

B——水泵组（台）时总费用；

C——柴油发电机额定容量之和；

K——发电机出力系数，一般取 $0.8 \sim 0.85$；

D——厂用电率，取 $4\% \sim 6\%$；

E_3——变配电设备及配电线路损耗率，取 $5\% \sim 8\%$；

F_2——供电设施维修摊销费，取 $0.02 \sim 0.03$ 元$/(\text{kW} \cdot \text{h})$；

P_3——柴油发电机供电价格；

F_3——单位循环冷却水费，取 $0.03 \sim 0.05$ 元$/(\text{kW} \cdot \text{h})$。

2. 施工用水价格

施工用水为多级提水并中间有分流时，要逐级计算水价。

施工用水价格由基本水价、供水损耗和供水设施维修摊销费组成，根据施工组织设计所配置的供水系统设备组（台）时总费用和组（台）时总有效供水量计算。

水价计算公式为

$$P_4 = \left(\frac{A_1}{C_1 K_1}\right) \div (1-E_4) + F_4 \qquad (4-19)$$

式中：P_4——施工用水价格；

A_1——水泵组（台）时总费用；

C_1——水泵额定容量之和；

K_1——能量利用系数，取 $0.75 \sim 0.85$；

E_4——供水损耗率，取 $8\% \sim 12\%$；

F_4——供水设施维修摊销费，取 $0.02 \sim 0.03$ 元$/\text{m}^3$。

施工用水有循环用水时，水价要根据施工组织设计的供水工艺流程计算。

3. 施工用风价格

施工用风价格由基本风价、供风损耗和供风设施维修摊销费组成，根据施工组织设计所配置的空气压缩机系统设备组（台）时总费用和组

（台）时总有效供风量计算。

风价计算公式为

$$P_5 = \left(\frac{A_1 + A_2}{C_2 T K_2}\right) \div (1 - E_5) + F_5 \qquad (4-20)$$

式中：P_5——施工用风价格；

　　　A_1——水泵组（台）时总费用；

　　　A_2——空气压缩机组（台）时总费用；

　　　C_2——空气压缩机额定容量之和；

　　　T——机组（台）时工作时间，取 60 min；

　　　K_2——能量利用系数，取 0.70～0.85；

　　　E_5——供风损耗率，取 8%～12%；

　　　F_5——供风设施维修摊销费，取 0.002～0.003 元/m³。空气压缩机系
　　　　　　 统如采用循环冷却水，不用水泵，则风价计算公式为

$$P_6 = \left(\frac{A_2}{C_2 T K_2}\right) \div (1 - E_5) + F_5 + F_6 \qquad (4-21)$$

式中：P_6——施工用风价格（采用循环冷却水，不用水泵）；

　　　A_2——空气压缩机组（台）时总费用；

　　　C_2——空气压缩机额定容量之和；

　　　T——机组（台）时工作时间，取 60 min；

　　　K_2——能量利用系数，取 0.70～0.85；

　　　E_5——供风损耗率，取 8%～12%；

　　　F_5——供风设施维修摊销费，取 0.002～0.003 元/m³；

　　　F_6——单位循环冷却水费，取 0.005 元/m³。

4.4.4　施工机械使用费

施工机械使用费分为两类费用，一类费用分为折旧费、修理及替换设备费（含大修理费、经常性修理费）和安装拆卸费，现行规定按 2000 年度价格水平计算并用金额表示。一类费用也称为固定费用。二类费用分为人工、动力、燃料或消耗材料，以工时数量和实物消耗量表示，其费用按国家规定的人工工资计算办法和工程所在地的物价水平分别计算。二类费用也称为可变费用。施工机械使用费应根据《水利工程施工机械台时费定额》及有关规定计算。对于定额缺项的施工机械，可补充编制台时费定额。

4.4.5　砂石料单价

水利工程砂石料由承包商自行采备时，砂石单价应根据料源情况、开

采条件和工艺流程计算，并计入直接工程费、间接费、企业利润及税金。

砂、碎石（砾石）、块石、料石等预算价格控制在 70 元/m³ 左右，超过部分计取税金后列入相应部分之后。

4.4.6　混凝土材料单价

根据设计确定的不同工程部位的混凝土标号、级配和龄期，分别计算出每立方米混凝土单价，计入相应的混凝土工程概算单价内。其混凝土配合比的各项材料用量，应根据工程试验提供的资料计算，若无试验资料时，也可参照《水利建筑工程概算定额》附录混凝土材料配合表计算。

混凝土材料单价的计算应采用计算表的形式进行，详见4.9.4概算附件附表中的表4-42。

4.5　建筑安装工程单价编制

4.5.1　建筑安装工程单价

建筑安装工程单价，是指以价格形式表示的完成单位工程量（如1 m³、1 t、1 套等）所耗用的全部费用，包括直接工程费、间接费、计划利润和税金四部分。工程单价分建筑工程单价和安装工程单价两类，是编制水利水电工程建筑安装工程投资的基础。它直接影响工程总投资的准确程度。

建筑安装工程单价由"量、价、费"三要素组成。

量：指完成单位工程量所需的人工、材料和施工机械台时（台班）数量。其数量的确定，应根据设计图纸及施工组织设计等资料，正确选用概算定额的相应子目的规定量。

价：指人工预算单价、材料预算单价和施工机械台时（台班）费等基础单价。基础单价的具体计算已在4.4节中介绍。

费：指按规定计入工程单价的其他直接费、现场经费、间接费、企业利润和税金等。其费用按规定的取费标准计算。

4.5.2　其他直接费、现场经费、间接费、企业利润和税金等的取费标准

1. 其他直接费

其他直接费包括以下各项。

（1）冬、雨季施工增加费。应根据不同地区，按直接费的百分比率计算。

西南、中南、华东区	0.5%~1.0%
华北区	1.0%~2.5%
西北、东北区	2.5%~4.0%

西南、中南、华东区中，按规定不计冬季施工增加费的地区取小值，计算冬季施工增加费的地区可取大值；华北区中，内蒙古等较严寒地区可取大值，其他地区取中值或小值；西北、东北区中，陕西、甘肃等省取小值，其他地区可取中值或大值。

（2）夜间施工增加费。按直接费的百分比率计算，其中建筑工程为0.5%，安装工程为0.7%。

照明线路工程费用包括在"临时设施费"中；施工附属企业系统、加工厂、车间的照明，列入相应的产品中，均不包括在本项费用之内。

（3）特殊地区施工增加费。指在高海拔和原始森林等特殊地区施工而增加的费用，其中高海拔地区的高程增加费，按规定直接进入定额；其他特殊增加费（如酷热、风沙），应按工程所在地区规定的标准计算，地方没有规定的不得计算此项费用。

（4）其他。按直接费的百分比率计算。其中，建筑工程为1.0%，安装工程为1.5%。

2. 现场经费

根据工程性质不同，现场经费标准分为枢纽工程标准、引水工程及河道工程标准两部分。对于有些施工条件复杂、大型建筑物较多的引水工程，可执行枢纽工程的费率标准。

（1）枢纽工程现场经费费率标准按表4-4选取。表4-4中枢纽工程工程类别划分如下：

表4-4 枢纽工程现场经费费率表

序号	工 程 类 别	计算基础	现场经费费率		
			合计	临时设施费	现场管理费
一	建筑工程				
1	土石方工程	直接费	9%	4%	5%
2	砂石备料工程（自采）	直接费	2%	0.5%	1.5%
3	模板工程	直接费	8%	4%	4%
4	混凝土浇筑工程	直接费	8%	4%	4%
5	钻孔灌浆及锚固工程	直接费	7%	3%	4%
6	其他工程	直接费	7%	3%	4%
二	机电、金属结构设备安装工程	人工费	45%	20%	25%

表4-4中的工程类别划分可结合《水利建筑工程概算定额》的分类进行归类。

① 土石方工程：包括土石方开挖与填筑、砌石、抛石工程等。

② 砂石备料工程：包括天然砂石料和人工砂石料开采加工。

③ 模板工程：包括现浇各种混凝土时制作及安装的各类模板工程。

④ 混凝土浇筑工程：包括现浇和预制各种混凝土、钢筋制作安装、伸缩缝、止水、防水层、温控措施等。

⑤ 钻孔灌浆及锚固工程：包括各种类型的钻孔灌浆、防渗墙及锚杆（索）、喷浆（混凝土）工程等。

⑥ 其他工程：指除上述工程以外的工程。

（2）引水工程及河道工程现场经费费率标准按表4-5选取。表中引水工程及河道工程类别划分如下：

表4-5 引水工程及河道工程现场经费费率表

序号	工程类别	计算基础	现场经费费率		
			合计	临时设施费	现场管理费
一	建筑工程				
1	土方工程	直接费	4%	2%	2%
2	石方工程	直接费	6%	2%	4%
3	模板工程	直接费	6%	3%	3%
4	混凝土浇筑工程	直接费	6%	3%	3%
5	钻孔灌浆及锚固工程	直接费	7%	3%	4%
6	疏浚工程	直接费	5%	2%	3%
7	其他工程	直接费	5%	2%	3%
二	机电、金属结构设备安装工程	人工费	45%	20%	25%

若工程自采砂石料，则费率标准同枢纽工程。

① 除疏浚工程外，其余均与枢纽工程相同。

② 疏浚工程，指用挖泥船、水力冲挖机组等机械疏浚江河、湖泊的工程。

3. 间接费

根据工程性质不同，间接费标准分为枢纽工程标准、引水工程及河道工程标准两部分。对于有些施工条件复杂、大型建筑物较多的引水工程，可执行枢纽工程的费率标准。枢纽工程间接费费率标准按表4-6选取。引水工程及河道工程间接费费率标准按表4-7选取。

表4-6 枢纽工程间接费费率表

序　　号	工程类别	计算基础	间接费费率
一	建筑工程		
1	土石方工程	直接工程费	9%（8%）
2	砂石备料工程（自采）	直接工程费	6%
3	模板工程	直接工程费	6%
4	混凝土浇筑工程	直接工程费	5%
5	钻孔灌浆及锚固工程	直接工程费	7%
6	其他工程	直接工程费	7%
二	机电、金属结构设备安装工程	人工费	50%

工程类别划分同现场经费。

若土石方填筑等工程项目所利用原料为已计取现场经费、间接费、企业利润和税金的砂石料，则其间接费率选取括号中数值。

表4-7　引水工程及河道工程间接费费率表

序　号	工程类别	计算基础	间接费费率
一	建筑工程		
1	土方工程	直接工程费	4%
2	石方工程	直接工程费	6%
3	模板工程	直接工程费	6%
4	混凝土浇筑工程	直接工程费	4%
5	钻孔灌浆及锚固工程	直接工程费	7%
6	疏浚工程	直接工程费	5%
7	其他工程	直接工程费	5%
二	机电、金属结构设备安装工程	人工费	50%

若工程自采砂石料，则费率标准同枢纽工程。

4. 企业利润

按直接工程费和间接费之和的7%计算。

5. 税金

为了计算简便，在编制概算时，可按下列公式和税率计算

$$税金 = (直接工程费 + 间接费 + 企业利润) \times 税率 \qquad (4-22)$$

税率标准为

建设项目在市区的：3.41%；

建设项目在县城镇的：3.35%；

建设项目在市区或县城镇以外的：3.22%。

4.5.3　建筑工程单价编制

1. 编制依据

编制依据包括以下各项：

（1）已批准的设计文件，包括初步设计书、技术设计书和设计图纸等。

（2）现行水利水电概预算定额。

（3）有关水利水电工程设计概预算的编制规定。

（4）工程所在地区施工企业的工人工资标准及有关文件政策。

（5）本工程使用的材料预算价格及电、水、风、砂、石料等基础单价。

（6）各种有关的合同、协议、决定、指令、工具书等。

2. 编制步骤

（1）了解工程概况，熟悉设计图纸，搜集基础资料，确定取费标准。

（2）根据工程特征和施工组织设计确定的施工条件、施工方法及设备配备情况，正确选用定额子目。

（3）根据本工程基础单价和有关费用标准，计算直接工程费、间接费、企业利润和税金，并加以汇总。

水利部现行规定的建筑工程单价计算可归纳为如下计算程序表，如表4-8所示。

左侧边注：

为了避免材料市场价格起伏变化，造成间接费、利润相应的变化，有些主管部门对主要材料规定了统一的价格，按此价格进入工程单价，计取有关费用，称为取费价格。这种规定上限的基价，亦称为规定价或限价（如砂石料单价限制在70元/m³左右）。材料实际市场价与规定价之差称为材料调差价。超过规定价部分计取税金后称为材料补差价，将其乘以定额用量得出材料补差。

表4-8中的材料差价亦称材料调差价。

表4-8　建筑工程单价计算程序表

序号	项目	计算方法或计算公式
（一）	直接工程费	(1)+(2)+(3)
(1)	直接费	①+②+③
①	人工费	∑定额劳动量(工时)×人工预算单价(元/工时)
②	材料费	∑定额材料用量×材料预算单价
③	机械使用费	∑定额机械使用量(台时)×施工机械台时费(元/台时)
(2)	其他直接费	(1)×其他直接费费率之和
(3)	现场经费	(1)×现场经费费率之和
（二）	间接费	(一)×间接费费率
（三）	企业利润	[(一)+(二)]×企业利润率
（四）	税金	[(一)+(二)+(三)]×税率
（五）	材料补差费	∑定额材料用量×材料差价×(1+税率)
	工程单价合计	[(一)+(二)+(三)+(四)+(五)]

3. 编制方法

建筑工程单价的计算，通常采用"单位估价表"的形式进行。单位估价表是用货币形式表现定额单位产品价格的一种表示，在水利水电工程中现称"工程单价表"。

（1）工程单价表的编制步骤。包括以下几个步骤：

① 按定额编号、工程项目、定额单位、施工方法、名称、单位、数量、单价、合计等分别填入表中相应栏内。其中"名称"一栏，应填写得详细和具体，如人工要分工长、高级工、中级工、初级工等。

② 将定额中的人工、材料、机械等消耗量，以及相应的人工预算单价、材料预算单价和机械台时费分别填入表中各栏。

③ 按"消耗量×单价"的方法，得出相应的人工费、材料费和机械使用费，相加得出直接费。

④ 根据规定的费率标准，计算其他直接费、现场经费、直接工程费、间接费、企业利润、税金等，当存在材料补差时，再计入纳税后的补差，汇总即得出该工程单位产品的价格。

为了简化单价中的有关费率的计算，也可采用较为便捷的综合系数法，即按直接费乘综合系数计算单价。

综合系数 = (1 + 其他直接费率 + 现场经费率) × (1 + 间接费率) ×
(1 + 企业利润率) × (1 + 税金税率) 　　　　(4 - 23)

（2）地区单位估价表的编制。地区单位估价表，是指某一城市或某一区域，根据地方有关规定编制的在该地区统一使用的工程单价表。

统一的工程单价取决于统一的定额和工、料、机械台时（台班）价格，而在同一地区，定额、工资及机械台班费（动力、燃料除外）标准是一致的，只需在组织上和技术上采取适当的措施，制定合理的地区材料预算价格及定期的调整系数，就使统一的地区单位估价表的编制成为可能，从而使逐个工程分别编制大量的单位估价表这一繁重的工作变得较为简便。工民建及市政等部门，都编有地区单位估价表，作为该地区编制工程概预算的法定依据。

由于水利水电工程的用途、等级、标准、自然条件及社会环境等技术经济特点所决定，不宜编制统一的地区单位估价表，而只能按每一工程分别编制，以保证概算编制质量。

4. 建筑工程概算单价计算

《水利建筑工程概算定额》是编制建筑工程概算单价的依据。现行概算定额包括土方开挖工程、石方开挖工程、土石填筑工程、混凝土工程、模板工程、砂石备料工程、钻孔灌浆及锚固工程、疏浚工程、其他工程共九章及附录。

（1）土方开挖工程单价。土方开挖工程由开挖和运输两个主要工序组成。土方开挖工程单价是指从场地清理到将土运输到指定地点所需的各项费用。

影响土方开挖工效的主要因素有：土的类别、运土距离、施工方法、施工条件等。因此，正确确定这些参数是编制土方开挖工程单价的关键。

土的类别分为4级，详见《水利建筑工程概算定额》附录2中的有关分级标准。一般情况下，土的级别越高，开挖的难度越大，工效越低，相应单价越高。开挖形状有沟槽、柱坑、平洞、斜井等，其断面越小，深度越深时，对施工工效的影响就越大。施工条件不同，开挖的工效也就不同。运输距离越长，所需时间也就越长。合理的运输距离应为挖土区的平面中心位置至弃土区（堆土区）的中心位置之间的距离。

土方开挖工程单价计算，按照挖、运不同施工工序，既可采用综合定额计算法，也可采用综合单价计算法。

所谓综合定额计算法就是先将选定的挖、运不同定额子目进行综合，

《水利建筑工程概算定额》按照不同工程种类以及工作内容、施工方法和条件等分别编制。每种定额均有编号，如"人工挖一般土方"的定额有三种，编号分别为10001、10002、10003。

工程单价可先按单工序进行计算（即采用单项定额法计算出工序单价），然后对各工序单价进行综合（简称综合单价法）。也可按不同工序组合进行定额综合计算（简称综合定额法）。可根据工程的具体情况灵活使用两种计算方法。

得到一个挖、运综合定额，而后根据综合定额进行单价计算。综合单价计算法，就是按照不同的施工工序选取不同的定额子目，然后计算出不同工序的分项单价，最后将各工序单价进行综合。

可根据工程的具体情况灵活使用两种计算方法，对于某道工序重复较多时，可采用综合单价法，这样就可以避免每次计算该道工序单价的重复性。如挖土定额相同，只是运输定额不同时，就可以计算一个挖土单价，与不同的运输单价组合，而得到不同的挖、运单价。采用综合定额法计算单价的优点比较突出，由于其人工、材料、机械使用数量都是综合用量，所以对以后进行工料分析计算带来很大方便。

【例 4 - 1】 某工程土方开挖，采用 4 m³ 挖掘机挖装，27 t 自卸汽车运输 1 km 至坝面，试计算土方挖运单价。

解： 基本资料及分析计算如下：

土方为Ⅲ类土；初级工人工费为 3.04 元/工时；施工机械台时费为 4 m³ 液压挖掘机 503.65 元/台时，88 kW 推土机 117.77 元/台时，27 t 自卸汽车 245.19 元/台时。其他直接费率 2%，现场经费费率 9%，间接费率 9%，企业利润率 7%，税率 3.22%。

根据施工条件，查现行《水利建筑工程概算定额》10676 号，进行计算后得出土方挖运单价为 12.14 元/m³。土方挖运单价计算过程见表 4 - 9。

表 4 - 9 土方挖运单价分析表

定额编号：10676 单位：100 m³

施工方法：挖装、运输、卸除、空回					
编　　号	名称及规格	单　　位	单价/元	数　　量	合计/元
一	直接工程费				1 008.30
（一）	直接费				908.38
1	人工费				7.60
	工长	工时	7.11	0	
	高级工	工时	6.61	0	
	中级工	工时	5.62	0	
	初级工	工时	3.04	2.50	7.60
2	材料费				34.94
	零星材料费	%	873.44	4.00	34.94
3	机械使用费				865.84
	挖掘机液压 4 m³	台时	503.65	0.37	186.35
	推土机 88 kW	台时	117.77	0.19	22.38

在《水利工程机械台时费定额》中，其他材料费、零星材料费、其他机械费均以费率（%）形式表示。零星材料费以人工费、机械费之和为计算基数。详见定额的总说明。

施工方法：挖装、运输、卸除、空回					
编　　号	名称及规格	单　　位	单价/元	数　　量	合计/元
	自卸汽车 27 t	台时	245.19	2.68	657.11
（二）	其他直接费	%	908.38	2.000	18.17
（三）	现场经费	%	908.36	9.000	81.75
二	间接费	%	1 008.30	9.000	90.75
三	企业利润	%	1 099.05	7.000	76.93
四	税金	%	1 175.98	3.220	37.87
五	合计				1 213.85

注：单位为 100 m³，其含义是挖运 100 m³（单位）土方所需要消耗的工时（单位）、台时（单位）数量。

（2）石方开挖工程单价。石方开挖工程由开挖和运输两个主要工序组成，包括一般石方、基础石方、坡面、沟槽、坑、平洞、斜井、竖井、地下厂房等石方开挖和石渣运输。开挖定额的工作内容包括钻孔、爆破、撬移、解小、翻渣、清面、修整断面、安全处理、挖排水沟等。

影响开挖工序的主要因素有岩石级别、设计对开挖形状及开挖面的要求、施工方法、施工条件等。因此，正确确定这些参数是编制石方开挖工程单价的关键。

石方开挖工程单价计算按照挖、运不同施工工序，既可采用综合定额计算法，也可采用综合单价计算法。

岩石级别按其成分、性质划分。现行部颁定额将岩、土划分16级，其中Ⅴ至ⅩⅥ级为岩石（见《概算编制规定》附录3）。

【例4-2】 某工程导流洞石方开挖，采用手风钻钻孔爆破，100 m³/h立爪装岩机，5 t 电瓶机车，3.5 m³ 矿车运输，运距200 m，Ⅷ级岩石，开挖断面面积为 60 m²，试计算导流洞石方开挖运输综合单价。

解： 根据施工条件，查现行《水利建筑工程概算定额》20221 号和20438 号，进行计算后得出石方挖运单价为 57.30 元/m³。石方挖运单价计算过程见表4-10。

表4-10 石方挖运单价分析表

定额编号：20221　　　　　　　　　　　　　　　　单位：100 m³

施工方法：钻孔、爆破、撬移、解小、翻渣、清面、修整断面、安全处理、挖排沟坑、挖装、运输、卸除、空回

编　　号	名称及规格	单　　位	单价/元	数　　量	合计/元
一	直接工程费				4 760.50
（一）	直接费				4 288.79

147

续表

编　号	名称及规格	单　位	单价/元	数　量	合计/元
1	人工费				1 433.57
	工长	工时	7.11	7.4	52.61
	高级工	工时	6.61		0.00
	中级工	工时	5.62	109.30	614.27
	初级工	工时	3.04	252.20	766.69
2	材料费				1 249.38
	合金钻头	个	66.01	3.56	235.00
	炸药	kg	3.54	87.00	307.98
	雷管	个	0.62	94.00	58.28
	导线	m	1.65	324.00	534.60
	其他材料费	%	1 135.26	10.00	113.53
3	机械使用费				849.87
	风钻（气腿式）	台时	10.97	14.37	157.64
	风钻（手持式）	台时	8.01	8.06	64.56
	轴流通风机55 kW	台时	42.46	13.30	564.72
	其他机械费	%	786.92	8	62.95
4	辅助工序				755.97
	石渣运输	m³	6.69	113	755.97
（二）	其他直接费	%	4 288.26	2.00	85.77
（三）	现场经费	%	4 288.26	9.00	385.94
二	间接费	%	4 759.97	9.00	428.40
三	企业利润	%	5 188.37	7.00	363.19
四	税金	%	5 551.56	3.22	178.76
五	合计				5 730.84

其他材料费以主要材料费之和为计算基数。

其他机械费以主要机械费之和为计算基数。

当采用相关章节定额子目计算物料运输上坝费用时，应乘以坝面施工干扰系数1.02。

（3）土石填筑工程单价。土石填筑工程包括抛石、砌石、土料及砂石料压实等工程内容。在计算土石填筑工程单价时，应注意土石填筑工程单价未包括土石坝物料的备料、运输单价。若计算综合单价时，应根据相关章节的定额子目，采用综合定额法或综合单价法进行工程单价计算。

（4）混凝土工程单价。混凝土工程包括常态混凝土、碾压混凝土、沥青混凝土、混凝土预制及安装、钢筋制作及安装，以及混凝土拌制、运输、止水等工程内容。混凝土工程可分为现浇混凝土和预制混凝土两大类。现

148

浇混凝土单价一般包括混凝土的拌制、水平运输、垂直运输及浇注四道工序单价。预制混凝土单价一般包括混凝土拌制、运输、预制、预制件运输、预制构件安装等工序单价。混凝土工程单价的计算，应根据相关定额子目，采用综合定额法或单项定额法综合单价进行计算。

（5）模板工程单价。模板工程包括平面模板、曲面模板、异形模板、滑模等模板安装、拆除及制作。

模板工程单价，包括模板及其支撑结构的制作、安装、拆除、场内运输及修理等全部工序的人工、材料和机械费用。模板工程单价的计算，应根据相关定额子目，采用综合定额法或单项定额法综合单价进行计算。

（6）砂石备料工程单价。砂石备料工程包括天然砂石料开采及加工、人工砂石料开采及加工、砂石料运输、石料开采加工及运输。

砂石备料工程单价的计算，应根据施工组织设计确定的砂石备料方案和工艺流程，按相应定额子目计算各加工工序单价，然后累计计算成品单价。

计算砂石料单价时，弃料处理费用应按处理量与骨料总量的比例摊入骨料成品单价。余弃料单价应为选定处理工序处的砂石料单价。

料场覆盖层剥离和无效层处理，按一般土石方工程定额计算费用，并按设计工程量比例摊入骨料成品单价。

砂石备料工程单价的计算，应根据施工组织设计确定的施工方案，选用概预算相关定额子目，采用综合定额法或单项定额法综合单价进行计算。

> 砂石料在加工过程中，由于技术质量要求或级配平衡而产生的余弃料（包括级配余料、级配弃料、超径弃料等）的数量，应以料场勘测资料和级配平衡计算结果为依据。

（7）钻孔灌浆及锚固工程单价。钻孔灌浆及锚固工程包括钻灌浆孔、帷幕灌浆、固结灌浆、回填灌浆、劈裂灌浆、高压喷射灌浆、接缝灌浆、防渗墙造孔及浇筑、振冲桩、冲击钻造灌注桩孔、灌注混凝土桩、减压井、锚杆支护、预应力锚索、喷混凝土、喷浆、挂钢筋网等工程内容。

影响钻孔灌浆及锚固工效的主要因素有岩石（地层）级别、岩石（地层）的透水率、施工方法、施工条件。

钻孔灌浆及锚固工程单价的计算，应根据设计确定的孔深、灌浆压力等参数以及岩石（地层）级别、岩石（地层）的透水率等，按施工组织设计确定的钻机、灌浆方式、施工方法、施工条件，选用概预算相关的定额子目进行计算。单价计算方法与前述单价计算方法相同，只是取费费率不同。

（8）疏浚工程单价。疏浚工程包括绞吸、链斗、抓斗及铲斗式挖泥船、吹泥船、水力冲挖机组以及排泥管的安装、拆除等工程内容。

影响疏浚工程工效的主要因素有土和砂的类别、施工方法、施工条件、施工布置等。

河道疏浚工程土砂分级见《水利建筑工程概算定额》附录4。

绞吸、链斗、抓斗及铲斗式挖泥船和吹泥船开挖水下方的泥土及粉细砂分为Ⅰ~Ⅳ类。疏浚工程工程单价的计算，应按施工组织设计确定的施工方法、施工条件、施工布置以及排泥管线的长度等，选用概预算相关的定额子目进行计算。单价计算方法与前述单价计算方法相同。

（9）其他工程单价。其他工程包括围堰、公路、铁道等临时工程，以及塑料薄膜、土工布、土工膜、复合柔毡铺设、铺草皮等工程内容。

塑料薄膜、土工布、土工膜、复合柔毡铺设的定额，仅指这些防渗（反滤）材料本身的铺设，不包括上面的保护（覆盖）层和下面的垫层砌筑。

现行临时工程定额中的材料用量，均系备料量，未考虑周转回收。周转及回收量可参考有关材料使用寿命及残值资料进行计算。

其他工程工程单价的计算，应按施工组织设计确定的施工方案、施工方法、施工条件等，选用概预算相关的定额子目进行计算。单价计算方法与前述单价计算方法相同。

5. 编制工程概算单价时应注意的问题

建筑安装工程单价由"量、价、费"三要素组成。因此，准确的定量、计价、计费是提高工程单价编制质量的关键。

（1）计算工程量应注意的问题。其数量的确定，应根据设计图纸及施工组织设计等资料，正确选用概算定额的相应子目的规定量。现行定额的计量，是按工程设计几何轮廓尺寸计算，即由完成每一有效单位实体所消耗的人工、材料、机械数量定额组成。其不构成实体的各种施工操作损耗、允许的超挖及超填量、合理的施工附加量、体积变化等，已根据施工技术规范规定的合理的消耗量，计入定额。因此，概预算的项目及工程量的计算应与定额节、目的设置，定额单位和定额的有关规定相一致。

（2）使用定额应注意的问题。应注意工程项目的归属部门，做到专业专用。工程定额与费用定额配套使用。定额的种类应与设计阶段相适应。熟练掌握定额的有关规定，由于各系统之间的标准、习惯有差异，故使用定额前应先阅读总说明和有关章节说明、工作内容、适用范围。切忌按自己的习惯"想当然"。相对于工民建而言，水利水电工程概算编制的最大特点是"定额死，因素活"，同一个工程项目既可以采用人工施工，亦可以采用先进的机械化施工，而不同的施工方法，其工程单价相差很大。因此，概算编制者要根据合理的施工组织设计确定施工因素，以便正确选定额。当遇到定额项目缺项时，可参考相近行业的有关定额进行补充，但费用标准仍执行水利部现行标准，对选定的定额子目内容，不能随意变更或删除。

当缺项定额无相近专业定额可供参考时，可编制新增项目定额，编制方法可参照有关工程定额的编制方法。

在使用现行建筑工程概算定额时也应注意认真阅读总说明和各章说明。

（3）计价、计费应注意的问题。要认真填写工程项目及单位定额人工、材料、机械使用用量，进行工料分析与计算，防止重复或漏算、多算或少算。按规定计入工程单价的其他直接费、现场经费、间接费、企业利润和税金等，其费用按规定的取费标准计算，对于有上限和下限取费标准的，更应注意取费条件的限制，不能随意取值。

4.5.4　安装工程单价编制

安装工程费是项目费用构成中的一个重要组成部分。安装工程单价的编制是设计概算的基础工作，应充分搜集设备型号、重量、价格等有关资料，正确使用安装定额编制单价。

1. 安装工程单价计算方法

水利部发布的现行《水利水电设备安装工程概算定额》采用了实物量和安装费率两种定额表现形式。定额包括的内容为设备安装和构成工程实体的主要装置性材料安装的直接费。安装工程单价中的其他直接费、现场经费、间接费、企业利润和营业税三税税金计算与建筑工程基本相同，只是各种取费费率不同。另外应注意计入定额中未计价装置性材料费。

（1）实物量形式的安装工程单价计算。水利部现行规定的实物量形式安装工程单价计算可归纳为如下计算程序表，如表4-11所示。

表4-11　实物量形式的安装工程单价计算程序表

序号	项　　目	计算方法或计算公式
（一）	直接工程费	（1）+（2）+（3）
（1）	直接费	①+②+③
①	人工费	∑定额劳动量（工时）×人工预算单价（元/工时）
②	材料费	∑定额材料用量×材料预算单价
③	机械使用费	∑定额机械使用量（台时）×施工机械台时费（元/台时）
（2）	其他直接费	（1）×其他直接费率之和
（3）	现场经费	①×现场经费费率之和
（二）	间接费	①×间接费率
（三）	企业利润	[（一）+（二）]×企业利润率
（四）	未计价装置性材料费	∑未计价装置性材料用量×材料预算单价
（五）	税金	[（一）+（二）+（三）+（四）]×税率
（六）	安装工程单价	[（一）+（二）+（三）+（四）+（五）]

（2）安装费率形式的安装工程单价计算。按照水利部现行规定的费率形式，安装工程单价计算可归纳为如下计算程序表，如表4-12所示。

安装工程单价与建筑工程单价的主要区别为安装工程单价比建筑工程单价增加了装置性材料费。另外取费费率的计算基础不同，详见4.5.2节及表4-4至表4-7的相关内容。

定额中的"装置性材料"是专用名词。"装置性材料"本身属材料，但又是被安装的对象，安装后构成工程的实体。

表4－12　安装费率形式的安装工程单价计算程序表

序　号	项　目	计算方法或计算公式
（一）	直接工程费	（1）＋（2）＋（3）
（1）	直接费	①＋②＋③＋④
①	人工费	定额人工费（%）×设备原价
②	材料费	定额材料费（%）×设备原价
③	装置性材料费	定额装置性材料费（%）×设备原价
④	机械使用费	定额机械使用费（%）×设备原价
（2）	其他直接费	（1）×其他直接费率之和
（3）	现场经费	①×现场经费费率之和
（二）	间接费	①×间接费率
（三）	企业利润	［（一）＋（二）］×企业利润率
（四）	税金	［（一）＋（二）＋（三）］×税率
（五）	安装工程单价	［（一）＋（二）＋（三）＋（四）］

2. 使用现行安装工程概算定额要注意的问题

（1）使用现行安装工程概算定额时，要注意认真阅读总说明和各章说明。

（2）若安装工程中含未计价装置性材料费，则计算税金时应计入未计价装置性材料费的税金。

（3）在使用安装费率定额时，以设备原价作为计算基础。安装工程人工费、材料费、机械使用费和装置性材料费均以费率（%）形式表示，除人工费率外，使用时均不作调整。人工费率的调整，应根据定额主管部门当年发布的北京地区人工预算单价，与该工程设计概算采用的人工预算单价进行对比，测算其比例系数，据以调整人工费率指标。

（4）进口设备安装应按现行定额的费率，乘以相应国产设备原价水平对进口设备原价的比例系数，换算为进口设备安装费率。

4.6　分部工程概算编制

4.6.1　第一部分　建筑工程

建筑工程按主体建筑工程、交通工程、房屋建筑工程、外部供电线路工程、其他建筑工程分别采用不同的方法编制。

1. 主体建筑工程

（1）主体建筑工程概算按设计工程量乘以工程单价进行编制。

现行工程量计算按照原水利电力部1988年颁发的《水利工程设计工程量计算规则》执行。

（2）主体建筑工程量应根据《水利工程设计工程量计算规则》，按项目划分要求，计算到三级项目。

（3）当设计对混凝土施工有温控要求时，应根据温控措施设计，计算温控措施费用；也可以经过分析确定指标后，按建筑物混凝土方量进行计算。

（4）细部结构工程。参照水工建筑物工程细部结构指标表确定。

细部结构指标表详见《概算编制规定》表8。

2. 交通工程

交通工程投资按设计工程量乘以单价进行计算；也可根据工程所在地区造价指标或有关实际资料，采用扩大单位指标编制；或可按经审核的委托单位专项概算数列入。

3. 房屋建筑工程

（1）水利工程的永久房屋建筑面积，用于生产和管理办公的部分，由设计单位按有关规定，结合工程规模确定；用于生活文化福利建筑工程的部分，在考虑国家现行房改政策的情况下，按主体建筑工程投资的百分率计算。

根据投资额大小分档，投资小或工程位置偏远者取大值；反之，取小值。具体取值详见《概算编制规定》。

对于枢纽工程，按主体建筑工程投资额的 0.8% ~ 2.0% 计算。

对于引水及河道工程，按主体建筑工程投资额的 0.5% ~ 0.8% 计算。

（2）室外工程投资，一般按房屋建筑工程投资的 10% ~ 15% 计算。

4. 外部供电线路工程

根据设计的电压等级、线路架设长度及所需配备的变配电设施要求，采用工程所在地区造价指标或有关实际资料计算。

5. 其他建筑工程

（1）内外部观测工程按建筑工程属性处理。内外部观测工程项目投资应按设计资料计算。如无设计资料时，可根据坝型或其他工程形式，按照主体建筑工程投资的百分率计算。

当地材料坝	0.9% ~ 1.1%
混凝土坝	1.1% ~ 1.3%
引水式电站（引水建筑物）	1.1% ~ 1.3%
堤防工程	0.2% ~ 0.3%

（2）动力线路、照明线路、通信线路等工程投资，按设计工程量乘以单价或采用扩大单位指标编制。

（3）其余各项按设计要求分析计算。

4.6.2 第二部分 机电设备及安装工程

机电设备及安装工程投资由设备费和安装工程费两部分组成。

1. 设备费

（1）设备原价。以出厂价或设计单位分析论证后的询价为设备原价。

（2）运杂费。运杂费分主要设备运杂费和其他设备运杂费，均按占设备原价的百分率计算。

① 主要设备运杂费率，如表4－13所示。

表4－13　主要设备运杂费率表

设备分类	铁　路		公　路		公路直达基本费率
	基本运距 1 000 km	每增运 500 km	基本运距 50 km	每增运 10 km	
水轮发电机组	2.21%	0.40%	1.06%	0.10%	1.01%
主阀、桥机	2.99%	0.70%	1.85%	0.18%	1.33%
主变压器					
120 000 kV·A 及以上	3.50%	0.56%	2.80%	0.25%	1.20%
120 000 kV·A 以下	2.97%	0.56%	0.92%	0.10%	1.20%

设备由铁路直达或铁路、公路联运时，分别按里程求得费率后叠加计算；如果设备由公路直达，应按公路里程计算费率后，再加公路直达基本费率。

② 其他设备运杂费率，如表4－14所示。

表4－14　其他设备运杂费率表

类别	适 用 地 区	费　率
I	北京、天津、上海、江苏、浙江、江西、安徽、湖北、湖南、河南、广东、山西、山东、河北、陕西、辽宁、吉林、黑龙江等省、直辖市	4%~6%
II	甘肃、云南、贵州、广西、四川、重庆、福建、海南、宁夏、内蒙古、青海等省、自治区、直辖市	6%~8%

工程地点距铁路线近者费率取小值，远者取大值。新疆、西藏地区的费率在表中未包括，可视具体情况另行确定。

运杂综合费率，适用于计算国产设备运杂费。国产设备运杂综合费率乘以相应国产设备原价占进口设备原价的比例系数，即为进口设备国内段运杂综合费率。

（3）运输保险费。按有关规定计算。

（4）采购及保管费。按设备原价、运杂费之和的0.7%计算。

（5）运杂综合费率。

运杂综合费率＝运杂费率＋（1＋运杂费率）×采购及保管费率＋

运输保险费率　　　　　　　　　　（4－24）

（6）交通工具购置费。工程竣工后，为保证建设项目初期生产管理单位正常运行而必须配备的生产、生活、消防车辆和船只的购置费。

此项费用应按表4－15中所列设备数量和国产设备出厂价格加车船附加费、运杂费计算。

表 4-15 交通工具购置指标表

工程类别			设备名称及数量（辆、艘）									
			轿车	载重汽车	工具车	面包车	消防车	越野车	大客车	汽船	机动船	驳船
枢纽工程		大（1）型	2	3	1	2	1	2	1	2	2	
		大（2）型	2	2	1	1	1	1	1	1	2	
大型引水工程	线路长度	>300 km	2	8	6	6		3	3			
		100~300 km	1	6	4	3		2	2			
		≤100 km		3	2	2		1				
大型灌区或排涝工程	灌排面积	>150 万亩	1	6	5	5		2	2			
		50 万~150 万亩	1	2	2	2		1	1			
堤防工程	管理单位级别	1		6		2		2	1	1	2	2
		2		6		1		1	1		2	1
		3		2		1						1

注：堤防工程的管理单位级别请参照水科技〔1996〕414 号文《堤防工程管理设计规范》（SL 171—96）。

2. 安装工程费

安装工程投资按设备数量乘以安装单价进行计算。

4.6.3 第三部分 金属结构设备及安装工程

编制方法同第二部分机电设备及安装工程。

4.6.4 第四部分 施工临时工程

1. 导流工程

按设计工程量乘以工程单价进行计算。

2. 施工交通工程

按设计工程量乘以单价进行计算，也可根据工程所在地区造价指标或有关实际资料，采用扩大单位指标编制。

3. 施工场外供电工程

根据设计的电压等级、线路架设长度及所需配备的变配电设施要求，采用工程所在地区造价指标或有关实际资料计算。

4. 施工房屋建筑工程

施工房屋建筑工程包括施工仓库和办公、生活及文化福利建筑两部分。

如前述用工程量乘相应工程单价的方法计算工程投资，称为单价法。这种方法准确度高，要求设计工作达到基本深度，能计算出分部分项的工程项目和数量。编制主体建筑工程概算时，应采用这种方法。

155

施工仓库，是指为工程施工而临时兴建的设备、材料、工器具等仓库；办公、生活及文化福利建筑，是指施工单位、建设单位（包括监理）及设计代表在工程建设期所需的办公室、宿舍、招待所和其他文化福利设施等房屋建筑工程。

施工房屋建筑工程不包括列入临时设施和其他施工临时工程项目内的电、风、水、通信系统，砂石料系统，混凝土拌和及浇筑系统，木工、钢筋、机修等辅助加工厂，混凝土预制构件厂，混凝土制冷、供热系统，施工排水等生产用房。

（1）施工仓库。建筑面积由施工组织设计确定，单位造价指标根据当地生活福利建筑的相应造价水平确定。

（2）办公、生活及文化福利建筑。应分别计算。

$A/(N \cdot L)$ 为所需工人数。

① 枢纽工程和大型引水工程，按下式计算：

$$I = \frac{A \cdot U \cdot P}{N \cdot L} \cdot K_1 \cdot K_2 \cdot K_3 \qquad (4-25)$$

用综合工程量乘综合指标的方法计算工程投资，称为指标法。这种方法准确度差，主要适用于在初步设计阶段设计深度不足，难于提出具体的工程数量的工程项目。

式中：I——房屋建筑工程投资；

A——建安工作量，按工程一至四部分建安工作量（不包括办公、生活及文化福利建筑和其他施工临时工程）之和乘以（1+其他施工临时工程百分率）计算；

U——人均建筑面积综合指标，按 $12\sim15$ m^2/人标准计算；

P——单位造价指标，参考工程所在地区的永久房屋造价指标（元/m^2）计算；

N——施工年限，按施工组织设计确定的合理工期计算；

L——全员劳动生产率，一般不低于 $60\,000\sim100\,000$ 元/（人·年），施工机械化程度高取大值，反之取小值；

K_1——施工高峰人数调整系数，取 1.10；

K_2——室外工程系数，取 $1.10\sim1.15$，地形条件差的可取大值，反之取小值；

K_3——单位造价指标调整系数，按不同施工年限，采用表 4-16 中的调整系数。

表 4-16 单位造价指标调整系数表

工 期	系 数
2 年以内	0.25
2~3 年	0.40
3~5 年	0.55
5~8 年	0.70
8~11 年	0.80

② 河湖整治工程、灌溉工程、堤防工程、改扩建与加固工程按一至四部分建安工作量的百分率计算，如表4-17所示。

表4-17　河湖整治工程、灌溉工程、堤防工程、改扩建与加固工程建安工作量百分率取值表

工　　期	百　分　率
≤3 年	1.5%~2.0%
>3 年	1.0%~1.5%

5. 其他施工临时工程

按工程一至四部分建安工作量（不包括其他施工临时工程）之和的百分率计算。

（1）枢纽工程和引水工程为3.0%~4.0%；

（2）河道工程为0.5%~1%。

4.6.5　第五部分　独立费用

1. 建设管理费

（1）项目建设管理费。应分项计算。

① 建设单位开办费。对于新建工程，其开办费根据建设单位开办费标准和建设单位定员来确定。对于改扩建与加固工程，原则上不计建设单位开办费。

a. 建设单位开办费标准如表4-18所示。

表4-18　建设单位开办费标准

建设单位人数	20人以下	21~40人	41~70人	71~140人	140人以上
开办费/万元	120	120~220	220~350	350~700	700~850

b. 建设单位定员标准如表4-19所示。

表4-19　建设单位定员表

工程类别及规模			定员人数
枢纽工程	特大型工程	如南水北调	140以上
	综合利用的水利枢纽工程	大（1）型　总库容 >10 亿 m³	70~140
		大（2）型　总库容 1 亿~10 亿 m³	40~70
	以发电为主的枢纽工程	200 万 kW 以上	90~120
		150 万~200 万 kW	70~90
		100 万~150 万 kW	55~70
		50 万~100 万 kW	40~55
		30 万~50 万 kW	30~40
		30 万 kW	20~30
	枢纽扩建及加固工程	大型　总库容 >1 亿 m³	21~35
		中型　总库容 0.1 亿~1 亿 m³	14~21

对于初步设计阶段提供粗略的工程量都有困难，且其准确程度对总投资影响不大的工程，可按某相应工程投资的百分率估算，这种编制方法称为百分率法。

引水及河道工程按总工程计算，不得分段分别计算。

定员人数在两个数之间的，开办费由内插法求得。

续表

工程类别及规模			定员人数
引水及河道工程	大型引水工程	线路总长 > 300 km	84 ~ 140
		线路总长 100 ~ 300 km	56 ~ 84
		线路总长 ≤ 100 km	28 ~ 56
	大型灌溉或排涝工程	灌溉或排涝面积 > 150 万亩	56 ~ 84
		灌溉或排涝面积 50 万 ~ 150 万亩	28 ~ 56
	大江大河整治及堤防加固工程	河道长度 > 300 km	42 ~ 56
		河道长度 100 ~ 300 km	28 ~ 42
		河道长度 ≤ 100 km	14 ~ 28

注：① 当大型引水、灌溉或排涝、大江大河整治及堤防加固工程包含较多的泵站、水闸、船闸时，定员可适当增加。

② 本定员只作为计算建设单位开办费和建设单位人员经常费的依据。

③ 工程施工条件复杂者，取大值；反之，取小值。

② 建设单位经常费。应分项计算。

a. 建设单位人员经常费。根据建设单位定员、费用指标和经常费用计算期进行计算。

编制概算时，应根据工程所在地区和编制年的基本工资、辅助工资、工资附加费、劳动保护费以及费用标准调整"六类（北京）地区建设单位人员经常费用指标表"中的费用。

计算公式为

建设单位人员经常费 = 费用指标[元/(人·年)] × 定员人数 × 经常费用计算期(年)　　　　　　　　　　　　　　　　　　(4-26)

（a）枢纽、引水工程费用指标如表 4-20 所示。

表 4-20　枢纽、引水工程六类（北京）地区建设单位人员经常费用指标表

序号	项　目	计　算　公　式	金额/[元/(人·年)]
1	基本工资		6 420
	工人	400 元/月 × 12 月 × 10%	480
	干部	550 元/月 × 12 月 × 90%	5 940
2	辅助工资		2 446
	地区津贴	北京地区无	
	施工津贴	5.3 元/天 × 365 × 0.95	1 838
	夜餐津贴	4.5 元/工日 × 251 工日 × 30%	339
	节日加班津贴	6 420 ÷ 251 × 10 × 3 × 35%	269

续表

序号	项　目	计 算 公 式	金额/[元/(人·年)]
3	工资附加费		4 432
	职工福利基金	1~2 项之和 8 866 元的 14%	1 241
	工会经费	1~2 项之和 8 866 元的 2%	177
	职工教育经费	1~2 项之和 8 866 元的 1.5%	133
	养老保险费	1~2 项之和 8 866 元的 20%	1 773
	医疗保险费	1~2 项之和 8 866 元的 4%	355
	工伤保险费	1~2 项之和 8 866 元的 1.5%	133
	职工失业保险基金	1~2 项之和 8 866 元的 2%	177
	住房公积金	1~2 项之和 8 866 元的 5%	443
4	劳动保护费	基本工资 6 420 元的 12%	770
5	小计		14 068
6	其他费用	1~4 项之和 14 068 元×180%	25 322
7	合计		39 390

注：工期短或施工条件简单的引水工程费用指标应按河道工程费用指标执行。

（b）河道工程费用指标如表 4-21 所示。

表 4-21　河道工程六类（北京）地区建设单位人员经常费用指标表

序号	项　目	计 算 公 式	金额/[元/(人·年)]
1	基本工资		4 494
	工人	280 元/月×12 月×10%	336
	干部	385 元/月×12 月×90%	4 158
2	辅助工资		1 628
	地区津贴	北京地区无	
	施工津贴	3.5 元/天×365×0.95	1 214
	夜餐津贴	4.5 元/工日×251 工日×20%	226
	节日加班津贴	4494÷251×10×3×35%	188
3	工资附加费		3 060
	职工福利基金	1~2 项之和 6 122 元的 14%	857
	工会经费	1~2 项之和 6 122 元的 2%	122
	职工教育经费	1~2 项之和 6 122 元的 1.5%	92
	养老保险费	1~2 项之和 6 122 元的 20%	1 224
	医疗保险费	1~2 项之和 6 122 元的 4%	245
	工伤保险费	1~2 项之和 6 122 元的 1.5%	92
	职工失业保险基金	1~2 项之和 6 122 元的 2%	122
	住房公积金	1~2 项之和 6 122 元的 5%	306

续表

序号	项　目	计 算 公 式	金额/[元/(人·年)]
4	劳动保护费	基本工资 4 494 元的 12%	539
5	小计		9 721
6	其他费用	1～4 项之和 9 721 元×180%	17 498
7	合计		27 219

（c）经常费用计算期。根据施工组织设计确定的施工总进度和总工期，建设单位人员从工程筹建之日起，至工程竣工之日加六个月止，为经常费用计算期。其中，大型水利枢纽工程、大型引水工程、灌溉或排涝面积大于 150 万亩工程等的筹建期为 1～2 年，其他工程的筹建期为 0.5～1 年。

b. 工程管理经常费。枢纽工程及引水工程一般按建设单位开办费和建设单位人员经常费之和的 35%～40% 计取；改扩建与加固工程、堤防及疏浚工程按 20% 计取。

（2）工程建设监理费。建设监理费通常按所监理工程概（预）算的百分比计收，或按照参与监理工作的年度平均人数计算。具体收费标准由建设单位和监理单位按照国家及省、自治区、直辖市计划（物价）部门有关规定进行协商确定。

（3）联合试运转费。按水利部现行规定联合试运转费费用指标确定，如表 4－22 所示。

表 4－22　联合试运转费用指标表

水电站工程	单机容量/(万元/kW)	≤1	≤2	≤3	≤4	≤5	≤6	≤10	≤20	≤30	≤40	>40
	费用/(万元/台)	3	4	5	6	7	8	9	11	12	16	22
泵站工程	电力泵站	每千瓦 25～30 元										

2. 生产准备费

（1）生产及管理单位提前进厂费。枢纽工程按一至四部分建安工作量的 0.2%～0.4% 计算，大（1）型工程取小值，大（2）型工程取大值。

引水和灌溉工程视工程规模参照枢纽工程计算。

改扩建与加固工程、堤防及疏浚工程原则上不计此项费用，若工程中含有新建大型泵站、船闸等建筑物，按建筑物的建安工作量参照枢纽工程费率适当计列。

此处的建安工作量是以货币表现的建筑产品总量，它是反映建筑安装施工活动成果的一项综合性指标。建筑安装工作量（简称建安工作量）应按预算价格计算，由建安工程单价乘以工程量，汇总求得总量。

（2）生产职工培训费。枢纽工程按一至四部分建安工作量的0.3%~0.5%计算，大（1）型工程取小值，大（2）型工程取大值。

引水工程和灌溉工程视工程规模参照枢纽工程计算。

改扩建与加固工程、堤防及疏浚工程原则上不计此项费用，若工程中含有新建大型泵站、船闸等建筑物，按建筑物建安工作量参照枢纽工程费率适当计列。

（3）管理用具购置费。枢纽工程按一至四部分建安工作量的0.02%~0.08%计算，大（1）型工程取小值，大（2）型工程取大值。

引水工程及河道工程按建安工作量的0.02%~0.03%计算。

（4）备品备件购置费。按占设备费的0.4%~0.6%计算。大（1）型工程取下限，其他工程取中、上限。

（5）工器具及生产家具购置费。按占设备费的0.08%~0.2%计算。枢纽工程取下限，其他工程取中、上限。

3. 科研勘测设计费

（1）工程科学研究试验费。按工程建安工作量的百分率计算。其中，枢纽和引水工程取0.5%；河道工程取0.2%。

（2）工程勘测设计费。按照原国家计委、建设部计价格〔2002〕10号文发布的《工程勘察设计收费管理规定》执行。

4. 建设及施工场地征用费

具体编制方法和计算标准参照移民和环境部分概算编制规定执行。

5. 其他

（1）定额编制管理费。按照国家及省、自治区、直辖市计划（物价）部门有关规定计收。

（2）工程质量监督费。按照国家及省、自治区、直辖市计划（物价）部门有关规定计收。

（3）工程保险费。按工程一至四部分投资合计的4.5‰~5.0‰计算。

（4）其他税费。按国家有关规定计取。

4.7 分年度投资及资金流量

4.7.1 分年度投资

分年度投资是根据施工组织设计确定的施工进度和合理工期而计算出的工程各年度预计完成的投资额。

1. 建筑工程

（1）建筑工程分年度投资表应根据施工进度的安排，对主要工程按各

> 设备费应包括机电设备、金属结构设备以及运杂费等全部费用。电站、泵站同容量、同型号机组超过一台时，只计算一台的设备费。

> 施工组织设计总进度表是编制分年度投资表的依据，原则上按表4-28编制分年度投资。

单项工程分年度完成的工程量和相应的工程单价计算。对于次要的和其他工程，可根据施工进度，按各年所占完成投资的比例，摊入分年度投资表。

（2）建筑工程分年度投资的编制至少应按二级项目中的主要工程项目分别反映各自的建筑工作量。

2. 设备及安装工程

设备及安装工程分年度投资应根据施工组织设计确定的设备安装进度计算各年预计完成的设备费和安装费。

3. 费用

根据费用的性质和费用发生的时段，按相应年度分别进行计算。

4.7.2 资金流量

资金流量是为满足工程项目在建设过程中各时段的资金需求，按工程建设所需资金投入时间计算的各年度使用的资金量。

资金流量表的编制以分年度投资表为依据，按建筑安装工程、永久设备工程和独立费用三种类型分别计算。本资金流量计算办法主要用于初步设计概算。

1. 建筑及安装工程资金流量

（1）建筑工程可根据分年度投资表的项目划分，考虑一级项目中的主要工程项目，以归项划分后各年度建筑工作量作为计算资金流量的依据。

（2）资金流量是在原分年度投资的基础上，考虑预付款、预付款的扣回、保留金和保留金的偿还等编制出的分年度资金安排。

（3）预付款一般可划分为工程预付款和工程材料预付款两部分。

① 工程预付款。按划分的单个工程项目的建安工作量的10%～20%计算，工期在三年以内的工程全部安排在第一年，工期在三年以上的可安排在前两年。工程预付款的扣回从完成建安工作量的30%起开始，按完成建安工作量的20%～30%扣回至预付款全部回收完毕为止。

对于需要购置特殊施工机械设备或施工难度较大的项目，工程预付款可取大值，其他项目取中值或小值。

② 工程材料预付款。由于水利工程一般规模较大，所需材料的种类及数量较多，提前备料所需资金较大，因此考虑向承包商支付一定数量的材料预付款。可按分年度投资中次年完成建安工作量的20%在本年提前支付，并于次年扣回，依此类推，直至本项目竣工。

（4）保留金。水利工程的保留金，按建安工作量的2.5%计算。在概

工程建设工期包括工程筹建期、施工准备期、主体工程施工期、工程完建期四个阶段，工程施工总工期为后三项之和。

算资金流量计算时，按分项工程分年度完成建安工作量的5%扣留至该项工程全部建安工作量的2.5%时终止（即完成建安工作量的50%时），并将所扣的保留金100%计入该项工程终止后一年（如该年已超出总工期，则此项保留金计入工程的最后一年）的资金流量表内。

2. 永久设备工程资金流量

永久设备工程资金流量计算，划分为主要设备和一般设备两种类型分别计算。

（1）主要设备的资金流量计算，按设备到货周期确定各年资金流量比例，具体比例见表4－23。

表4－23　设备到货周期资金流量比例表

年份 到货周期	第1年	第2年	第3年	第4年	第5年	第6年
1 年	15%	75%*	10%			
2 年	15%	25%	50%*	10%		
3 年	15%	25%	10%	40%*	10%	
4 年	15%	25%	10%	10%	30%*	10%

注：① 表中带 * 号的年份为设备到货年份。

②主要设备为水轮发电机组、大型水泵、大型电机、主阀、主变压器、桥机、门机、高压断路器或高压组合电器、金属结构闸门启闭设备等。

（2）其他设备，其资金流量按到货前一年预付15%定金，到货年支付85%的剩余价款。

3. 独立费用资金流量

独立费用资金流量主要是勘测设计费的支付方式应考虑质量保证金的要求，其他项目则均按分年投资表中的资金安排计算。

（1）可行性研究和初步设计阶段勘测设计费按合理工期分年平均计算。

（2）技术施工阶段勘测设计费的95%按合理工期分年平均计算，其余5%的勘测设计费用作为设计保证金，计入最后一年的资金流量表内。

4.8　预备费、建设期融资利息、静态总投资、总投资计算方法

4.8.1　预备费计算

1. 基本预备费

计算方法：根据工程规模、施工年限和地质条件等不同情况，按工程

合理工期一般按工程筹建期第一年之日起至第一台机组发电之日止为计算周期。

勘测设计质量保证金是指为保证勘测设计质量由建设单位按合同要求而扣留一定比例的勘测设计费作为勘测设计保证金。

如 4.3.5 节所述预备费包括基本预备费和价差预备费两项。

一至五部分投资合计（依据分年度投资表）的百分率计算。

初步设计阶段为 5.0%～8.0%。

2. 价差预备费

计算时根据施工年限，以资金流量表的静态投资为计算基数。按照原国家计委根据物价变动趋势，适时调整和发布的年物价指数计算。计算公式为

$$E = \sum_{n=1}^{N} F_n \left[(1 + p)^n - 1 \right] \qquad (4-27)$$

式中：E——价差预备费；

$\qquad N$——合理建设工期；

$\qquad N$——施工年度；

$\qquad F_n$——建设期间资金流量表内第 n 年的投资；

$\qquad p$——年物价指数。

4.8.2 建设期融资利息计算

计算公式为

$$S = \sum_{n=1}^{N} \left[\left(\sum_{m=1}^{n} F_m b_m - \frac{1}{2} F_n b_n \right) + \sum_{m=0}^{n-1} S_m \right] i \qquad (4-28)$$

式中：S——建设期融资利息；

$\qquad N$——合理建设工期；

$\qquad n$——施工年度；

$\qquad m$——还息年度；

$\qquad F_n$，F_m——在建设期资金流量表内第 n、m 年的投资；

$\qquad b_n$，b_m——各施工年份融资额占当年投资的比例；

$\qquad i$——建设期融资利率；

$\qquad S_m$——第 m 年的付息额度。

4.8.3 静态总投资计算

工程一至五部分投资与基本预备费之和构成静态总投资。

4.8.4 总投资计算

注意静态总投资与总投资的区别和关系。

工程一至五部分投资、基本预备费、价差预备费、建设期融资利息之和构成总投资。

编制总概算表时，在第五部分独立费用之后，按顺序计列以下项目。

（1）一至五部分投资合计；

（2）基本预备费；

（3）静态总投资；

（4）价差预备费；

（5）建设期融资利息；

（6）总投资。

4.9　概算表格

水利水电工程概算中包括大量表格。有关规范对表格的格式、内容等做了规定。以下对概算表格进行简要介绍。

4.9.1　工程概算总表

工程概算总表是由工程部分的总概算表与移民和环境部分的总概算表汇总而成，详见表4－24。

表4－24　工程概算总表　　　　　单位：万元

序号	工程或费用名称	建安工程费	设备购置费	独立费用	合计
I	工程部分投资 ⋮ 静态总投资 ⋮ 总投资				
II	移民环境投资 ⋮ 静态总投资 ⋮ 总投资				
III	工程投资总计				
	静态总投资				
	总投资				

表中 I 是工程部分总概算表；

表中 II 是移民环境总概算表；

表中 III 为前两部分合计静态总投资和总投资。

4.9.2 概算表

概算表包括总概算表、建筑工程概算表、设备及安装工程概算表、分年度投资表、资金流量表。

1. 总概算表

按项目划分的五部分填表并列至一级项目。五部分之后的内容为：一至五部分投资合计、基本预备费、静态总投资、价差预备费、建设期融资利息、总投资，详见表4-25。

表4-25　总概算表　　　　　　单位：万元

序号	工程或费用名称	建安工程费	设备购置费	独立费用	合计	占一至五部分投资/%
	各部分投资					
	一至五部分投资合计					
	基本预备费					
	静态总投资					
	价差预备费					
	建设期融资利息					
	总投资					

2. 建筑工程概算表

按项目划分列至三级项目，详见表4-26。

表4-26　建筑工程概算表

序号	工程或费用名称	单　位	数　量	单价/元	合计/元

注：本表适用于编制建筑工程概算、施工临时工程概算和独立费用概算。

3. 设备及安装工程概算表

按项目划分列至三级项目，详见表4-27。

表4-27　设备及安装工程概算表

序号	名称及规格	单位	数量	单价/元		合计/元	
				设备费	安装费	设备费	安装费

注：本表适用于编制机电和金属结构设备及安装工程概算。

4. 分年度投资表

可视不同情况按项目划分列至一级项目,见表4-28。枢纽工程原则上按表4-28编制分年度投资,为编制资金流量表做准备。某些工程施工期较短可不编制资金流量表,因此其分年度投资表的项目可按工程部分总概算表的项目列入。

表4-28　分年度投资表　　　　单位:万元

项　　目	合计	建设工期/年							
		1	2	3	4	5	6	7	8
一、建筑工程									
1. 建筑工程									
×××工程(一级项目)									
2. 施工临时工程									
×××工程(一级项目)									
二、安装工程									
1. 发电设备安装工程									
2. 变电设备安装工程									
3. 公用设备安装工程									
4. 金属结构设备安装工程									
三、设备工程									
1. 发电设备									
2. 变电设备									
3. 公用设备									
4. 金属结构设备									
四、独立费用									
1. 建设管理费									
2. 生产准备费									
3. 科研勘测设计费									
4. 建设及施工场地征用费									
5. 其他									
一至四部分合计									

5. 资金流量表

可视不同情况按项目划分列至一级或二级项目,详见表4-29。

表 4 - 29 资金流量表　　　　　　　　单位：万元

项　　目	合计	建设工期/年							
		1	2	3	4	5	6	7	8
一、建筑工程									
分年度资金流量									
×××工程									
……									
二、安装工程									
分年度资金流量									
三、设备工程									
分年度资金流量									
四、独立费用									
分年度资金流量									
一至四部分合计									
分年度资金流量									
基本预备费									
静态总投资									
价差预备费									
建设期融资利息									
总投资									

4.9.3　概算附表

概算附表包括建筑工程单价汇总表（见表 4 - 30）、安装工程单价汇总表（见表 4 - 31）、主要材料预算价格汇总表（见表 4 - 32）、次要材料预算价格汇总表（见表 4 - 33）、施工机械台时费汇总表（见表 4 - 34）、主要工程量汇总表（见表 4 - 35）、主要材料量汇总表（见表 4 - 36）、工时数量汇总表（见表 4 - 37）、建设及施工场地征用数量汇总表（见表 4 - 38）。

1. 建筑工程单价汇总表

表 4 - 30　建筑工程单价汇总表　　　　　　　　单位：元

序号	名称	单位	单价	其　　中							
				人工费	材料费	机械使用费	其他直接费	现场经费	间接费	企业利润	税金

2. 安装工程单价汇总表

表4-31　安装工程单价汇总表　　　　　　单位：元

序号	名称	单位	单价	其　中								
				人工费	材料费	机械使用费	装置性材料费	其他直接费	现场经费	间接费	企业利润	税金

3. 主要材料预算价格汇总表

表4-32　主要材料预算价格汇总表　　　　　　单位：元

序号	名称及规格	单位	预算价格	其　中			
				原价	运杂费	运输保险费	采购及保管费

4. 次要材料预算价格汇总表

表4-33　次要材料预算价格汇总表　　　　　　单位：元

序号	名称及规格	单　位	原　价	运　杂　费	合　计

5. 施工机械台时费汇总表

表4-34　施工机械台时费汇总表　　　　　　单位：元

序号	名称及规格	台时费	其　中				
			折旧费	修理及替换设备费	安拆费	人工费	动力燃料费

6. 主要工程量汇总表

表4-35　主要工程量汇总表

序号	项目	土石方明挖/m³	石方洞挖/m³	土石方填筑/m³	混凝土/m³	模板/m²	钢筋/t	帷幕灌浆/m	固结灌浆/m

7. 主要材料量汇总表

表4-36　主要材料量汇总表

序号	项目	水泥/t	钢筋/t	钢材/t	木材/m³	炸药/t	沥青/t	粉煤灰/t	汽油/t	柴油/t

8. 工时数量汇总表

表 4 - 37　工时数量汇总表

序　号	项　目	工 时 数 量	备　注

9. 建设及施工场地征用数量汇总表

表 4 - 38　建设及施工场地征用数量汇总表

序　号	项　目	占地面积/亩	备　注

4.9.4　概算附件附表

概算附件附表包括人工预算单价计算表（见表 4 - 39）、主要材料运输费用计算表（见表 4 - 40）、主要材料预算价格计算表（见表 4 - 41）、混凝土材料单价计算表（见表 4 - 42）、建筑工程单价表（见表 4 - 43）、安装工程单价表（见表 4 - 44）、资金流量计算表（见表 4 - 45）、主要技术经济指标表。

1. 人工预算单价计算表

表 4 - 39　人工预算单价计算表

地区　类别		定额人工等级	
序号	项　目	计算式	单价/元
1	基本工资		
2	辅助工资		
(1)	地区津贴		
(2)	施工津贴		
(3)	夜餐津贴		
(4)	节日加班津贴		
3	工资附加费		
(1)	职工福利基金		
(2)	工会经费		
(3)	养老保险费		
(4)	医疗保险费		
(5)	工伤保险费		

地区　类别		定额人工等级	
序号	项　目	计算式	单价/元
（6）	职工失业保险基金		
（7）	住房公积金		
4	人工工日预算单价		
5	人工工时预算单价		

2. 主要材料运输费用计算表

表4-40　主要材料运输费用计算表

编号		1	2	3	材料名称		材料编号	
交货条件					运输方式	火车	汽车	船运	火车	
交货地点					货物等级			整车	零担
交货比例（%）					装载系数				
编号	运输费用项目	运输起讫地点	运输距离/km	计算公式		合计/元		
1	铁路运杂费							
	公路运杂费							
	水路运杂费							
	场内运杂费							
	综合运杂费							
2	铁路运杂费							
	公路运杂费							
	水路运杂费							
	场内运杂费							
	综合运杂费							
3	铁路运杂费							
	公路运杂费							
	水路运杂费							
	场内运杂费							
	综合运杂费							
每吨运杂费								

3. 主要材料预算价格计算表

表 4 - 41   主要材料预算价格计算表

编号	名称及规格	单位	原价依据	单位毛重/t	每吨运费/元	价格/元					
						原价	运杂费	采购及保管费	运到工地分仓库价格	保险费	预算价格

4. 混凝土材料单价计算表

表 4 - 42   混凝土材料单价计算表   单位：m³

编号	混凝土标号	水泥强度等级	级配	预 算 量						单价/元
				水泥/kg	掺和料/kg	砂/m³	石子/m³	外加剂/kg	水/kg	

5. 建筑工程单价表

表 4 - 43   建筑工程单价表

定额编号：   项目：   定额单位：

施工方法：

编号	名称	单位	数量	单价/元	合计/元

6. 安装工程单价表

表 4 - 44   安装工程单价表

定额编号：   项目：   定额单位：

型号规格：

编号	名称	单位	数量	单价/元	合计/元

7. 资金流量计算表

表 4 - 45   资金流量计算表   单位：万元

项　　目	合计	建设工期/年							
		1	2	3	4	5	6	7	8
一、建筑工程									
（一）×××工程									

续表

项　　目	合计	建设工期/年							
		1	2	3	4	5	6	7	8
1. 分年度完成工作量									
2. 预付款									
3. 扣回预付款									
4. 保留金									
5. 偿还保留金									
（二）×××工程									
……									
二、安装工程									
1. 分年度完成安装费									
2. 预付款									
3. 扣回预付款									
4. 保留金									
5. 偿还保留金									
三、设备工程									
1. 分年度完成设备费									
2. 预付款									
3. 扣回预付软									
4. 保留金									
5. 偿还保留金									
四、独立费用									
1. 分年度费用									
2. 保留金									
3. 偿还保留金									
一至四部分合计									
1. 分年度工作量									
2. 预付款									
3. 扣回预付款									
4. 保留金									
5. 偿还保留金									
基本预备费									
静态总投资									
价差预备费									
建设期融资利息									
总投资									

8. 主要技术经济指标表

本表可根据工程具体情况进行编制，反映出主要技术经济指标即可。

4.10 工程概算实例

为了进一步说明前面介绍的设计总概算编制方法，现举某水库设计总概算编制实例，供编制概预算时参考。

4.10.1 编制说明

1. 工程概况

某水库工程为某流域规划的一座大型综合利用水利枢纽工程，水库控制流域面积 1 915 km²，水库主要任务是以防洪、发电、工业及生活供水为主，兼顾灌溉等综合利用。水库设计洪水标准为 100 年一遇，校核洪水标准为 2 000 年一遇，校核洪水位为 275.0 m，水库总库容为 6.08 亿 m³。

主要建筑物有大坝、泄洪洞、溢洪道和输水洞及电站等，工程等级为一等。水库对外交通运输条件尚好。水库淹没土地及移民人数分别为 0.52 万亩和 1.27 万人，移民大多迁移到某市。主体建筑工程土石方开挖 409.98 万 m³，土石填筑 572.99 万 m³，混凝土 24.30 万 m³。主要材料用量为水泥 102 316 t，钢筋 10 248 t，钢材 2 485 t，木材 1 296 m³，炸药 2 859 t，汽油 12 t，柴油 14 965 t，砂 21.36 万 m³，碎石 39.25 万 m³。施工总工期为 5 年，施工总工日为 226.01 万个。

2. 投资主要指标

可行性研究估算工程静态总投资为 99 034.44 万元，总投资为 106 849.87 万元。

3. 编制原则及依据

（1）初步设计概算按 2002 年年底价格水平编制。

（2）依据中华人民共和国水利部水总〔2002〕116 号文发布的《水利工程设计概（估）算编制规定》，制定了《某水库工程初步设计概算编制大纲》，作为概算编制的指导原则。

（3）采用定额如下。

① 中华人民共和国水利部水总〔2002〕116 号文发布的《水利建筑工程概算定额》。

② 中华人民共和国水利部水总〔2002〕116 号文发布的《水利工程施工机械台时费定额》。

③ 中华人民共和国水利部水建管〔1999〕523 号文发布的《水利水电

设备安装工程概算定额》。

④ 水利部〔1981〕水劳字第 22 号文颁发的《水利工程管理单位编制定员试行标准（SLJ 705—81）》。

⑤ 某市工程造价管理站有关基本建设工程建材价格、运距规定。

⑥ 按设计图纸和相关规范计算的工程量。

（4）有关取费费用标准如下。

① 人工预算单价，本工程地区为国家六类工资区，地区工资系数按原劳动部规定取 1.0。基本工资标准，工长为 550 元/月，高级工为 500 元/月，中级工为 400 元/月，初级工为 270 元/月。辅助工资标准中地区津贴取为 0，施工津贴取 5.3 元/天（初级工按 50% 计取），夜餐津贴取 $0.5 \times (4.5 + 3.5)$ 元/天。工长、高中级工工资附加费标准如下：职工福利基金取 14%，工会经费取 2%，养老保险费取 20%，医疗保险费取 4%，工伤保险费取 1.5%，职工失业保险基金取 1.5%，住房公积金取 5%；初级工工资附加费标准如下：职工福利基金取 7%，工会经费取 1%，养老保险费取 10%，医疗保险费取 2%，工伤保险费取 1.5%，职工失业保险基金取 1%，住房公积金取 2.5%。年有效工作天数为 251 工日，日有效工作时间为 8 工时/工日。经计算人工预算单价为工长 56.84 元/工日（7.11 元/工时），高级工 52.89 元/工日（6.61 元/工时），中级工 44.99 元/工日（5.62 元/工时），初级工 24.34 元/工日（3.04 元/工时）。

② 材料预算单价。对于用量多、影响工程投资大的主要材料，如钢材、木材、水泥、油料、火工产品等，需要编制材料预算价格。其计算公式为：

材料预算价格 =（材料原价 + 包装费 + 运杂费）×
（1 + 采购及保管费率）+ 运输保险费

材料原价按某市大的物资供应公司、材料交易中心的市场成交价计算；包装费取为 0，运杂费等于运输费加上装卸费，单位运价为 0.39 元/（km·t），运距为某市到工程所在地的距离 15 km，装卸费为 20 元/t，采购及保管费率按材料运到工地仓库价格（不包括运输保险费）的 3% 计算，运输保险费按 2% 计算。次要材料按某市现行价格取定。

③ 工程当地材料块石、碎石由料场开采加工获得。块石采用石料场经钻孔爆破开采，装自卸汽车后直接运输至施工工作现场。碎石采用石料场经钻孔爆破开采运输到碎石加工厂，经粗碎、中碎、筛分后运至现场。工程用砂原则上也由料场开采石料经加工获得。

④ 按照工程所在地的实际情况，施工用电由国家电网供给，经计算，价格为 0.45 元/（kW·h）；风、水由施工单位自备，计算后的预算价分别

为 0.1 元/m³ 和 0.6 元/m³。

⑤ 施工机械使用费。根据《水利工程施工机械台时费定额》及有关规定计算，由两类费用组成，第一类费用包括折旧费、修理及替换设备费（含大修理费、经常性修理费）和安装拆卸费，按 2002 年度价格水平计算并用金额表示；第二类费用包括人工、动力、燃料或消耗材料，以工时数量和实物消耗量表示，其费用按国家规定的人工工资计算方法和某市的物价水平分别计算。

⑥ 混凝土单价。根据设计确定的不同混凝土标号、级配和龄期，分别计算出每立方米混凝土材料的单价，记入相应的混凝土概算单价内。其混凝土配合比参照《水利建筑工程概算定额》附录混凝土材料配合表计算。

⑦ 建筑安装工程单价由直接工程费、间接费、企业利润、税金四部分组成。

直接工程费由直接费、其他直接费、现场经费三部分组成。

直接费包括人工费、材料费、机械使用费，按单价乘以定额用量计算；

其他直接费取费标准以直接费为基础，费率为 2.0%；

现场经费取费标准以直接费为基础，费率为土石方工程 9.0%、砂石备料工程 2.0%、模板工程 8.0%、混凝土工程 8.0%、钻孔灌浆及锚固工程 7.0%、其他工程 7.0%。

间接费取费标准以直接工程为基础，费率为土石方工程 9.0%、砂石备料工程 6.0%、模板工程 6.0%、混凝土工程 5.0%、钻孔灌浆及锚固工程 7.0%、其他工程 7.0%。

企业利润按直接工程费与间接费之和的 7.0% 计算。

税金按直接工程费、间接费与企业利润之和的 3.22% 计算。

⑧ 机电、金属结构设备安装工程现场经费费率为人工费的 45%、间接费费率为人工费的 50%。

⑨ 设备原价。机电设备和金属结构设备价格均采用现行价，以出厂价为原价；非定型和非标准产品，采用对生产厂家的询价或报价计算设备价格。暂按国内价列计。

运杂费分别按主要设备和其他设备，以占设备原价百分率计算。

⑩ 其他费用。按费用标准中的有关要求计取。

⑪ 预备费。基本预备费，按一至五部分投资合计的 5% 计算；价差预备费，执行计投资〔1999〕1340 号《国家计委关于加强对基本建设大中型项目概算中"价差预备费"管理有关问题的通知》，物价指数按零计算。

⑫ 建设期融资利息。按国内贷款额度及其相应贷款利息 6.21% 计算。

⑬ 移民和环境部分按照《水利水电工程建设征地移民补偿投资概

由式（4-27）可知，此时算得的价差预备费值为 0（因 1999 年前后市场物价变化较少，故作此规定）。

（估）算编制规定》《水利水电工程环境保护设计概（估）算编制规程》和《水土保持工程概（估）算编制规定》，编制相应的设计概算并提出专题报告。

4.10.2　总概算表及分项概算表

总概算表和分项概算表如表 4-46，以及表 4-47 至表 4-51 所示。

表 4-46　总概算表　　　　单位：万元

编号	工程或费用名称	建安工程费	设备购置费	独立费用	合计	占一至五部分合计
I	枢纽工程					
	第一部分　建筑工程	49 887.96			49 887.96	67.22%
一	混凝土面板堆石坝	26 019.02			26 019.02	
二	溢洪道工程	4 903.46			4 903.46	
三	泄洪洞工程	12 525.63			12 525.63	
四	输水洞工程	1 813.18			1 813.18	
五	发电站工程	747.45			747.45	
六	交通工程	2 108.00			2 108.00	
七	房屋建筑工程	586.08			586.08	
八	其他永久工程	820.00			820.00	
九	内部观测工程	365.14			365.14	
	第二部分　机电设备及安装	270.63	3 292.75		3 563.38	4.80%
一	发电机设备及安装	136.29	1 113.60		1 249.89	
二	升压变电设备及安装	117.42	722.05		839.47	
三	其他设备及安装	16.93	795.15		795.15	
四	场外供电工程	16.92	661.95		678.87	
	第三部分　金属结构设备及安装工程	484.09	2 033.45		2 517.54	3.39%
一	输水洞	128.73	226.40		355.13	
二	电站尾水闸门	89.25	21.40		110.65	
三	泄洪洞闸门	196.54	1 263.48		1 460.02	
四	溢洪道闸门	69.57	522.17		591.74	

续表

编号	工程或费用名称	建安工程费	设备购置费	独立费用	合计	占一至五部分合计
	第四部分　施工临时工程	9 119.20			9 119.20	12.29%
一	施工导流工程	2 991.74			2 991.74	
二	施工交通工程	1 628.50			1 628.50	
三	施工房屋建筑工程	2 238.05			2 238.05	
四	其他施工临时工程	2 260.91			2 260.91	
	第五部分　独立费用			9 128.28	9 128.28	12.30%
一	建设管理费			1 656.40	1 656.40	
二	生产准备费			613.52	613.52	
三	科研勘测设计费			4 105.59	4 105.59	
四	建设及施工场地征用费			448.00	448.00	
五	其　他			2 304.77	2 304.77	
	一至五部分合计	59 761.88	5 326.20	9 128.28	74 216.37	100.00%
	预备费				3 688.26	
	其中：基本预备费				3 688.26	
	价差预备费					
	建设期融资利息				7 815.42	
	静态总投资				77 904.63	
	总投资				85 720.05	
Ⅱ	水库淹没处理补偿					
一	农村移民安置费	17 670.85			17 670.85	
二	专业项目恢复费	1 236.79			1 236.79	
三	防护工程	102.64			102.64	
四	库底清理	296.64			296.64	
	一至四部分合计	19 306.70			19 306.70	
五	其他费用	1 246.76			1 246.76	
	预备费	1 027.67			1 027.67	
	基本预备费	1 027.67			1 027.67	
	价差预备费					
	静态总投资	21 581.12			21 581.13	
	总投资	21 581.12			21 581.13	
Ⅲ	工程总投资合计					
	静态总投资				99 485.76	
	总投资				107 301.18	

表 4-47　建筑工程概算表

编号	单价序号	工程或费用名称	单位	数量	单价/元	合计/万元
		第一部分　建筑工程				49 887.96
一		混凝土面板堆石坝工程				26 019.02
（一）		基础开挖工程	m³			1 708.22
	1	坝基土方开挖	m³	194 281	12.14	235.86
	29	河槽砂砾石开挖	m³	467 846	12.28	574.51
	5	坝基强风化岩开挖	m³	182 990	29.12	532.87
	6	坝基弱风化岩开挖	m³	25 932	33.68	87.34
	7	河槽坡积物开挖	m³	153 030	12.41	189.91
	8	两岩坡积物开挖	m³	63 210	13.88	87.74
（二）		坝体土石填筑工程	m³			16 955.51
	32	坝体灰岩垫层	m³	179 464	83.00	1 489.55
	…	特殊垫层料	m³	3 983	83.29	33.17
		灰岩过渡层	m³	236 908	43.88	1 039.55
		利用溢洪道开挖方（灰岩）	m³	1 375 500	21.24	2 921.56
		料场开挖方（灰岩）	m³	2 401 885	33.33	8 005.48
		利用溢洪道开挖方（页岩）	m³	786 000	21.14	1 661.60
		利用泄洪洞开挖方（页岩）	m³	605 583	20.14	1 219.64
		上游废石渣填筑	m³	49 494	18.63	92.21
		上游黏性土填筑	m³	50 654	13.37	67.72
		下游大块石护坡	m³	46 059	89.90	414.07
		下游排水沟浆砌石	m³	650	168.22	10.93
（三）		混凝土及钢筋混凝土工程	m³			4 532.83
		面板 250 号混凝土	m³			3 151.72
		趾板 250 号混凝土	m³			625.72
		防浪墙 250 号混凝土	m³			293.68
		150 号路面混凝土	m³			244.59
		150 号路沿石	m³			15.74
		100 号趾板垫层	m³			31.54
		100 号坝基断层带处理	m³			126.12
		垫层坡面水泥砂浆	m³			43.72

编号	单价序号	工程或费用名称	单位	数量	单价/元	合计/万元
（四）		其他工程				2 822.46
		细部结构指标	m³	5 736 180	0.78	447.42
		枢纽区两岸山体稳定处理	项	1	1 000 000.00	100.00
		砂料调差	m³	99 358	16.59	164.83
		趾板锚筋（φ30/4.6 m）	根	3 764	177.30	66.74
		钢筋制安	t	2 327.8	4 355.69	1 013.92
		固结灌浆	m	5 452	226.63	123.56
		帷幕灌浆	m	23 728	324.66	770.35
		岸幕	m	4 070	333.26	135.64
二		溢洪道工程				4 903.46
（一）		石方开挖				3 742.46
（二）		混凝土工程				774.77
（三）		其他工程				386.23
三		泄洪洞工程				12 525.63
（一）		1 号泄洪洞工程				2 393.48
1		进口部分				866.61
（1）		石方工程				250.36
（2）		混凝土工程				359.25
（3）		其他工程				257.00
2		洞身部分				1 526.87
（1）		石方工程				345.73
（2）		混凝土工程				600.91
（3）		其他工程				580.23
（二）		2 号泄洪洞工程				3 888.21
1		进口部分				1 452.26
（1）		石方工程				327.69
（2）		混凝土工程				737.54
（3）		其他工程				387.03
2		洞身部分				2 435.95
（1）		石方工程				527.48

编号	单价序号	工程或费用名称	单位	数量	单价/元	合计/万元
（2）		混凝土工程				949.86
（3）		其他工程				958.61
（三）		1号、2号泄洪洞：				5 820.60
1		石方工程				2 594.18
2		混凝土工程				2 242.81
3		其他工程				983.61
（四）		导流洞封堵部分				127.36
（五）		其　他				295.98
四		输水洞工程				1 813.18
（一）		进口部分				218.43
1		石方工程				142.24
2		混凝土工程				16.99
3		其他工程				59.20
（二）		洞身部分				1 002.29
1		石方工程				226.82
2		混凝土工程				449.69
3		其他工程				325.78
（三）		竖井及交通桥				178.59
1		石方工程				35.36
2		混凝土工程				93.01
3		其他工程				50.22
（四）		1号支洞出口				310.57
1		石方工程				129.32
2		混凝土工程				73.17
3		其他工程				108.08
（五）		2号支洞出口				103.30
1		石方工程				32.16
2		混凝土工程				38.22
3		其他工程				32.92
（六）		其　他				28.50

续表

编号	单价序号	工程或费用名称	单位	数量	单价/元	合计/万元
五		发电厂工程				747.45
(一)		1 号电站工程				369.09
1		石方工程				69.83
2		混凝土工程				227.38
3		其他工程				71.88
(二)		2 号电站工程				356.04
1		石方工程				159.39
2		混凝土工程				112.10
3		其他工程				84.55
(三)		其 他				22.32
六		交通工程				2 108.00
(一)		永久公路				651.10
(二)		新增永久进厂路及交通桥	项	1		1 268.90
(三)		转运站(不含征地)	项	1		188.00
七		房屋建筑工程				586.08
(一)		辅助生产厂房	m²	400	600.00	24.00
(二)		办公室	m²	5 000	600.00	300.00
(三)		生活及文化福利建筑	m²			262.08
八		其他永久工程				820.00
(一)		通信线路	km	10		300.00
(二)		厂坝区供水、供热、排水等措施	项	1		200.00
(三)		外部观测工程	项	1		260.00
(四)		工程整理	项	1		60.00
九		内部观测工程				365.14

表 4-48 机电设备及安装工程概算表

编号	名称及规格	单位	数量	单价/元		合计/万元	
				设备费	安装费	设备费	安装费
	第二部分机电设备及安装工程					3 292.75	270.63
一	发电机设备及安装工程					1 113.60	136.29

编号	名称及规格	单位	数量	单价/元		合计/万元	
				设备费	安装费	设备费	安装费
(一)	1号电站工程					360.06	47.86
1	主机设备及安装					296.01	38.87
	水轮机 HLA551 – LJ – 84	台	2	420 000	76 941	84.00	15.39
	水轮发电机 SFl250 – 10/2150	台	2	620 000	72 218	124.00	14.44
	调速器 YDT – 1000	台	2	80 000	12 000	16.00	2.40
	主阀 JZH – 00/φ1200 mm×1.0	台	2	140 000	13 685	28.00	2.74
	励磁屏 KGLF – La	块	2	100 000	15 000	20.00	3.00
	永磁机 TY38.0/9 – 10	台	2	30 000	4 500	6.00	0.90
	小　计					278.00	38.87
	运杂、保险及采保费6.48%					18.01	
2	辅助机械					39.51	5.54
	电动双梁桥式起重机 10/3.2L_k=9.5 mH=12 m	台	1	250 000	37 500	25.00	3.75
	排水泵 1Sl00 – 80 – 1G0	台	2	4 500	675	0.90	0.14
	消防水泵 1S80 – 65 – 160	台	1	3 500	525	0.35	0.05
	空压机 112A – 1.5/8	台	1	18 000	2 700	1.80	0.27
	高压空压机 CZ – 20/30F	台	2	7 600	1 140	1.52	0.23
	齿轮油泵 KCB – 3.3 – 3	台	1	2 500	375	0.25	0.04
	滤油机 Y – 50	台	1	8 600	1 290	0.86	0.13
	电烘箱 H50	台	1	1 500	225	0.15	0.02
	离心通风机 BL – 4 – 72 – 11No.：2.8	台	1	3 500	525	0.35	0.05
	轴流通风机 BT40 – 11No.：5	台	4	2 700	405	1.08	0.16
	低压储气罐 $V=1.5$ m³	个	1	17 000	2 550	1.70	0.26
	高压储气罐 $V=0.5$ m³	个	1	10 000	1 500	1.00	0.15
	低压气水分离器 $p=0.8$ MPa	个	1	2 000	300	0.20	0.03
	高压气水分离器 $p=2.5$ MPa	个	2	2 500	375	0.50	0.08
	储油罐 $y=2.0$ m³	个	2	4 000	600	0.80	0.12
	储油罐呼吸器	个	2	450	68	0.09	0.01
	滤水器	台	2	2 000	300	0.40	0.06
	小　计					36.95	5.54

续表

编号	名称及规格	单位	数量	单价/元		合计/万元	
				设备费	安装费	设备费	安装费
	运杂、保险及采保费6.94%					2.56	
3	测压设备					0.19	0.03
	压力表 Y－100	只	9	200	30	0.18	0.03
	小　计					0.18	0.03
	运杂、保险及采保费6.94%					0.01	
4	自动化元件					10.69	1.50
	元　件	项	1	100 000	15 000	10.00	1.50
	小　计					10.00	1.50
	运杂、保险及采保费6.94%					0.69	
5	阀门与管件					4.73	0.66
	阀门与管件	项	1	44 203	6 630	4.42	0.66
	小　计					4.42	0.66
	运杂、保险及采保费6.94%					0.31	
6	其　他					8.92	1.25
	钢轨 43 kg/m	t	2.2	4 500	675	0.99	0.15
	钢轨附件	t	1.2	10 000	1 500	1.20	0.18
	钢　管	t	4.5	4 500	675	2.03	0.30
	铜管 φ10	m	65	50	8	0.33	0.05
	型　钢	t	4	4 000	600	1.60	0.24
	玻璃钢风管	t	1	22 000	3 300	2.20	0.33
	小　计					8.34	1.25
	运杂、保险及采保费6.94%					0.58	
（二）	2 号电站工程					753.54	88.43
1	主机设备及安装						
2	辅助机械						
3	测压设备						
4	自动化元件						
5	阀门与管件						
6	其　他						
7	机修设备						

续表

编号	名称及规格	单位	数量	单价/元		合计/万元	
				设备费	安装费	设备费	安装费
二	升压变电设备及安装工程					722.05	117.42
（一）	1号电站工程					330.25	43.35
1	发电机电压（6.3 kV）设备					46.70	6.01
2	控制保护设备					104.59	14.67
3	厂用电系统					10.48	1.47
4	电　缆					23.88	3.35
5	35 kV 变电设备					109.21	12.78
6	通信设备					20.15	2.83
7	防雷与接地					5.24	0.74
8	照明设备					5.00	0.75
9	电工试验设备					5.00	0.75
（二）	2号电站工程					391.80	74.07
1	发电机电压（6.3 kV）设备						
2	控制保护设备						
3	厂用电系统						
4	电缆						
5	35 kV 变电设备						
6	防雷与接地						
7	照明装置						
三	其他设备及安装工程					795.15	16.93
（一）	库区供电					228.87	15.70
（二）	水情自动测报系统					150	
（三）	交通设备					260	
（四）	水文环保设备					130	
（五）	全厂消防设备					26.28	1.23
四	场外供电工程	km	15	441 300	11 280	661.95	16.92

表4-49　金属结构设备及安装工程概算表

编号	名称及规格	单位	数量	单价/元		合计/万元	
				设备费	安装费	设备费	安装费
	第三部分金属结构设备及安装工程					2 033.45	484.09
一	输水洞					226.40	128.73

编号	名称及规格	单位	数量	单价/元 设备费	单价/元 安装费	合计/万元 设备费	合计/万元 安装费
(一)	输水洞进口拦污栅					28.00	3.03
	拦污栅	t	8	10 000	313	8.00	0.25
	拦污栅埋件	t	8	9 000	2 455	7.20	1.96
	斜拉式卷扬机 180 kN－80 m	台	1	105 000	8 175	10.50	0.82
	拦污栅埋件喷锌	t	8	600		0.48	
	小　计					26.18	3.03
	运杂、保险及采保费 6.94%					1.82	
(二)	输水洞事故检修闸门					100.29	13.91
	检修闸门	t	22	11 000	1 242	24.20	2.73
	闸门埋件	t	40	9 000	2 371	36.00	9.48
	配　重	t	25	5 000	188	12.50	0.47
	手动葫芦 3 t	台	1	6 000	1 632	0.60	0.16
	卷扬式启闭机 800 kN－75 m	台	1	150 000	10 572	15.00	1.06
	闸门喷锌		22	1 400		3.08	
	埋件喷锌		40	600		2.40	
	小计					93.78	13.91
	运杂、保险及采保费 6.94%					6.51	
(三)	输水洞 1 号支洞锥形阀					21.66	26.38
	锥形阀（φ=1 600 mm）	台	1	150 000	182 762	15.00	18.28
	压力钢管	t	15	3 500	4 264	5.25	6.40
	小计					20.25	24.67
	运杂、保险及采保费 6.94%					1.41	1.71
(四)	输水洞 2 号支洞锥形阀					76.46	85.41
	锥形阀（φ=2 200 mm）	台	1	400 000	414 900	40.00	41.49
	压力钢管	t	90	3 500	4 264	31.50	38.38
	小　计					71.50	79.87
	运杂、保险及采保费 6.94%					4.96	5.54
二	电站尾水闸门					21.40	89.25
(一)	1 号电站尾水检修闸门						
(二)	2 号电站尾水防洪闸门						
三	泄洪洞闸门					1 263.48	196.54
(一)	1、2 号泄洪洞弧形工作闸门						
(二)	1、2 号泄洪洞事故检修门						
四	溢洪道闸门					522.17	69.57

表 4–50　施工临时工程概算表

编号	工程或费用名称	单位	数量	单价/元	合计/万元
	第四部分　施工临时工程				9 119.20
一	导流工程				2 991.74
（一）	第一期导流工程				1 153.87
1	导流洞进口围堰				151.17
	堰体石碴填筑	m³	6 145	20.00	12.29
	堰体草袋装土填筑	m³	1 731	132.08	22.86
	高压定喷防渗	m	1 495	776.05	116.02
2	泄洪洞出口围堰				339.40
	土石方填筑	m³	21 829	22.00	48.02
	草土围堰填筑	m³	4 567	145.29	66.35
	高压定喷防渗	m	2 636	853.66	225.02
3	导流洞进口左岸滩地开挖				134.97
	切滩砂砾石开挖	m³	50 659	13.51	68.44
	切滩石开挖	m³	21 712	30.64	66.53
4	泄洪洞出口左岸滩地开挖				130.87
	砂砾石开挖	m³	44 660	14.86	66.36
	石方开挖	m³	19 140	33.70	64.50
5	主河槽坝基础纵向防渗				397.46
	下游高压定喷防渗	m	2 310	853.66	197.20
	上游摆喷防渗	m	1 980	1 011.44	200.27
（二）	第二期导流工程				1 837.87
1	上游围堰				784.28
2	下游围堰				80.37
3	坝面过水保护				915.88
4	围堰拆除				57.34
二	交通工程				1 628.50
（一）	场内交通道路				1 328.50
（二）	临时交通桥				300.00
三	房屋建筑工程				2 238.05
（一）	施工仓库	m²	20 000	300.00	600.00
（二）	办公、生活及文化福利建筑	m²	20 000	682.52	1 365.04
（三）	建设单位用房	m²	4 000	682.52	273.01
四	其他大型临时工程		4%	565 228 683.00	2 260.91

表 4 – 51　独立费用概算表

编号	工程或费用名称	单位	数量	单价/元	合计/万元
	第五部分　独立费用				9 128.28
一	建设管理费				1 656.40
1	建设单位开办费				
2	建设单位经常费				
3	工程监理费				
4	联合试运转费				
二	生产准备费				613.52
1	生产及管理单位提前进场费	0.40%	59 395.73		237.58
2	生产职工培训费	0.50%	59 395.73		296.98
3	管理用具购置费	0.08%	59 395.73		47.52
4	备品备件购置费	0.50%	5 241.05		26.21
5	工器具及生产家具购置费	0.10%	5 241.05		5.24
三	科研勘测设计费				4 105.59
1	工程科学研究试验费				827.27
2	勘测设计费				3 278.32
	勘测费				1 000.00
	设计费				2 278.32
四	建设及施工场地征用费				448.00
	建设及施工场地征用费	亩	560	8 000	448.00
五	其他费用				2 304.77
1	定额编制管理费				
2	工程质量监督费				
3	供电贴费				
4	工程保险费				

生产准备费的 1~3 项以一至四部分建安工作量为计算基数，4、5 项以设备费为计算基数。

注：限于篇幅，建筑工程单价汇总表（格式见表 4 – 30）、安装工程单价汇总表（格式见表 4 – 31）、施工机械台时费汇总表（格式见表 4 – 34），以及人工预算单价计算表（格式见表 4 – 39）、主要材料运输费用计算表（格式见表 4 – 40）、主要材料预算价格计算表（格式见表 4 – 41）、建筑工程单价表（格式见表 4 – 43）、安装工程单价表（格式见表 4 – 44）等表格数据未一一列出。这些表格的计算步骤和计算方法已在本章各节相关内容中做了介绍，具体计算可参阅各节中的计算公式和例题。

小　结

本章介绍了水利水电建设项目设计阶段工程造价管理的主要内容，并重点介绍了工程概预算的编制方法。本章的主要内容有：

1. 水利水电建设项目设计阶段工程造价管理的主要内容；

2. 水利水电工程工程分类和工程概算构成；

3. 水利水电工程各项费用的概念及其编制；

4. 水利水电工程基础单价、工程单价及其编制；

5. 水利水电工程分部工程概（预）算；

6. 水利水电工程分年度投资及资金流量的概念及其编制方法；

7. 水利水电工程静态总投资、总投资的概念及其编制方法。

当前我们国家编制工程概算的基本方法是单价法。应当说，这种方法从理论上是容易理解的。但是，众多的工程费用项目划分，大量的计费公式和方法，以及繁复的工程定额和费用、费率标准，往往使人感到难以掌握。面对这种情况，一方面要强调严格按照规范规定的费用项目，采用正确、合理的方法和工程定额及费用标准来计价；另一方面要勤于实践，通过实际操作和应用来熟悉和掌握有关方法、定额和参数。

本章提供了工程概算实例。

作　业

一、思考题

1. 在工程项目设计阶段工程造价管理的主要内容有哪些？

2. 试述设计概算的编制程序。

3. 水利水电工程费用由哪些内容组成？

4. 何谓水利水电工程基础单价？

5. 如何编制建筑工程单价？

6. 何谓综合定额计算法？何谓综合单价计算法？

7. 编制建筑工程概算单价时应注意哪些问题？

8. 如何编制安装工程单价？

9. 使用现行安装工程概算定额时要注意哪些问题？

10. 如何编制分部工程概算？

11. 如何编制水利水电工程分年度投资及资金流量？

12. 何谓水利水电工程静态总投资、总投资？

13. 如何编制设计总概算？

二、填空题

1. 水利水电建设项目设计阶段工程造价管理，应是努力促使工程设计在保证满足工程质量和功能要求的前提下，按照设计图纸实施的建设项目，其活劳动与物化劳动的消耗，以货币形式体现的数值，不应超过项目的_____。

2. 建设工程项目概预算所确定的投资额，实质上是相应工程的计划价格。这种计划价格在实际工作中，通常称为_____。

3. 投资估算、设计概算、施工图预算，就是工程建筑产品在工程设计的不同阶段，与之相应的_____的定价方法。

4. 设计概算的编制过程，实际上是造价控制的_____。

5. 为有效控制工程造价，加强技术经济指标积累和基本数据统计汇总，提高工程建设管理水平，概算文件必须_____。

6. 不同的设计方案，必然会产生不同的_____结果。应通过技术经济比较，优选出最佳方案。

7. 水利水电工程按工程性质划分为两大类，具体划分为_____、_____。

8. 水利工程概算，工程部分由_____、_____、_____、_____、_____五部分内容组成。

9. 建筑及安装工程费由_____、_____、_____、_____四部分组成。

10. 建筑安装工程单价由_____、_____、_____三要素组成。

11. 直接工程费由_____、_____、_____三部分组成。

三、选择题

1. 水利水电建设项目设计阶段工程造价管理的主要内容是（　　）。
　　A. 工程设计程序　　　　　　　　　B. 设计方案技术经济评价
　　C. 工程造价预测和工程造价预控　　D. 造价人员的培训等

2. 工程造价的预测，在初步设计阶段，编制（　　）。
　　A. 投资估算　　　　　　　　　　　B. 设计概算
　　C. 施工图预算　　　　　　　　　　D. 施工预算

3. 其他直接费包括（　　）。
　　A. 冬、雨季施工增加费　　　　　　B. 现场经费
　　C. 企业管理费　　　　　　　　　　D. 办公费

4. 间接费包括（　　）。
　　A. 其他直接费　　　　　　　　　　B. 财务费
　　C. 保险费　　　　　　　　　　　　D. 企业利润

5. 静态总投资包括（　　）。
　　A. 价差预备费　　　　　　　　　　B. 建设期融资利息

C. 基本预备费　　　　　　　　　　　D. 建设管理费

6. 材料原价是指（　　　）。

　　A. 指定交货地点的价格

　　B. 北京物资供应公司的市场成交价

　　C. 当地材料交易中心的市场成交价

　　D. 设计选定的生产厂家的出厂价

7. 企业管理费中的税金是指（　　　）。

　　A. 企业按规定交纳的房产税、管理用车辆使用税、印花税等

　　B. 国家对施工企业承担建筑、安装工程作业收入所征收的营业税、城市维护建设税
　　　和教育费附加

　　C. 职工教育经费　　　　　　　　　D. 住房公积金

8. 直接工程费包括（　　　）。

　　A. 人工费　　　　　　　　　　　　B. 财务费

　　C. 直接费　　　　　　　　　　　　D. 运杂费

9. 建设管理费包括（　　　）。

　　A. 生产职工培训费　　　　　　　　B. 管理单位提前进厂费

　　C. 管理用具购置费　　　　　　　　D. 项目建设管理费

10. 现场经费包括（　　　）。

　　A. 冬、雨季施工增加费　　　　　　B. 夜间施工增加费

　　C. 特殊地区施工增加费　　　　　　D. 临时设施费

四、判断题

1. 直接费包括人工费、材料费、施工机械使用费、夜间施工增加费。　　　　（　　）

2. 材料预算价格一般包括材料原价、包装费、运杂费、运输保险费和采购及保管费
五项。　　　　　　　　　　　　　　　　　　　　　　　　　　　　　　（　　）

3. 工程单价分建筑工程单价和安装工程单价两类。　　　　　　　　　　　　（　　）

4. 直接费包括人工费、材料费、施工机械使用费和其他直接费。　　　　　　（　　）

5. 预备费包括基本预备费、价差预备费和建设期融资利息。　　　　　　　　（　　）

6. 工程一至五部分投资、基本预备费、价差预备费、建设期融资利息之和构成总
投资。　　　　　　　　　　　　　　　　　　　　　　　　　　　　　　（　　）

7. 建筑及安装工程费由直接工程费、企业管理费、企业利润、税金组成。　　（　　）

8. 其他直接费包括冬、雨季施工增加费，夜间施工增加费，特殊地区施工增加费
和其他。　　　　　　　　　　　　　　　　　　　　　　　　　　　　　（　　）

9. 水利工程概算，工程部分由建筑工程、机电设备及安装工程、金属结构设备及安装
工程、施工临时工程、独立费用五部分内容组成。　　　　　　　　　　　（　　）

10. 人工费包括基本工资、辅助工资、工资附加费、医疗保险费。　　　　　（　　）

第 5 章

水利水电建设项目招标投标阶段工程造价管理

学习指导

目标：1. 理解水利水电工程招标投标阶段工程造价管理的主要内容；

2. 理解水利水电工程招标投标制度和机制；

3. 掌握水利水电工程标底编制方法；

4. 掌握水利水电工程报价编制方法；

5. 了解 FIDIC 招标程序。

重点：1. 水利水电工程招标投标制度和机制；

2. 水利水电工程标底编制方法；

3. 水利水电工程报价编制方法；

4. FIDIC 招标程序。

5.1 概 述

为了充分发挥竞争机制的作用，实现资源的优化配置，按照建立社会主义市场经济体制的要求，我国从 20 世纪 80 年代初开始引入招标投标制度，先后在利用国外贷款、机电设备进口、建设工程发包等领域推行，其对工程造价、质量和工期的控制取得了良好的效果。

我国政府有关部委为了推行招标投标制度和规范招标与投标活动，发布了多项相关规定。1985 年 6 月原国家计委、建设部颁发《工程设计招标投标暂行办法》；1991 年 2 月原国家计委颁发《关于加强国家重点建设项目及大型建设项目招标投标管理的通知》；1992 年 12 月原建设部颁发《工程建设施工招标投标管理办法》；1995 年 11 月原国内贸易部颁发《建设工程设备招标投标管理试行办法》；1998 年 12 月原交通部颁发《公路工程施工监理招标投标管理办法》等。1999 年 8 月 30 日第九届全国人民代表大会常务委员会第十一次会议通过了《中华人民共和国招标投标法》（简称《招标投标法》），并决定自 2000 年 1 月 1 日起施行。这标志着我国招标投标活动从此走上了法制化的轨道。这部法律基本上是针对建设项目发包活动而言的，其中大量采用了国际惯例或通用做法，给招标体制带来巨大变革。随后，2000 年 5 月 1 日国家计委发布了《工程建设项目招标范围的规模标准规定》；2000 年 7 月 1 日原国家计委又发布了《工程建设项目自行招标试行办法》和《招标公告发布暂行办法》。2001 年原国家计委等七部委联合发布《评标委员会和评标办法暂行规定》等，对招投标活动做出进一步的规范。水利水电工程招标投标也按照我国招标投标制度的要求进一步走向规范，如水利部于 2001 年 1 月 1 日颁布了《水利工程建设项目招标投标管理规定》，2002 年颁布了《水利工程建设项目重要设备材料采购招标投标管理办法》等。

实行招标投标对于控制和降低工程造价具有重要作用。建设项目招标投标阶段工程造价管理的主要工作内容包括编制招标投标文件，以及招标投标的实施。

5.2　水利水电工程招标与投标

5.2.1　建设项目招标投标

1. 招标与投标

招标投标活动起源于英国。18 世纪后期，英国政府和公用事业部门实行"公共采购"，形成公开招标的雏形。进入 20 世纪，特别是第二次世界大战之后，招标投标在西方国家已成为重要的采购方式，在工程承包、咨询服务及货物的采购中被广泛应用。

建设项目招标是指招标人在发包建设项目之前，公开招标或邀请投标人，根据招标人的意图和要求提出报价，择日当场开标，并从中择优选定中标人的一种经济活动。

建设项目投标是工程招标的对称概念，指具有合法资格和能力的投标人根据招标条件，经过初步研究和估算，在指定期限内填写标书，提出报价，并等候开标，决定能否中标的经济活动。

从法律意义上讲，建设项目招标一般是建设单位（或业主）就拟建的工程发布通告，用法定方式吸引建设项目的承包单位参加竞争，进而通过法定程序从中选择条件优越者来完成工程建设任务的法律行为。建设项目投标一般是经过特定审查而获得投标资格的建设项目承包单位，按照招标文件的要求，在规定的时间内向招标单位填报投标书，并争取中标的法律行为。

2. 招标投标的性质

按照我国《合同法》，要约是希望和他人订立合同的意思表示；承诺是受要约人同意要约的意思表示。要约邀请是希望他人向自己发出要约的意思表示。

我国法学界一般认为，建设项目招标是要约邀请，而投标是要约，中标通知书是承诺。我国《合同法》也明确规定，招标公告是要约邀请。也就是说，招标实际上是邀请投标人对其提出要约，属于要约邀请。投标则是一种要约，它符合要约的所有条件，如具有缔结合同的主观目的；一旦中标，投标人将受投标书的约束；投标书的内容具有足以使合同成立的主要条件等。招标人向中标的投标人发出的中标通知书，则是招标人同意接受中标的投标人的投标条件，即同意接受该投标人的要约的意思表示，应属于承诺。

3. 招标投标的意义和内容

实行建设项目的招标投标是我国建筑市场趋向规范化、完善化的重要举措，对于择优选择承包单位、全面降低工程造价，进而使工程造价得到合理有效的控制，具有十分重要的意义，具体表现在：

（1）实行建设项目的招标投标基本形成了由市场定价的价格机制，使工程价格更加趋于合理。其最明显的表现是若干投标人之间出现激烈竞争（相互竞标），这种市场竞争最直接、最集中的表现就是在价格上的竞争。通过竞争确定出工程价格，使其趋于合理或下降，这将有利于节约投资，提高投资效益。

（2）实行建设项目的招标投标，能够不断降低社会平均劳动消耗水平，使工程价格得到有效控制。在建筑市场中，不同投标者的个别劳动消耗水平是有差异的。通过招标投标，最终使那些个别劳动消耗水平最低或接近最低的投标者获胜。面对激烈竞争的压力，为了自身的生存与发展，每个投标者都必须切实在降低自己个别劳动消耗水平上下功夫，这样将逐步而全面地降低社会平均劳动消耗水平，使工程价格更为合理。同时，也对不同投标者实行了优胜劣汰，使生产力资源较优配置。

（3）实行建设项目的招标投标，便于供求双方更好地相互选择，使工程价格更加符合价值，进而更好地控制工程造价。由于供求双方各自的出发点不同，存在利益矛盾，因而单纯采用"一对一"的选择方式，成功的可能性较小。采用招投标方式就为供求双方在较大范围内进行相互选择创造了条件，为需求者（如建设单位、业主）与供给者（如勘察设计单位、施工企业）在最佳点上结合提供了可能。需求者对供给者选择（建设单位、业主对勘察设计单位和施工单位的选择）的基本出发点是"择优"，即选择那些报价较低、工期较短、具有良好业绩和管理水平的供给者，从而为合理控制工程造价奠定了基础。

（4）实行建设项目的招标投标，有利于规范价格行为，使公开、公

随着我国招标投标法律法规制度不断完善，招标投标已逐步成为我国工程、服务和货物采购的主要方式。

平、公正的原则得以贯彻。我国《招标投标法》规定，招标投标活动应当遵循公开、公平、公正和诚信的原则。招投标活动有特定的机构进行管理，有严格的程序必须遵循，有高素质的专家支持系统及工程技术人员的群体评估与决策，能够避免盲目过度的竞争和营私舞弊现象的发生，从而强有力地遏制建筑领域中的腐败现象。按照《招标投标法》，投标人不得以低于成本的报价竞标，也不得以他人名义投标或以其他方式弄虚作假，骗取中标等，从而使价格形成过程变得透明和较为规范。

（5）实行建设项目的招标投标，能够减少交易费用，节省人力、物力、财力，进而使工程造价有所降低。我国目前从招标、投标、开标、评标直至定标，有较完善的法律、法规规定，已进入制度化操作。招标投标中，若干投标人在同一时间、地点报价竞争，在专家支持系统的评估下，以群体决策方式确定中标者，必然减少交易过程的费用，这本身就意味着招标人收益的增加，对工程造价必然产生积极的影响。

建设项目招标投标活动有关的内容十分广泛，具体包括建设项目强制招标的范围、建设项目招标的种类与方式、建设项目招标的程序、建设项目招标投标文件的编制、标底编制、投标报价以及开标、评标、定标等。所有这些环节的工作均应按照国家有关法律、法规规定认真执行并落实。

4. 建设项目强制招标的范围

（1）依照我国《招标投标法》，凡在中华人民共和国境内进行下列工程建设项目，包括项目的勘察、设计、施工、监理以及与工程建设有关的重要设备、材料等的采购，必须进行招标。

① 大型基础设施、公用事业等关系社会公共利益、公共安全的项目；

② 全部或者部分使用国有资金投资或国家融资的项目；

③ 使用国际组织或者外国政府贷款、援助资金的项目。

（2）国家计委对上述建设项目招标范围和规模标准又做出了具体规定。

① 关系社会公共利益、公众安全的基础设施项目的范围包括：

a. 煤炭、石油、天然气、电力、新能源等能源项目；

b. 铁路、公路、管道、水运、航空以及其他交通运输业等交通运输项目；

c. 邮政、电信枢纽、通信、信息网络等邮电通信项目；

d. 防洪、灌溉、排涝、引（供）水、滩涂治理、水土保持、水利枢纽等水利项目；

e. 道路、桥梁、地铁和轻轨交通、污水排放及处理、垃圾处理、地下管道、公共停车场等城市设施项目；

强制招标是指法律规定某些类型的采购项目，凡是达到一定数额的，必须通过招标进行，否则采购单位要承担法律责任。

195

f. 生态环境保护项目；

g. 其他基础设施项目。

② 关系社会公共利益、公众安全的公用事业项目的范围包括：

a. 供水、供电、供气、供热等市政工程项目；

b. 科技、教育、文化等项目；

c. 体育、旅游等项目；

d. 卫生、社会福利等项目；

e. 商品住宅，包括经济适用住房；

f. 其他公用事业项目。

③ 使用国有资金投资项目的范围包括：

a. 使用各级财政预算资金的项目；

b. 使用纳入财政管理的各种政府性专项建设基金的项目；

c. 使用国有企业事业单位自有资金，并且国有资产投资者实际拥有控制权的项目。

④ 国家融资项目的范围包括：

a. 使用国家发行债券所筹资金的项目；

b. 使用国家对外借款或者担保所筹资金的项目；

c. 使用国家政策性贷款的项目；

d. 国家授权投资主体融资的项目；

e. 国家特许的融资项目。

⑤ 使用国际组织或者外国政府资金项目的范围包括：

a. 使用世界银行、亚洲开发银行等国际组织贷款资金的项目；

b. 使用外国政府及其机构贷款资金的项目；

c. 使用国际组织或者外国政府援助资金的项目。

2000 年 5 月 1 日，国家发展计划委员会第 3 号令规定，省、自治区、直辖市人民政府根据实际情况，可规定本地区必须招标的具体范围和规模标准，但不得缩小本规定确定的必须进行招标的范围。

⑥ 以上第①条至第⑤条规定范围内的各类建设项目，包括项目的勘察、设计、施工、监理以及与工程建设有关的重要设备、材料等的采购，达到下列标准之一的，必须进行招标：

a. 施工单项合同估算价在 200 万元人民币以上的；

b. 重要设备、材料等货物的采购，单项合同估算价在 100 万元人民币以上的；

c. 勘察、设计、监理等服务的采购，单项合同估算价在 50 万元人民币以上的；

d. 单项合同估算价低于第 a、b、c 项规定的标准，但项目总投资额在 3 000 万元人民币以上的。

⑦ 建设项目的勘察、设计，采用特定专利或者专有技术的，或者其建

筑艺术造型有特殊要求的，经项目主管部门批准，可以不进行招标。

⑧ 依法必须进行招标的项目，全部使用国有资金投资或者国有资金投资占控股或者主导地位的，应当公开招标。

5. 建设项目招标的种类

（1）建设项目总承包招标。建设项目总承包招标又称为建设项目全过程招标。它是从项目建议书开始，包括可行性研究报告、勘察设计、设备材料询价与采购、工程施工、生产设备、投料试车，直到竣工投产、交付使用全面实行招标。工程总承包企业根据建设单位提出的工程使用要求，对项目建议书、可行性研究、勘察设计、设备询价与选购、材料订货、工程施工、职工培训、试生产、竣工投产等实行全面投标报价。

建设项目总承包招标在国外称之为"交钥匙"承包方式。

（2）建设项目勘察招标。建设项目勘察招标是指招标人就拟建工程的勘察任务发布通告，以法定方式吸引勘察单位参加竞争，经招标人审查获得投标资格的勘察单位按照招标文件的要求，在规定的时间内向招标人填报标书，招标人从中选择条件优越者完成勘察任务。

（3）建设项目设计招标。建设项目设计招标是指招标人就拟建工程的设计任务发布通告，以吸引设计单位参加竞争，经招标人审查获得投标资格的设计单位按照招标文件的要求，在规定的时间内向招标人填报标书，招标人从中择优确定中标单位来完成工程设计任务。设计招标不同于建设项目实施阶段其他工作的招标。它主要采用设计方案评选方式选择设计单位。评标决标时，不过分强调完成设计任务的报价高低，而是更多关注所提方案的先进性，所达到指标和方案的合理性，以及对建设项目投资效益的影响，同时要考察设计进度以及设计单位的资质和信誉等。

（4）建设项目施工招标。建设项目施工招标，是指招标人就拟建的工程发布公告或者邀请，以法定方式吸引建筑施工企业参加竞争，招标人从中选择条件优越者完成工程建设任务的法律行为。

建设项目施工招标是本章的重点内容。

（5）建设项目监理招标。建设项目监理招标，是指招标人为了完成监理任务，以法定方式吸引监理单位参加竞争，招标人从中选择条件优越者的法律行为。监理提供的是技术服务，因此，与设计招标类似，监理招标中不应当将监理费用的高低作为选择监理单位的主要评定标准，而应当着重考察监理单位的资质能力和社会信誉，并将评定投标书中反映技术服务水平高低的监理大纲作为评标的主要内容。

（6）建设项目材料设备招标。建设项目材料设备招标，是指招标人就拟购买的材料设备发布公告或者邀请函，以法定方式吸引建设项目材料设备供应商参加竞争，招标人从中选择条件优越者购买其材料设备的法律行为。

6. 建设项目招标的方式

建设项目招标的方式可以从不同角度进行分类。

（1）从竞争程度进行分类，建设项目招标的方式可以分为公开招标和邀请招标。

公开招标和邀请招标这两种招标方式的主要区别在于：① 发布信息的方式不同；② 选择的范围不同；③ 竞争的范围不同；④ 公开的程度不同；⑤ 时间和费用不同。

这是我国《招标投标法》所规定的一种主要分类方法。公开招标是指招标人通过报刊、广播或电视等公共传播媒介介绍、发布招标公告或信息而进行招标。它是一种无限制的竞争方式。公开招标的优点是招标人有较大的选择范围，可在众多的投标人中选定报价合理、信誉良好的承包人，有助于打破垄断，实行公平竞争。邀请投标是指招标人以投标邀请书的方式邀请特定的法人或者其他组织投标。招标人采用邀请招标方式的，应当向三个以上具备承担招标项目能力、资信良好的特定法人或者其他组织发出投标邀请书。邀请招标虽然也能够邀请到有经验和资信可靠的投标者投标，保证履行合同，但限制了竞争范围，可能会失去技术上和报价上有竞争力的投标者。因此，在我国建设市场中应大力推行公开招标。一般国际上把公开招标称为无限竞争性招标，把邀请招标称为有限竞争性招标。

（2）从招标的范围进行分类，建设项目招标的方式可以分为国际招标和国内招标。原国家经贸委将国际招标界定为"是指符合招标文件规定的国内、国外法人或其他组织，单独或联合其他法人或者其他组织参加投标，并按招标文件规定的币种结算的招标活动"；国内投标"是指符合招标文件规定的国内法人或其他组织，单独或联合其他国内法人或其他组织参加投标，并用人民币结算的招标活动"。

5.2.2 水利水电工程施工招标

1. 工程招标条件

建筑工程必须具备以下条件后，方可进行招标。

（1）建设项目已经列入国家或地方的基本建设计划，并已列入年度计划。

（2）具有经过审批的设计文件和施工图纸，这是正确计算标价的依据。

在实际工作中经常存在着建设项目不具备招标条件就开始招标的情况。这类问题应在建筑市场秩序整顿中加以解决。

（3）建设资金筹措已落实，主要是指在建设过程中的资金能否按施工进度得到保证。

（4）由建设单位负责提供的材料和设备已经落实，能保证拟建工程在预定建设工期内施工，不至于停工待料和窝工浪费。

（5）已取得当地主管部门颁发的建筑施工许可证。

（6）施工征地、拆迁进场交通等准备工作已经完成。

（7）建设项目招标文件已经过主管部门审批。

2. 招标程序

招标程序反映了招标投标的基本规律，水利水电工程施工阶段招标通常划分为准备阶段，招标投标阶段，开标、评标、决标阶段，如图 5 – 1 所示。

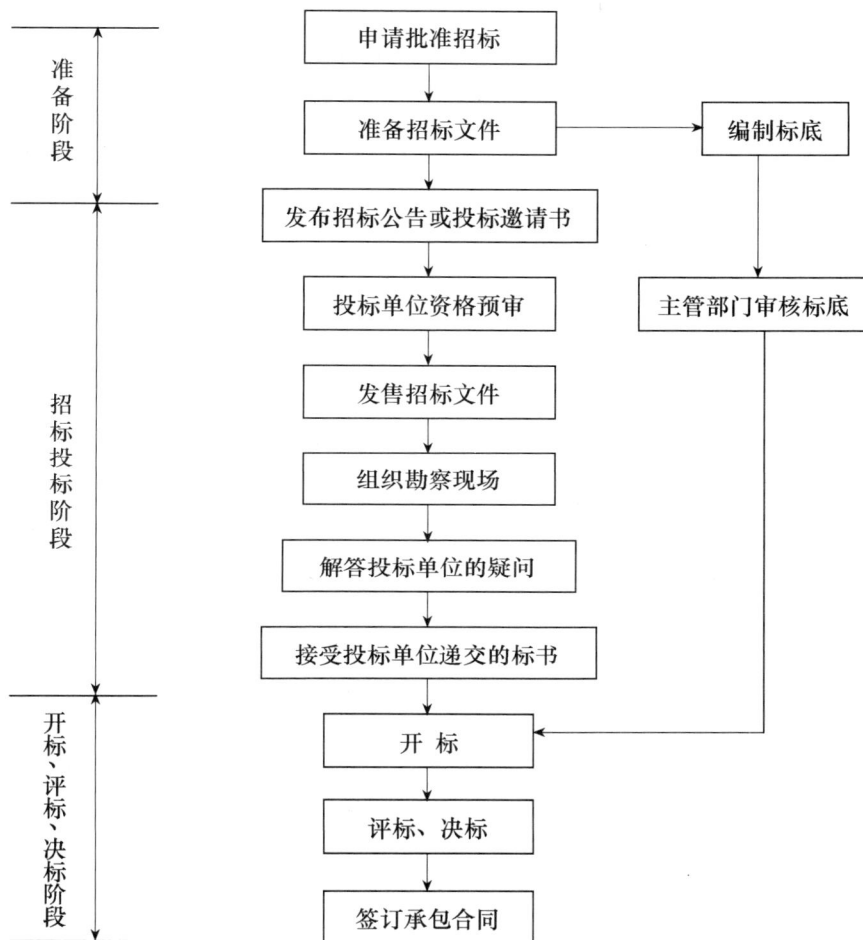

图 5 – 1　招标投标程序图

（1）准备阶段。该阶段包括以下工作：

① 申报招标。招标前的各项工作准备就绪后，向招标监督管理部门提出申请，经过审批后方可招标。

② 编制招标文件并确定标底。招标文件主要由文字说明和图纸两部分组成，文字说明部分主要有投标须知、工程项目要求及范围、合同条款、技术规范、工程量清单、投标书格式及附录等。招标文件是招标的主要内容，编制时要字字斟酌，反复校对，防止出差错。

标底是一个合理的工程造价，要根据施工图纸、现行定额、费用标准、工程的具体施工条件等认真确定。

（2）招标投标阶段。该阶段包括以下工作：

① 发布招标信息。公开招标的工程项目，可利用报纸、杂志、广播、电视等传媒在社会上发布招标通告，招揽承包商；邀请招标的工程项目，可寄发招标通知或招标邀请函。招标通知或招标邀请函的主要内容包括以下各项：

a. 招标单位名称、工程项目名称、项目建设地点、招标工程范围；

b. 工程的主要内容和承包方式；

c. 开工和交工日期，总工期和主要控制工期；

d. 所采用招标方式；

e. 承包商资格预审文件提交日期（邀请招标可省略），招标文件发售日期、地点以及投标截止日期。

② 资格预审。对拟参加投标的承包商应按招标公告的要求提交资格预审文件，参加资格预审。资格预审文件主要包括以下各项：

a. 承包商营业执照、资格证书复印件；

b. 企业的组织机构；

c. 企业的技术力量，包括主要人员的资历，技术力量，劳动力情况，主要机械设备的型号、性能和数量；

d. 近期工程施工业绩，近期主要完成哪些工程，类似工程的施工经验；

e. 企业信誉，过去完成工程项目的质量和工期情况，是否有违约、毁约情况和不合理索赔情况，必要时应有原业主单位的证明材料；

f. 企业财务状况，目前固定资产和流动资金等情况。

经资格审查符合要求的承包商，招标单位以书面形式通知其可以参加投标。

根据国家有关规定，评标办法和标准必须在招标文件内载明。

③ 发售招标文件。通过资格预审的承包商可购买招标文件或通过邮购。招标文件一旦售出，不得随意更改，如确需补充或修改，应按有关招标管理办法执行。

④ 勘察与质疑。招标应按招标文件中规定时间组织投标单位考察施工现场，以获得投标人所需要的现场资料。招标人还应组织一次会议，介绍工程情况和有关招标的事宜，投标人可向招标人提出对招标文件不理解或不清楚的问题，招标人应以书面形式解释清楚，并归类汇总，以补充通知的形式告知所有投标人。

投标保函是招标人持有的保证，用来防止投标人在投标有效期内撤回投标或中标后拒签合同。

⑤ 投标。投标单位在招标文件规定时间递送投标书，逾期送达者，招标人将不接受。投标时投标人应将投标保函与投标书一起投送。

（3）开标、评标、决标阶段。该阶段包括以下工作：

① 开标。按招标文件规定的时间、地点，在投标人代表、其他有关部

门（如监督部门、公证机关等）代表参加的情况下，招标单位当众开标，并宣布投标人的名称、报价、工期等。

②评标。按预先确定的评标办法和标准，评标委员会对各个投标单位递交的投标书进行综合审查评比。评价因素一般包括：

a. 投标书的响应性和完整性；

b. 投标报价；

c. 施工组织设计；

d. 企业信誉；

e. 招标单位的其他因素。

③决标和签订合同。经评标委员会评标，确定中标候选人，招标人按照国家有关规定确定中标人，向中标单位发出中标通知书，并在规定的时间内签订承包合同。

5.2.3　水利水电工程施工投标

1. 投标条件

凡持有营业执照、具有法人资格、取得施工企业资质等级证书、具备有关专业资质要求的施工企业，均可参加与其资质相适应的水利水电工程施工投标。

2. 投标的一般过程和工作内容

企业为了在投标竞争中获胜，应由懂技术、经济、法律，会管理的专业人员组成的具有实权的专门投标工作机构，承担从搜集招标投标情报信息资料开始，直至中标后签约的一系列工作。投标工作机构成员不仅应熟悉投标工作的程序和内容，而且还应掌握选择投标项目的原则，投标报价的规律和方法，以充分发挥企业优势，创造一切可能条件，争取中标。投标工作主要包括以下几方面。

（1）日常准备工作。该工作包括以下内容：

①搜集招标投标信息。在建筑市场激烈的竞争中，掌握信息十分重要。企业要在竞争中获胜，必须建立有效的信息系统，及时、全面、准确地搜集与企业投标有关的经济、技术和社会方面的信息。

②准备投标资格预审资料。投标单位应按资格预审文件的要求，填写资格预审文件，并向招标人提供下列材料：施工企业资质证书（副本），营业执照（副本）及会计师事务所或银行出具的资信证明；企业职工人数、技术人员、技术工人数量及平均技术等级，企业主要施工机械设备；近三年承建的主要工程情况（附有质量监督部门出具的质量评定意见）；现有主要施工任务（包括在建和已中标尚未开工的建设项目）；近两年企

应当注意，搜集信息的工作贯穿投标活动始终，而非仅仅在申请投标之前。

业的财务状况等。

（2）投标阶段的工作。在前期工作的基础上，投标人可依照投标原则，选择有兴趣的招标项目，提出投标申请，提交资格预审资料，获得审查同意后，购买招标文件，进行投标。具体工作包括以下各项：

① 研究招标文件。购买招标文件后，应认真研究文件中所列工程条件、范围、项目、工程量、工期和质量要求、施工特点、合同主要条款等，弄清承包责任和报价范围，避免遗漏，发现含义模糊的问题，应做书面记录，以备在招标会议上向招标人提出询问。同时，列出材料和设备的清单，调查其供应来源状况、价格和运输条件，对进口材料设备，更要广泛调查运输线路和方式、时间、地点，各项费用的支付数额和方式，以便在报价时综合考虑。

② 勘察现场，参加招标会议。工程现场的自然、经济和社会条件，均是制约施工的重要因素，应在报价中予以考虑。除平时收集的有关资料外，应参加招标单位组织的现场勘察，深入了解现场位置、地质地貌、交通及通信设施、供水供电、当地材料供应等情况，以利于合理报价。

③ 确定投标策略。投标人参加投标竞争，目的在于得到对自己有利的施工合同，从而获得尽可能多的盈利。为此，必须注意正确运用投标策略。

需要注意，在正式确定投标前，经过前期准备工作及对招标文件的研究、招标项目可靠性的分析和现场勘察，得出下列结论之一时，应及早放弃投标，以免造成更大损失。

a. 本企业主营或兼营能力之外的项目；

b. 工程规模或技术要求超出本企业技术等级的项目；

c. 企业等级、信誉、能力明显竞争不过对手的项目；

d. 资金、材料等条件不落实的项目；

e. 本企业生产任务饱满，而招标工程本身预期盈利水平又较低或风险较大的项目。

④ 编制投标书。投标书是投标人争取中标的书面承诺，是以完全同意招标文件为前提编报的，投标人应按照招标文件的要求，认真编制投标书，并注意以下各项：

a. 充分理解招标文件和项目法人（或建设单位）对投标者的要求；

b. 弄清工程性质、规模和质量标准；

c. 确定本企业的各种定额水平；

d. 施工企业应得的利润要计入单价。

e. 拟订最优投标方案。

投标文件的内容应符合招标文件的要求，投标文件应主要包括以下

[旁注] 研究招标文件和勘察现场过程中发现的问题，应在招标会议上提出，并力求得到解答，同时注意自己尚未注意到而被其他投标人提出的问题。设计单位、招标人等应就工程要求和条件、设计意图等问题在招标会议上进行交底说明。

各项：

　　a. 投标书；

　　b. 按照工程量清单填写单价、单位工程造价、全部工程总造价等；

　　c. 施工组织设计；

　　d. 工程项目经理和主要管理人员、技术人员名单；

　　e. 工程临时设施用地要求；

　　f. 招标文件要求的其他内容和其他应说明的事项等。

　　如果一个施工企业力量不足以承担招标工程的全部任务，或不能满足投标资格的全部条件时，允许由两个或两个以上施工企业组成联合体，接受资格审查，进行联合投标。联合体各方应当签订共同投标协议，并将共同投标协议连同投标文件一并提交招标人。联合体中标的，联合体各方应当共同与招标人签订合同，就中标项目向招标人承担连带责任。

　　投标人必须出具银行的投标保函，保函金额按工程规模大小，在招标文件中明确规定。

　　投标书分为"正本"和"副本"，"正本"具有法律效力。

5.2.4　水利水电工程承包合同的类型

　　水利水电工程施工合同按计价方法不同可分为四种，即总价合同、单价合同、成本加酬金合同和混合型合同。

1. 总价合同

　　总价合同是指在合同中支付给承包方的款项是一个"规定的金额"，即总价。它是以图纸和工程设计说明书为依据，由承包人与发包人经过招标投标程序确定的，一般在能够完全详细确定工程任务的情况下采用。总价合同按其是否可以调值分为不可调值不变总价合同和可调值不变总价合同两类。

　　（1）不可调值不变总价合同。合同双方以图纸、工程说明和技术规范为基础，就承包项目确定一个固定的总价，并一次包死，不能变化。这种合同签订后，承包人要承担工程量、地质条件、气候和其他一切客观因素造成亏损的风险，无论实际支出如何，合同总价除因工程变更方可随之做相应的变更外，是不允许变动的。因此，承包人在投标时要对一切可能导致费用上升的因素做出估计并包含在投标报价中，以弥补一些不可预见因素引起的损失，从而使这种合同报价较高。这种合同方式一般适用于工期短、工程规模小、技术简单、签订合同时已具备详细设计文件的情况。

　　（2）可调值不变总价合同。这种合同的总价是以图纸、工程量清单、技术规范为依据，按当时的价格计算出来的一种相对固定的价格。在合同的专用合同条款中双方商定，如果在执行合同的过程中由于通货膨胀引起工料成本增加时，合同总价应当进行相应的调值。这种合同中由发包人承担物价上涨因素的风险，承包人承担其他风险。该合同方式适用于工期在一年以上，工程内容和技术经济指标明确的工程项目。

2. 单价合同

单价合同是指当工程量变化幅度在合同规定的范围内时，按合同双方认可的工程单价进行工程结算的承包合同。

水利水电工程通常规模大、工期长、技术复杂、自然条件变化大，施工招标时工程内容、技术经济指标尚不完全明确，多采用单价合同形式，以避免因招标时工程量预测不准而带来的合同争议与纠纷。单价合同有以下两种形式：

（1）纯单价合同。采用这种合同形式时，招标文件中仅有发包工程的工作项目、工作范围以及必要的说明，不提供工程量。承包方在投标时只需对这些工作项目做出报价即可，而工程量则按实际完成并经双方认可的数量结算。

这种合同形式适用于订立合同时尚无施工图纸，工程量不明确，但亟须开工的工程。

（2）估计工程量单价合同。承包人投标时以工程量清单中的估计工程量为基础计算工程单价，合同总价根据每个工作项目的工程量和相应的单价计算得出。这种合同的合同总价一般不等于工程项目费用的最终结算金额，工程结算的总价应按照实际完成工程量乘以合同中分部分项工程单价计算。

采用这种合同时，要求实际完成的工程量与原估价的工程量不能有较大的变化，因为承包方合同中填报的单价是以相应的工程量为基础计算的，如果工程量大幅度增减，可能影响工程成本。

估计工程量单价合同一般适用于工程性质比较清楚，但是招标时还难以确定准确工程量的工程项目。这种合同还可进一步划分为固定单价合同与可调价单价合同。

3. 成本加酬金合同

这种形式的合同实施时，由发包方支付承包方在工程施工过程中所发生的全部直接成本，同时支付适当的酬金（管理费与酬金）。它主要适用于招标时工程内容及其经济指标尚未全面确定，投标报价依据不充分，而发包方工期紧迫，必须发包的工程；或者用于发包方与承包方之间高度信任，或承包方在某些方面具有独特的技术、特长和经验的情况。

成本加酬金合同主要有以下几种形式：

（边注）估计工程量单价合同的工程量是由设计单位计算出来的。签订合同时，承包方经过复核并填上适当的单价即可，承担风险较小。发包方也只需审核单价是否合理，对双方均较方便。目前国内外的水利水电工程项目多采用这种合同形式。

（1）实际成本加固定百分比酬金合同。这种合同的工程造价为实际成本加上按实际成本的百分数付给承包方的酬金，计算公式为

$$C = C_d(1 + p) \qquad (5-1)$$

式中：C——总工程造价；

　C_d——实际成本；

　p——双方事先商定的酬金固定百分比。

这种合同方式不能鼓励承包方缩短工期和降低成本，对发包方不利，故较少采用。

（2）实际成本加固定酬金合同。这种合同的工程成本实报实销，但酬金为固定数目。工程造价计算公式为

$$C = C_d + F \qquad (5-2)$$

式中：F 为固定不变的酬金，按估算工程成本的一定百分比确定。

这种合同方式虽不能鼓励承包方降低成本，但为尽快获得酬金，承包方将努力缩短工期。

（3）目标成本加奖罚合同。这种形式的合同，应首先以粗略估算的工程量和单价表编制概算作为目标成本，根据目标成本确定基本酬金的数额，再根据工程实际支出情况，另外确定一笔奖金或罚金。当实际成本低于目标成本时，承包方除从发包方获得实际成本补偿、基本酬金外，还可根据成本降低额得到一笔奖金；当实际成本高于目标成本时，承包方仅能得到成本补偿和酬金；如果实际成本超过合同规定的限额，还要处以一笔罚金。工程造价计算公式为

$$C = C_d + F + P(C_0 - C_d) \qquad (5-3)$$

式中：F——基本酬金；

　P——奖励或惩罚的百分比；

　C_0——目标成本或成本限额；

　其他符号意义同前。

此外，还可设工期奖罚。

这种合同方式可以促使承包方降低成本，缩短工期，且合同双方都不会承担太大风险，在本类型合同中应用较多。

（4）最高限额成本固定最大酬金合同。在这种形式的合同中，首先要确定最高限额成本、报价成本和最低成本。对于承包方来说，当实际成本低于最低成本时，成本和商定的最大酬金都可得到支付，并可与发包方分享节约额；如果实际成本在最低成本和报价成本之间，则只能得到实际成本和酬金的支付；若实际成本在报价成本与最高限额成本之间，则只能得到全部实际成本的支付；当实际成本超过最高限额成本时，则仅有最高限

额成本能得到支付，超出部分由承包方自行负担。这种合同形式有利于控制工程造价，并能最大限度地降低工程成本。

4. 混合型合同

混合型合同是根据具体的工程项目、建设阶段，混合采用不同的合同形式，经常采用的有以下形式：

（1）部分固定价格、部分成本合同。在这种合同条件下，对重要的设计内容已具体化的项目采用固定价格；对次要的设计还未具体化的项目，采用成本加酬金合同。

（2）阶段转换合同。在这种合同条件下，对一个项目前阶段和后阶段采取不同的结算方式。如开始时采用实际成本加酬金合同，等项目进行一个阶段后，改用固定价格合同等。

5.3 水利水电工程标底编制

5.3.1 水利水电工程标底编制方法

1. 标底

标底是指招标人根据招标项目的具体情况编制的，完成招标项目所需的全部费用。它是根据国家规定的计价依据和计价办法计算出来的工程造价，是招标人对招标项目的期望价格，标底由成本、利润、税金等组成，一般应该控制在批准的总概算及投资包干限额内。

标底的作用主要包括以下几方面：

（1）标底价格是招标人控制招标项目投资，确定工程合同价格的参考依据。

（2）标底价格是衡量、评审投标人投标报价是否合理的尺度和依据。

（3）招标人根据标底浮动范围控制工程造价，避免决策中的盲目性。由于水利水电工程的复杂性，概算的整体性较强，招标合同划分后，常常与概算项目不一致，造成有关费用不易划分归项，甚至由于招标合同界面的变化导致增加一些费用项目，此时可通过编制工程标底的"自我预测"，做到心中有数。

（4）标底是保证工程质量的经济基础。标底是在保证工程质量、工期定额的条件下合理确定的，经过审定的标底，不低于建造招标工程所需的活劳动和物化劳动的最低消耗量。因此，设置标底既可避免招标人片面压价，又可防止投标人盲目超低报价，避免施工中出现资金短缺、偷工减料等现象。

我国《招标投标法》没有明确规定招标工程是否必须设置标底价格，招标人可根据工程的实际情况自己决定是否需要编制标底。

在合同进行过程中，当发包人与承包人之间发生索赔争议时，标底可以作为解决索赔争议的重要参考依据之一。

标底必须以严肃认真的态度和科学合理的方法进行编制。应当实事求是，综合考虑和体现发包人和承包人的利益，编制切实可行的标底，真正发挥标底价格的作用。

2. 标底的编制原则和依据

（1）标底的编制原则，主要有以下几项：

① 招标项目划分、工程量、施工条件等应与招标文件一致；

② 应根据招标文件、设计图纸及有关资料，按照国家和有关部委颁发的现行技术标准、经济定额标准及规范等认真编制，不得简单地以概算乘以系数或用调整概算作为标底；

③ 一个招标项目，只能有一个标底，不得针对不同的投标单位而有不同的标底；

④ 编制标底应不突破业主预算，未编业主预算的则不应突破国家批准的设计概算中的相应部分投资额；

⑤ 标底价格是项目法人对实施工程项目所需费用的预测价格，应力求与市场的实际变化吻合，要有利于竞争和保证工程质量。

⑥ 开标前，标底属于绝密材料，严禁以任何形式泄露，否则应对责任人严肃处理，直至给予法律制裁。

（2）标底的编制依据。工程标底编制主要依据以下基本资料和文件：

① 国家的有关法律、法规以及国务院和省、自治区、直辖市人民政府建设行政主管部门制定的有关工程造价的文件和规定；

② 工程招标文件中确定的计价依据和计价办法，招标文件的商务条款，包括合同条件中规定由工程承包方应承担义务而可能发生的费用，以及招标文件的澄清、答疑等补充文件和资料（在标底价格计算时，计算口径和取费内容必须与招标文件中有关取费等要求一致）；

③ 工程设计文件、图纸、技术说明及招标时的设计交底，按设计图纸确定或招标人提供的工程量清单等相关基础资料确定；

④ 国家、行业、地方的工程建设标准，包括建设项目施工必须执行的建设技术标准、规范和规程，以及现行定额、取费标准等；

⑤ 采用的施工组织设计、施工方案、施工技术措施等；

⑥ 工程施工现场地质、水文勘探资料，现场环境和条件反映相应情况的有关资料；

⑦ 招标时的人工、材料、设备及施工机械台班等要素的市场价格信息，以及国家或地方有关政策性调价文件的规定。

3. 标底的编制方法

目前我国工程招标编制标底的基本方法是单价法。

> 标底应由持证的熟悉有关业务的造价工程师编制。编制标底的单位及有关人员不得介入该工程的投标书的编制工作。
>
> 标底突破上级批准的总概算，应说明原因，由设计单位调整概算，并经原概算批准单位审批后才可招标。

大中型基本建设项目，如水利水电工程项目、电力工程项目、其他项目等，一般难以等到施工图设计完成以后再招标，而多以初步设计为招标依据。因此，编制标底一般以常规设计概算为依据。而其他小型项目，因其设计周期短，故可在施工图完成后进行招标，编制标底时以施工图预算为基础。

目前，工程概预算一般都是由主体工程费用、临时工程费用和其他费用三部分组成的。按照国际惯例，国际工程在招标的标底和投标的标价中，通常不出现临时工程费用及其他费用，而是以招标项目的工程量乘以综合单价作为各项工程的预算费用。综合单价既包含主体工程的概预算单价，又包含临时工程及其他费用的摊入单价。

标底中还需考虑一些不可预见因素引起的费用，如工料调价、赶工费、计划外工程及无法估计的费用。在此基础上，再另外考虑影响本次招标的其他因素，确定一个浮动幅度，进行调整后作为标底。

为了便于分析各投标人投标报价的合理性以及在合同实施过程中进行监督，标底的项目划分与排列序号，应和招标文件和工程报价表一致。

目前我国实行国家及行业的统一定额和取费标准，因此编制标底时，一般应参照国家或行业的概（预）算定额及取费标准。但应当明确，编制招标标底与设计概预算的出发点和目的都是不同的，两者的工程项目划分、各项工程量、定额及取费标准、考虑的相关因素等也存在差别。

注意编制标底与工程概算的不同。

编制标底与编制概算的基本方法相同。但不得简单地以概算乘以系数或用调整概算作为标底。

编制标底的基本工作是编制基础价格和工程单价，现对基础价格和工程单价的编制方法及其他要求介绍如下。

（1）基础价格。它主要包括以下几部分：

① 人工费单价。如果招标文件没有特别规定，人工费单价可以按照概预算的方法进行计算。

② 材料预算价格。一般材料的供应方式有两种。一种是由承包商自行采购运输；另一种是由业主采购运输材料到指定的地点，并按规定的价格供应给承包商，再由承包人提货运输到用料地点。因此，在编制标底时，应严格按照招标文件规定的条件计算材料价格。对于前一种供应方式，材料价格可采用编制概预算的方法计算；对于后一种情况，应以招标文件规定的发包方供货价为原价，加上供货地至用料点的运输费，再酌情增加适当的采购及保管费用。

电网电价及自备柴油机发电电价可参照前述概预算方法计算。

③ 施工用电、水、风及砂石料。一般招标文件都明确规定了承包商的接线起点和计量电表的位置，并提供了基本电价。因此，编制标底时应按照招标文件的规定确定损耗的范围，据以确定损耗率和供电设施维护摊销费，并计算出电网供电电价。自备柴油机发电的比例，应根据电网供电的

可靠程度以及本工程的特性来确定。最后按比例计算出综合电价。

施工用水价格。常见的供水方式有两种。一是业主指定水源点，由承包商自行提取使用；二是由业主提水，按指定价格在指定接口（一般为水池出水口）向承包商供水。对于前一种情况，可参照编制概预算的方法计算。对于后一种情况，应以业主供应价格作为原价，再加上指定接口以后的水量损耗和管网维护摊销费，算出水价。

施工用风价格。一般承包商自行生产、使用施工用风，故风价可参照编制概预算的方法计算。

砂石料单价。一般砂石料的供应方式有两种：一种是业主指定料场，由承包商自行生产、运输、使用；另一种是由业主指定地点，按规定价格向承包商供货。承包商自行采备的砂石料单价应根据料源情况、开采条件和生产工艺流程进行计算。

计算砂石料单价时，一般应将砂石料场覆盖层清除和有关弃料处理费用摊入砂石料单价或列入工程量报价表的有关项目内。

砂石料单价应考虑砂石料生产加工过程中的体积变化、加工损耗、运输堆存损耗、含泥量清除等各种因素，按定额规定的方法计算。

在实际工程中，如施工组织设计确定的生产工艺流程与《水利水电建筑工程概算定额》中的砂石料定额子目不一致，则砂石料单价可按施工组织设计确定的设备配备、加工能力、工序环节计算。

④ 施工机械台时费。计算方法可参照概预算方法。如果业主提供某些大型施工设备，则台时费的组成及价格标准应按招标文件规定。对业主免费提供的设备不应计算基本折旧费。如业主提供的是新设备，本招标项目使用这些设备的时间不长，则不计入或少计入大修理费。

（2）工程单价计算。工程单价由直接工程费、间接费、利润和税金组成。直接工程费的计算方法主要有工序法、定额法和直接填入法。

① 工序法是根据该项目总工程量和实施该项目各个工序所需人工、施工机械的工作时间以及相应的基础价格计算工程直接费单价的一种方法。工作时间可以通过进度计划中的逻辑顺序确定；也可以通过若干假定的生产效率确定；还可以靠概预算专业人员的经验判断确定。

② 定额法是根据预先确定的完成单位产品的工效、材料消耗定额和相应的基础价格计算工程直接费单价的一种方法。依据的定额可参照行业现行定额，对于少数不适用的定额作必要的调整，对因采用新技术、新材料、新工艺而造成的定额缺项，可编制补充定额。编制标底时，应仔细研究施工方案，确定合适的施工方法，选用恰当的定额进行单价计算。

③ 直接填入法。一项水利水电工程招标文件的工程量报价单包含许多

如果由业主在指定地点提供砂石料，则应按招标文件中提供的供应单价加计自供料点到工地拌和楼堆料场的运杂费用和有关损耗。

国外估价师广泛采用工序法。其主要程序是：制订施工计划，确定各道工序所需的人员及设备的数量、规格、时间，计算各种人员、施工设备的费用，再加上材料费用，然后除以工程总量得出工程直接费单价。

工程项目，但是少数项目的总价构成了合同总价的绝大部分。专业人员应把主要的精力和时间用于计算这些主要项目的单价。对总价影响不大的项目可用一种比较简单的、不进行详细费用计算的方法来估算项目单价。这种方法称为直接填入法。这种方法的基础是专业人员应有丰富的实践经验。

在计算某些工程单价时，专业人员也可以将工序法和定额法同时运用。如混凝土单价，可用定额法计算混凝土材料单价，用工序法计算混凝土浇筑单价。

如前述，目前国内标底编制尚无定制。对于国际工程或国际招标项目标底的编制应按照国际上通用的标底编制方法，一般应符合 FIDIC 合同条件。如我国的鲁布革水电工程、二滩水电工程以及黄河小浪底水利工程，编制标底时均按国际惯例进行。

间接费可参照概算编制的方法计算，但费率不能生搬硬套，应根据招标文件中材料供应、付款、进退场费用等有关条款作调整。利润和税金按照有关规定进行计算，不应压低施工企业的利润、降低标底而引导承包商降低投标报价。

（3）临时工程费用。有些业主在招标文件中，把大型临时工程单独在工程量报价表中列项，标底应计算这些项目的工程量和单价，招标文件中没有单独开列的大型临时设施应按施工组织设计确定的项目和数量计算其费用，并摊入各有关项目内。

（4）编制标底文件。在工程单价计算完毕后，应按招标文件所要求的表格格式填写有关表格，计算汇总有关数据，编写编制说明，提出分析报表，形成全套工程标底文件。

除以上方法外，还可以用对照统计指标的办法来确定标底。对于中小型工程，如果本地区已修建过类似的项目，可对其造价进行统计分析，得出综合单价的统计指标，以这种统计指标为编制标底的依据，再考虑材料价格涨落、劳动工资及各种津贴等费用的变动加以调整得出标底。

5.3.2 水利水电工程标底编制实例

1. 概　述

某大型水利枢纽工程位于淮河流域上游，以防洪灌溉为主，兼有工业供水、水产养殖、旅游等效益。该枢纽是 20 世纪 50 年代初治淮早期兴建的工程，原设计洪水标准为 100 年一遇，校核洪水标准为 1 000 年一遇，设计洪水位 233.8 m，校核洪水位 235.3 m，总库容 2.95 亿 m^3。

水库拦河建筑物有主坝及东西副坝。主坝长 1 316 m，最大坝高 47.88 m，坝顶宽 6.6 m；东副坝坝长 327 m，最大坝高 14 m；西副坝坝长 390 m，最大坝高 7 m；主坝及东西副坝基本为均质土坝。

输水建筑物有溢洪道和输水洞。溢洪道长 100 m，有 8 孔 12 m×8 m（宽×高）的弧形钢闸门，最大泄量 4 280 m^3/s；输水洞为有压洞，全长 359.15 m，圆形断面，最大泄量 118 m^3/s；副溢洪道堰顶高程 234 m，底宽 180 m，最大泄量 432 m³/s。

2001 年 3 月对水库工程安全标准进行复核，认定水库现有校核洪水标准不足 1 000 年一遇，未达到国家《防洪标准》（GB 50201—1994）规定的 2 000～5 000 年一遇的下限。由于该水库在淮河流域上游防洪调度中具有重要作用，故亟须除险加固，水库除险加固设计方案已经有关部门审查批准。按照国家有关规定，应对该水库的除险加固工程进行公开招标，并需编制招标文件标底。

2. 编制说明

（1）本工程标底按 2002 年第三季度的价格水平编制。

（2）编制办法采用能源水规（1991）527 号文颁发的关于试行《水利水电工程初步设计概算编制办法》及设计概算编制的有关文件和标准。

（3）费用标准采用水规（1998）15 号文关于印发《水利水电工程设计概（估）算费用构成及计算标准》的通知。

（4）建筑工程采用（1986）水电基字 81 号文《水利水电建筑工程预算定额》，不足部分采用水建（1994）243 号颁发的《水利水电建筑工程补充预算定额》。

（5）设备安装工程：采用水建（1993）63 号颁发的《中小型水利水电设备安装工程概算定额》。

（6）机械使用费，按台班计算，执行 1991 年由水利部能源部颁发的《水利水电工程施工机械台班费定额》，并将第一类费用的小计进行调整（调整系数采用 1.40）；第二类费用按定额中的用工数及实物消耗量乘以相应的预算价格计算；未计第三类费用。

（7）其他直接费。该项费用包括冬、雨季施工增加费，夜间施工增加费，小型临时设施摊销费及其他费用，以上费用合计按占基本直接费的百分率计，建筑工程取 2.5%，安装工程取 3.2%。

（8）现场经费。现场经费费率标准见表 5-1。

如前述，标底应参照国家、行业、地方有关工程造价编制办法以及本项目的具体情况进行编制。本例标底编制于 2002 年 11 月，参照了当时水利行业的工程造价编制依据。由于工程造价编制依据随着社会发展不断调整，在编制标底时要注意符合当时的具体情况。

表 5-1 现场经费费率表

序号	工 程 类 别	计算基础	现场经费费率		
			合计	临时设施费	现场管理费
1	土石方工程	直接费	8%	3%	5%
2	混凝土工程	直接费	9%	5%	4%
3	钻孔灌浆工程	直接费	8%	3%	5%
4	机电金属设备安装工程	人工费	50%	20%	30%

（9）间接费。间接费费率标准见表 5-2。

计划利润取 7%；税金取 3.22%。

表 5-2　间接费费率表

序号	工程类别	计算基础	间接费费率
1	土石方工程	直接费	9%
2	混凝土工程	直接费	5%
3	钻孔灌浆工程	直接费	8%
4	机电金属设备安装工程	人工费	80%

3. 基础单价

人工工资取
费标准参照国家
有关规定并结合
本项目情况综合
确定。

（1）人工工资标准。标准工资为 132~166 元/月，取 140 元/月；施工津贴为 3.5~5.3 元/天，取 4.5 元/天；中班津贴、夜班津贴平均为 2.5 元/天，相应计算出的人工预算单价为 23.57 元/工日。

（2）主要材料和砂石料预算价格。主要材料按当地市场价格加计运输费用为工地预算价。工程用块石、碎石从采石场购买，工程用砂从下游河道砂石料场开采经筛分而得。经计算，主要材料预算价格见表 5-3。

表 5-3　主要材料预算价格表

序号	材料名称	单位	市场价/元	预算价/元
1	钢筋	t	2 400	2 537.06
2	水泥	t	230	278.88
3	枋板木	m^3		1 485.86
4	汽油	t	3 350	3 540.73
5	柴油	t	3 200	3 377.30
6	块石	m^3	40	68.57
7	碎石	m^3	25	41.97
8	砂	m^3		45.31

（3）施工用电电价为 0.70 元/（kW·h），水价为 0.60 元/m^3，风价为 0.12 元/m^3。

（4）金属结构及机电设备价格按市场调查价计入，并按规定计算安装费。

4. 计算标底

计算标底汇总表见表 5-4。

表5-4　计算标底汇总表

编号	分组工程名称	金额/元
1	一般项目	519 230
2	主坝工程	16 952 079
3	西副坝工程	435 788
	合计（A）	17 907 097

备用金金额（B）：1 000 000 元

标底＝（A）＋（B）：18 907 097 元

枢纽除险加固工程可分为一般项目、主坝工程和西副坝工程共3个单项工程（东副坝工程无须加固）。以每个单项工程为一组，分别计算其标底，见表5-5至表5-7。

表5-5　分组工程量清单

组号：1　　　　　　　　　　　　　　　分组名称：一般项目

项目编号	项目名称	单位	工程量	单价/元	合价/元
1—1—1	临时设施				519 230
1—1—1—1	施工交通	项	1	14 320	14 320
1—1—1—2	施工供电	项	1	85 000	85 000
1—1—1—3	施工供水	项	1	96 500	96 500
1—1—1—4	施工通信	项	1	4 500	4 500
1—1—1—5	砂石料生产系统	项	1	11 200	11 200
1—1—1—6	混凝土拌和及浇筑系统	项	1	25 600	25 600
1—1—1—7	附属加工车间	项	1	25 760	25 760
1—1—1—8	仓库	项	1	13 600	13 600
1—1—1—9	临时办公及生活福利房屋	项	1	78 700	78 700
1—1—1—10	其他临时设施	项	1	98 650	98 650
1—1—2	现场试验费及监测费	项	1	65 400	65 400

表5-6　分组工程量清单

组号：2　　　　　　　　　　　　　　　分组名称：主坝工程

项目编号	项目名称	单位	工程量	单价/元	合价/元
2—2	土石方开挖及拆除				3 188 406
2—2—1	坝顶泥结碎石路面拆除	m³	1 973	14.69	28 983
2—2—2	坝顶混凝土防浪墙拆除（含电杆）	m³	1 758	144.21	253 521
2—2—3	上游218高程至坝顶干砌石拆除	m³	38 336	43.46	1 666 083
2—2—4	上游218高程至坝顶反滤料拆除	m³	16 412	27.29	447 883

项目编号	项目名称	单位	工程量	单价/元	合价/元
2—2—5	坝脚及戗台排水沟开挖	m³	4 029	14.69	59 186
2—2—6	坝顶路沿石拆除	m³	171	43.46	7 432
2—2—7	坝顶路沿石下浆砌石拆除	m³	298	62.29	18 562
2—2—8	原坝顶防浪墙土方开挖	m³	11 599	14.69	170 389
2—2—9	块石弃料外运	m³	21 457	21.41	459 394
2—2—10	水库右岸库边坍塌危岩清除	m³	1 690	43.46	73 447
2—2—11	水库右岸库边坍塌上部土层清除	m³	290	12.16	3 526
2—3	钻孔和灌浆				3 730 652
2—3—1	坝体（重粉质壤土）钻孔及封孔	m	3 750	224.78	842 925
2—3—2	砂卵石层钻孔	m	100	720.88	72 088
2—3—3	砂卵石层灌浆	m	100	480.58	48 058
2—3—4	岩层钻孔	m	5 760	133.47	768 787
2—3—5	岩层灌浆	m	5 760	303.36	1 747 354
2—3—6	坝体观测管（钻孔、安装）$\phi60$ mm	m	913	275.4	251 440
2—4	土石方填筑工程				296 149
2—4—1	黏土心墙填筑	m³	9 865	26.38	260 239
2—4—2	上坝路石渣填筑（厚30 cm）	m²	1 800	19.95	35 910
2—5	混凝土工程				2 952 969
2—5—1	C20混凝土防浪墙浇筑	m³	3 632	356.05	1 293 174
2—5—2	C20混凝土路面浇筑（厚0.2 m）	m²	9 716	46.95	456 166
2—5—3	L600低发泡塑料板	m²	708	70	49 560
2—5—4	防浪墙钢筋制作安装	t	127	4 584	582 168
2—5—5	下游坝肩挡墙C20混凝土	m³	316	277.62	87 728
2—5—6	"651"塑料止水带	m	836	69.1	57 768
2—5—7	上坝路加高C20混凝土（厚20 cm）	m²	1 800	46.22	83 196
2—5—8	坝顶照明杆C20混凝土墩	m³	88	277.62	24 431
2—5—9	内部观测设备孔口保护器	个	35	40	1 400
2—5—10	主坝位移观测预制C20混凝土	m³	12	568.53	6 822
2—5—11	主坝位移观测孔口保护器	个	54	40	2 160
2—5—12	预制安装C20混凝土翻越防浪墙台阶踏步	m³	36	511.37	18 409
2—5—13	翻越防浪墙台阶预制安装C20混凝土板	m³	3	543.91	1 632
2—5—14	翻越防浪墙台阶干黏石修饰面	m²	396	42	16 632
2—5—15	翻越防浪墙台阶栏杆焊接安装油漆（$\phi60$ mm）	m	651	51	33 201
2—5—16	预制C20混凝土坝坡踏步	m³	260	511.37	132 956
2—5—17	预制C20混凝土块坝坡踏步路沿石	m³	80	511.37	40 910

项目编号	项 目 名 称	单位	工程量	单价/元	合价/元
2—5—18	自动化观测 C20 混凝土线槽浇筑	m²	83	279.75	23 219
2—5—19	自动化观测预制 C20 混凝土盖板	m³	72	543.91	39 162
2—5—20	自动化观测钢管铺设（内径 55 mm，壁厚 5 mm）	m	65	35	2 275
2—6	砌体工程				7 013 454
2—6—1	上游干砌石护坡 218 至坝顶（利用方）	m³	15 334	53.89	826 349
2—6—2	上游干砌石护坡 218 至坝顶（外购方）	m³	18 210	150.56	2 741 698
2—6—3	上游坡 218～226 反滤料填筑	m³	19 147	83.44	1 597 626
2—6—4	上游坡 226 至坝顶反滤料填筑	m³	5 964	83.44	497 636
2—6—5	防浪墙上游 M7.5 水泥砂浆砌筑块石	m³	1 176	243.83	286 744
2—6—6	坝顶路面碎石土基层 0.5m 厚（碎石占 70%）	m²	9 716	50.84	493 961
2—6—7	下游坝脚 M7.5 浆砌石排水沟	m³	805	243.83	196 283
2—6—8	下游坝脚干砌石排水沟砌筑	m³	1 881	155.03	291 611
2—6—9	下游戗台干砌石排水沟砌筑	m³	526	155.03	81 546

表 5 – 7　分组工程量清单

组号：3　　　　　　　　　　　　　　　　分组名称：西副坝工程

项目编号	项 目 名 称	单位	工程量	单价/元	合价/元
3—2	土石方开挖及拆除				
3—2—1	上游坝坡干砌块石拆除	m³	3 091	42.5	131 368
3—2—2	上游坝坡反滤料拆除	m³	4 122	27.29	112 489
3—4	土石方填筑工程				
3—4—1	右坝头裹头砂砾土料填筑	m³	157	19.18	3 011
3—5	混凝土工程				
3—5—1	C20 混凝土防浪墙浇筑	m³	300	356.05	106 815
3—6	砌体工程				
3—6—1	上游坝坡干砌块石护坡（利用方）	m³	1 546	50.21	77 625

5. 主要项目的单价分析

为计算各分项工程的标底，需进行各主要工程项目单价分析（单价分析计算表从略）。

5.4 水利水电工程投标报价

如前述，报价是投标书的核心内容。投标报价的主要工作包括投标报价前的准备工作、投标报价编制和标价的评估与决策等。

5.4.1 投标报价前的准备工作

1. 研究招标文件

招标文件规定了承包人的职责和权利，必须高度重视，认真研读。招标文件内容虽然很多，但总的来说不外乎商务条款、标的工程内容条款和技术要求条款。下面就其各个方面应注意的问题予以阐述。

（1）合同条件方面。该方面包括以下各项：

① 要核准下列日期：投标截止日期和时间；投标有效期；由合同签订到开工允许时间；总工期和分阶段验收的工期；工程保修期等。

② 关于误期赔偿费的金额和最高限额的规定；提前竣工奖励的有关规定。

③ 关于履约保函或担保的有关规定，保函或担保的种类，保函额或担保额的要求，有效期等。

④ 关于付款条件。应明确是否有工程预付款，其金额和扣还时间与办法；永久设备和材料预付款的支付规定；工程付款结算的方法；自签发支付证书至付款的时间；拖期付款是否支付利息；扣留保留金的比例、最高限额和退还条件。

⑤ 关于物价调整条款。应明确有无对于材料、设备和工资的价格调整规定，其限制条件和调整公式如何。

⑥ 关于工程保险和现场人员事故保险等的规定，如保险种类、最低保险金额、保期和免赔额等。

⑦ 关于人力不可抗拒因素造成损害的补偿办法与规定；中途停工的处理办法与补救措施。

⑧ 关于争端解决的有关规定。

（2）承包人责任范围和报价要求方面。该方面包括以下各项：

① 明确合同的类型（如单价合同、总价合同或成本加酬金合同），合同类型不同，承包人的责任和风险不同。

② 认真落实要求投标的报价范围，不应有含糊不清之处。

③ 认真核算工程量。核算工程量不仅是为了便于计算投标价格，而且是今后在实施工程中核对每项工程量的依据，也是安排施工进度计划、选

定施工方案的重要依据。投标人应结合招标图纸，认真仔细地核对工程量清单中的各个分项，特别是工程量大的细目，力争做到这些细目中的工程量与实际工程中的施工部位能"对号入座"，数量平衡。

（3）技术规范和图纸方面。该方面包括以下各项：

① 工程技术规范是按工程类型来描述工程技术和工艺的内容和特点，对设备、材料、施工和安装方法等所规定的技术要求，或对工程质量（包括材料和设备）进行检验、试验和验收所规定的方法和要求。要特别注意技术规范中有无特殊施工技术要求，有无特殊材料和设备的技术要求，有无允许选择代用材料和设备的规定，若有，则要分析其与常规方法的区别，合理估算可能引起的额外费用。

② 图纸分析要注意平、立、剖面图之间尺寸、位置的一致性，结构图与设备安装图之间的一致性，当发现矛盾之处，应及时提请招标人予以澄清和修正。

2. 工程项目所在地的调查

（1）自然条件调查。该调查包括以下各方面：

① 气象资料，包括年平均气温、年最高气温和年最低气温，风向、最大风速和风压值，日照，年平均降雨（雪）量和最大降雨（雪）量，年平均湿度、最高和最低湿度等有关资料，应特别注意分析全年不能和不宜施工的天数（如气温超过或低于某一温度持续的天数，雨量和风力大于某一数值的天数，台风频发季节及天数等）。

② 水文及水文地质资料，包括洪水、潮汐、风浪等。

③ 地震及其他自然灾害情况等。

④ 地质情况，包括地质构造及特征，地基承载能力，是否有大孔土、膨胀土，以及冬季冻土层厚度等。

（2）施工条件调查。该调查包括以下各方面：

① 工程现场的用地范围、地形、地貌、地物、标高，地上或地下障碍物，现场的"三通一平"（通路、通水、通电）情况（是否可能按时达到开工要求）；

② 工程现场周围的道路、进出场条件；

③ 工程现场施工临时设施、大型施工机具、材料堆放场地安排的可能性，是否需要第二次搬运；

④ 工程现场邻近建筑物与招标工程的间距、结构形式、基础埋深、高度；

⑤ 当地供电方式、方位、距离、电压等；

⑥ 工程现场通信线路的连接和铺设；

落实报价范围很重要。例如，报价是否含有勘察设计补充工作，是否包括修建进场道路和临时水电设施，有无建筑物拆除及现场清理工作等。

217

⑦ 当地政府有关部门对施工现场管理的一般要求、特殊要求及规定，是否允许节假日和夜间施工等。

（3）其他条件调查。该调查包括以下各方面：

① 是否可以在工程现场安排工人住宿，对现场住宿条件有无特殊规定和要求；

② 是否可以在工程现场或附近搭建食堂，自行供应施工人员伙食，若不可能，通过什么方式解决施工人员餐饮问题，其费用如何；

③ 工程现场附近治安情况如何，是否需要采用特殊措施加强施工现场保卫工作；

④ 工程现场附近的生产厂家、商店、各种公司和居民的一般情况，本工程施工可能对其造成的不利影响；

⑤ 工程现场附近各种社会服务设施和条件，如当地的卫生、医疗、保健、通信、公共交通、文化、娱乐设施情况及其技术水平、服务水平、费用，有无特殊的地方病、传染病等。

3. 市场状况调查

市场状况调查主要是指与本工程项目相关的生产要素市场方面的调查。

（1）对招标方情况的调查。该调查包括以下各方面：

① 本工程的资金来源、额度、落实情况。

② 本工程各项审批手续是否齐全。

③ 招标人员的工程建设经验，招标人在已建工程和在建工程招标、评标过程中的习惯做法，对承包人的态度以及招标人信誉，是否及时支付工程款，能否合理对待承包人的索赔要求等。

④ 监理工程师的资历，承担过监理任务的主要工程，工作方式和习惯，对承包人的基本态度，当出现争端时能否站在公正的立场上提出合理解决方案等。

（2）对竞争对手的调查。首先分析有多少可能参与投标的公司，进而了解可能参与投标竞争的公司的有关情况，包括技术特长、管理水平、经营状况等。

（3）生产要素市场调查。承包人应为实施工程购买所需工程材料，增置施工机械、零配件、工具和油料等，而它们的市场价格和支付条件是变化的，因此会对工程成本产生影响。投标时，要使报价合理并具有竞争力，就应对所购工程物资的品质、价格等进行认真的调查，即做好询价工作。

如果工程施工需要雇用当地劳务，则应了解可能雇到的工人的工种、数量、素质、基本工资和各种补助费及有关社会福利、社会保险等方面的规定。

不仅要了解当时的价格，还要了解过去的变化情况，预测未来施工期间可能发生的变化，以便在报价时加以考虑。此外，工程物资询价还涉及物资的种类、品质、支付方法、运输方式、供货计划等问题，也必须了解清楚。

4. 参加标前会议和勘察现场

（1）标前会议。标前会议也称投标预备会，是招标人给所有投标人提供的一次答疑的机会。投标人应认真准备和积极参加标前会议。

在标前会议之前，招标人应将事先研究招标过程中发现的各类问题整理成书面文件，寄给招标人要求给予书面答复，或在标前会议上予以解释和澄清。参加标前会议时应注意以下几点：

① 对工程内容不清的问题，应提请解释、说明，但不要提出任何修改设计方案的要求。

② 如招标文件中的图纸、技术规范存在相互矛盾之处，可请求说明以何者为准，但不要轻易提出修改技术要求。

③ 对含糊不清、容易产生理解上歧义的合同条款，可以请求给予澄清、解释，但不要提出任何改变合同条件的要求。

④ 应注意提问的技巧，注意不使竞争对手从自己的提问中获悉本公司的投标设想和施工方案。

⑤ 招标人或咨询工程师在标前会议上对所有问题的答复均应发出书面文件，并作为招标文件的组成部分。投标人不能仅凭口头答复来编制自己的投标文件。

（2）现场勘察。现场勘察一般是标前会议的一部分，招标人会组织所有投标人进行现场参观。投标人应准备好现场勘察提纲并积极参加这一活动。派往参加现场勘察的人员事先应认真研究招标文件的内容，特别是图纸和技术文件。现场勘察应由经验丰富的工程技术人员参加。

> 现场勘察中，除与施工条件和生活条件相关的一般性调查外，还应根据工程专业特点，有重点地结合专业要求进行勘察。

现场勘察费用可列入投标报价中，但如不中标，则投标人得不到任何补偿。

5. 编制施工规划

在进行计算标价之前，首先应制定施工规划，即初步的施工组织设计。施工规划内容一般包括工程进度计划和施工方案等，招标人将根据这些资料评价投标人是否采取了充分和合理的措施，保证按期完成工程施工任务。另外，施工规划对投标人自己也是十分重要的，因为进度安排是否合理，施工方案选择是否恰当，与工程成本和报价有密切关系。制定施工规划的依据是设计图纸、规范、经过复核的工程量清单、现场施工条件、开工竣工的日期要求、机械设备来源、劳动力来源等。

编制施工规划的原则是在保证工期和工程质量的前提下，尽可能使工程成本最低，投标价格合理。

> 编制一个好的施工规划可以大大降低标价，提高竞争力。

（1）工程进度计划。在投标阶段编制的工程进度计划可以粗略一些，一般用横道图表示即可（除招标文件规定必须用网络图者，一般可不采用网络计划），但应注意满足以下要求：

① 总工期符合招标文件的要求，如果合同要求分期、分批竣工交付使用，则应标明分期、分批交付使用的时间和数量。

② 标明各项主要工程的开始和结束时间。例如，土方工程、基础工程、混凝土结构工程、水电安装工程等的开始和结束时间。

③ 体现主要工序相互衔接的合理安排。

④ 有利于基本上均衡地安排劳动力，尽可能避免现场劳动力数量急剧起落，这样可以提高工效和节省临时设施。

⑤ 有利于充分有效地利用施工机械设备，减少机械设备占用周期。

⑥ 便于编制资金流动计划，有利于降低流动资金占用量，节省资金利息。

（2）施工方案。制定施工方案要从工期要求、技术可行性、保证质量、降低成本等方面综合考虑，其内容应包括下列几方面：

① 根据分类汇总的工程数量和工程进度计划中该类工程的施工周期，以及招标文件的技术要求，选择和确定各项工程的主要施工方法和适用、经济的施工方案。

② 根据各类工程的施工方法，选择相应的机具设备，并计算所需数量和使用周期。研究确定是否采购新设备、调进现有设备，或在当地租赁设备。

③ 研究决定哪些工程由自己组织施工，哪些分包，提出分包的条件设想，以便询价。

④ 用概略指标估算直接生产劳务数量，考虑其来源及进场时间安排。可从所需直接生产劳务的数量，结合以往经验估算所需间接劳务和管理人员的数量，并可估算生活临时设施的数量和标准等。

⑤ 用概略指标估算主要的大宗建筑材料的需用量，考虑其来源和分批进场的时间安排，并可估算现场用于存储、加工的临时设施。如果有些建筑材料，如砂、石等拟就地自行开采，则应估计采砂、石场的设备和人员，并计算自采砂、石的单位成本价格。如有些构件拟在现场自制，应确定相应的设备、人员和场地面积，并计算自制构件的成本价格。

⑥ 根据现场设备、高峰人数和全部生产和生活方面的需要，估算现场用水、用电量，确定临时供电和供、排水设施。

⑦ 考虑外部和内部材料供应的运输方式，估计运输和交通车辆的需要和来源。

⑧ 考虑其他临时工程的需要和建设方案。例如，进场道路、停车场地等。

⑨ 提出某些特殊条件下保证正常施工的措施。例如，降低地下水位以

如果招标文件规定承包人应当提供建设单位现场代表和驻现场监理工程师的办公室、车辆、测试仪器、办公家具、设备和服务设施时，可以根据招标文件的具体要求，将其作为一个相对独立的子项工程报价。

保证基础或地下工程施工的措施，冬季、雨季施工措施等。

⑩ 其他必需的临时设施的安排。例如，临时围墙或围篱、警卫设施、夜间照明，现场临时通信设施等。

应注意上述施工方案中的各种数字都是按汇总工程量和概略定额指标估算的，在计算标价过程中，需要按后续计算得出的详细数字予以修正和补充。

5.4.2　投标报价的编制

1. 投标报价的原则

投标报价的编制主要是投标单位对承建招标工程所要发生的各种费用的计算。报价编制的原则主要包括以下几方面：

（1）以招标文件中设定的发承包双方责任划分，作为考虑投标报价费用项目和费用计算的基础；根据工程发承包模式确定投标报价的费用内容和计算深度。

（2）以施工方案、技术措施等作为投标报价计算的基本条件。

（3）以反映企业技术和管理水平的企业定额作为计算人工、材料和机械台班消耗量的基本依据。

（4）充分利用现场考察调研成果、市场价格信息和行情资料编制基本价格，确定调价方法。

（5）报价计算方法要科学严谨、简明适用。

2. 投标报价的计算依据

投标报价的依据主要包括以下几方面：

（1）招标单位提供的招标文件。

（2）招标单位提供的设计图纸、工程量清单及有关的技术说明书等。

（3）国家及地区颁发的现行预算定额及与之相配套执行的各种费用定额规定等。

（4）地方现行材料预算价格、采购地点及供应方式等。

（5）招标人对于招标文件及设计图纸等不明确之处进行书面答复的有关资料。

（6）企业内部制定的有关取费、价格等的规定、标准。

（7）其他与报价计算有关的各项政策、规定及调整系统等。

3. 投标报价编制方法

编制投标报价的主要程序和方法与编制标底基本相同，但是由于立场不同、作用不同，因而方法有所不同，现对主要不同点介绍如下。

（1）人工费单价。人工费单价的计算不但要参照现行概算编制规定的

> 报价是投标的关键性工作，报价是否合理直接关系到投标的成败。

> 在标价的计算过程中，对于不可预见费用的计算必须慎重考虑，不要遗漏。

人工费组成，还要合理结合本企业的具体情况进行调整。如果按概预算定额算出的人工费单价偏高，为提高投标的竞争力，可适当降低。可考虑的降低途径有：更加详细地划分工种，各项工资性津贴按照调查资料计算，工人年有效工作日和工作小时数按工地实际工作情况进行调整等。

（2）施工机械台时费。施工机械台时费与机械设备来源密切相关，机械设备可以是施工企业已有的和新增的，新增的包括购置的或是租赁的。

① 购置的施工机械。其台时费包括购置费和运行费用，即包括基本折旧费、轮胎折旧费、修理费、机上人工和动力燃料费、车船使用税、养路费和车辆保险费等。这些费用可视招标文件的要求计入施工机械台时费或间接费内。施工机械台时费的计算可参照行业有关定额和规定进行，缺项时，可补充编制施工机械台时费。

② 租赁的施工机械。根据工程项目的施工特点，为了保证工程的顺利实施，业主有时提供某些大型专用施工机械供承包商租用，或承包商根据自己的设备状况而另外租赁施工机械。此时，施工机械台时费应按照业主在招标文件中给出的条件或租赁协议的规定进行计算。对于租赁的施工机械，其基本费用是支付给设备租赁公司的租金。编制标价时，往往要加上操作人员的工资、燃料费、润滑油费、其他消耗性材料费等。

（3）工程直接费单价编制。按照工程量报价单中各个项目的具体情况，可采用编制标底的类似方法，如定额法、工序法、直接填入法。采用定额法计算工程单价，应根据所选用的施工方法，确定充分反映本企业实际水平的定额。

（4）间接费计算。计算间接费时要按施工规划、施工进度、施工要求确定下列数据或资料：

① 管理机构设置及人员配备数量；

② 管理人员工作时间和工资标准；

③ 人均每日办公、差旅、通信等费用指标；

④ 工地交通车辆数量、工作时间及费用指标；

⑤ 其他，如固定资产折旧费、职工教育经费、财务费用等归入间接费项目的费用估算。

按照以上资料可粗略算出间接费费率，并与主管部门规定的间接费费率相比较，一般前者不能大于后者。间接费的计算既要结合本企业的具体情况，更要注意投标竞争情况，过高的间接费费率，不仅会削弱竞争能力，也表示本企业管理水平低下。

（5）利润、税金计算。投标人应根据企业状况、施工水平、竞争情况、工作饱满程度等确定利润并按国家税法规定计算税金。

（6）确定报价。在投标报价工作基本完成后，专业人员应向投标决策人员汇报工作成果，供讨论修改和决策。

（7）填写投标报价书。

5.4.3　标价的评估与决策

初步计算出标价之后，投标人应当对其进行多方面的分析和评估，其目的是探讨标价的合理性，从而做出最终报价决策。标价的分析评估从以下几方面进行。

1. 标价的宏观审核与调整

标价的宏观审核是依据投标人在长期工程实践中积累的大量经验数据，用类比的方法，从宏观上判断初步计算标价的合理性。宏观审核与调整可从以下几方面进行。

（1）分项统计标价计算书中的汇总数据，并计算各指标的比例关系，如计算总直接费和总管理费的比例，劳务费和材料费的比例，临时设备和机具设备费与总直接费用的比例，利润、流动资金及其利息与总标价的比例等。对上述各比例关系指标进行分析后，可从宏观上判断标价结构的合理性。

（2）从本企业的实践经验角度分析平均人月产值和人年产值的合理性。

（3）参照同类工程的经验，扣除不可比因素后，分析单位工程价格及用工、用料量的合理性。

（4）针对宏观审核发现的不合理情况，可对某些基价、定额或分摊系数进行调整，并在改变施工方案、降低材料设备价格和节约管理费用等方面提出可行措施。对于明显不合理的标价构成部分，应重点进行相关调整。经宏观审核与调整后形成基础标价。

> 有经验的承包人不难从这些比例关系判断标价的构成是否基本合理。

2. 标价的动态分析

标价的动态分析是假定某些因素发生变化，测算标价的变化幅度，以及这些变化对计划利润的影响。标价的动态分析可从以下几方面进行：

（1）工期延误的影响。由于承包人自身的原因可能造成工期延误，此时承包人会增加管理费、劳务费、机械使用费以及占用资金的数额及其利息，这些费用的增加不可能通过索赔得到补偿。同时，工期延误可能导致罚款。为此，可以测算不同工期延长时间使上述各种费用增大（利润减少）的数额及其占总标价的比率，还可测算将使利润全部丧失的工期拖延极限值。

（2）物价和工资上涨的影响。调查工程物资和工资的升降趋势和幅度，调整标价计算中材料设备和工资上涨系数，测算其对工程计划利润的影响，从而明确投标计划利润对物价上涨因素的承受能力。

（3）其他可变因素的影响。通过分析影响标价的其他可变因素（如贷款利率的变化、政策法规的变化等），可进一步了解投标计划利润所受影响和变化的程度。

3. 标价的盈亏与低标价和高标价分析

在宏观审核与调整后形成的基础标价的基础上，进行盈亏分析，进而提出可能的低标价和高标价，供投标决策时选择。盈亏分析包括盈余分析和亏损分析两方面。

盈余分析是从标价组成的各个方面挖掘潜力，估算基础标价可能降低的数额。亏损分析是针对未来施工中可能出现的不利因素，估算可能产生的费用增加（利润损失）。盈余分析和亏损分析均应按照工程的具体情况，对各个方面、各个环节全面细致地进行。分析中，要充分预计和考虑各方面的有利和不利情况（如劳务、材料、设备、施工机械的效率和价格的变化，管理费、临时设施费、流动资金与贷款利息、保险费、维修费等各项费用的变化，工程质量情况，自然条件，以及建设单位、监理单位等方面的情况等）。

在盈亏分析的基础上，可分析和提出投标的低标价和高标价。其表达式为

$$低标价 = 基础标价 - （挖潜盈余 \times 修正系数_1） \qquad (5-4)$$
$$高标价 = 基础标价 + （费用增加 \times 修正系数_2） \qquad (5-5)$$

式中：挖潜盈余——经盈余分析估算的基础标价可能降低的数额；

费用增加——经亏损分析估算的可能产生的费用增加（利润损失）；

修正系数$_1$、修正系数$_2$——分别为考虑盈余分析和亏损分析具有不确定性的修正系数，可取为 $0.5 \sim 0.7$。

4. 报价决策

报价决策是投标人有关领导、专业人员和高级咨询人员共同研究，在标价宏观审核、动态分析及盈亏分析基础上做出有关投标报价的最后决定。

为了在竞争中取胜，在报价决策中应注意以下问题：

（1）作为决策的主要依据应当是本企业专业人员的计算书和分析指标。报价决策不是干预专业人员的具体计算，而是由领导同专业人员一起，对各种因素进行分析，并做出果断和正确的决策。

（2）各投标人获得的基础价格资料是相近的，因此从理论上分析，各投标人报价同标底价格都应当相差不远。各企业报价之所以出现差异，主要是由于：a. 各企业期望盈余（计划利润）和风险费不同；b. 企业各自拥有不同的优势；c. 选择的施工方案不同；d. 企业管理费用存在差别等。为此，在投标决策时应当注意对本公司和竞争对手进行实事求是的对比评估和分析。

（3）报价决策应考虑招标项目的特点，一般对有以下情况的工程报价可以高一些：a. 工程施工条件差，工程量小；b. 技术密集，专业水平要求高，而本公司有相应专长，声望高；c. 支付条件不理想等。对于和上述情况相反且竞争对手众多的工程，报价则可以低一些。

5.5　FIDIC 招标程序简介

5.5.1　FIDIC 组织及 FIDIC 条件

FIDIC 是国际咨询工程师联合会法文名称的缩写，音译"菲迪克"。1913 年，欧洲四个国家的咨询工程师协会在法国巴黎成立了 FIDIC 组织。经过多年的发展，该联合会已拥有分布于 80 多个国家和地区的咨询工程师专业团体会员（其会员在每个国家只有一个），是被世界银行认可的国际咨询服务机构，现总部设在瑞士洛桑。

FIDIC 下属有四个地区成员协会，即 FIDIC 亚洲及太平洋地区成员协会、FIDIC 欧洲共同体成员协会、FIDIC 非洲成员协会集团和 FIDIC 北欧成员协会集团。FIDIC 还下设多个专业委员会，主要的有业主咨询工程师关系委员会、土木工程合同委员会、电器机械合同委员会及职业责任委员会等。FIDIC 各专业委员会编制了多种标准合同条件，如 FIDIC《土木工程施工合同条件》、FIDIC《电器和机械工程合同条件》等。

> 中国工程咨询协会于 1996 年 10 月加入 FIDIC。

FIDIC 合同条件在世界上应用很广，不仅为 FIDIC 成员采用，世界银行、亚洲开发银行等国家金融机构的招标采购样本也经常采用。

5.5.2　FIDIC《土木工程施工合同条件》（红皮书）

由于国际工程建设的飞速发展，工程建设的规模扩大、风险增加，对当事人的权利义务应有更为明确详细的约定，而这给当事人签订合同时再做约定带来了困难。在客观上，国际工程界需要一种标准合同文本，能在工程项目建设中普遍适用或稍作修改即可适用。

1957 年，FIDIC 与欧洲建筑工程联合会在英国土木工程师协会编写的《标准合同条件》基础上，制定了 FIDIC《土木工程施工合同条件》（红皮书）第一版。第一版主要沿用英国的传统做法和法律体系。1969 年出版了第二版 FIDIC《土木工程施工合同条件》，第二版没有修改第一版的内容，只是增加了适用于疏浚工程的特殊条件。1977 年第三版 FIDIC《土木工程施工合同条件》出版，对第二版做了较大修改，同时出版了《土木工程合同文件诠释》。1987 年 FIDIC《土木工程施工合同条件》第四版出版，本节下文中的"FIDIC 合同条件"即指 FIDIC《土木工程施工合同条件》（红皮书）。

FIDIC 通用合同条件可以大致划分为涉及权利和义务的条款、涉及费用管理的条款、涉及工程进度控制的条款、涉及质量控制的条款和涉及法规性的条款五大部分。

1988 年又出版了第四版修订版。第四版修订版出版后，为指导应用，又于 1989 年出版了一本更加详细的《土木工程合同条件应用指南》。1999 年 FIDIC 又发布了《施工合同条件（Conditions of Contract for Construction）》（新红皮书）。

FIDIC 合同条件得到了美国总承包商协会、中美洲建筑工程联合会、亚洲及西太平洋承包商协会国际联合会的批准，并被推荐为土建工程实行国际招标时通用的合同条件。

1. FIDIC 合同条件的构成

FIDIC 合同条件由通用合同条件和专用合同条件两部分构成，且附有合同协议书、投标函和争端仲裁协议书。

（1）FIDIC 通用合同条件。FIDIC 通用条件是固定不变的，适用于所有土木工程。通用条件共分 20 多个方面，包括一般规定，业主、工程师、承包商、指定分包商，职员和劳工，工程设备、材料和工艺，开工、误期和暂停竣工检验，业主的接收，缺陷责任，测量和估价，变更和调整，合同价格和支付，业主提出终止，承包商提出暂停和终止，风险和责任，保险，不可抗力，索赔、争端和仲裁等。

（2）FIDIC 专用合同条件。FIDIC 在编制合同条件时，对土木工程施工的具体情况做了充分而详尽的考虑，从中归纳出大量具体详尽的内容且适用于所有土木工程施工的合同条款，组成了通用合同条件。但仅有这些是不够的，具体到某一工程项目，有些条款应进一步明确，有些条款还必须考虑工程的具体特点和所在地区的情况予以必要的变动。FIDIC 专用合同条件即为实现这一目的。通用条件与专用条件共同构成了决定一个具体工程项目各方的权利义务及对工程施工的具体要求的合同条件。

2. FIDIC 合同条件的特点

（1）FIDIC 合同条件要求业主委托监理工程师（称为工程师）对工程项目的施工进行施工管理。工程师由业主任命，与业主签订服务委托协议。

（2）FIDIC 合同条件对合同责任、风险分配等进行了详细的说明，比较公正地处理了合同双方的风险分配及合同责任，并尽最大的努力使合同双方之间的权利和义务达到总体平衡。FIDIC 合同条件规定了详细的工作程序，可操作性强。

3. FIDIC 合同条件的应用

FIDIC 合同条件在应用时对工程类别、合同性质、前提条件等都有一定的要求。

（1）FIDIC 合同条件适用的工程类别。FIDIC 合同条件适用于所有土木工程。

（2）FIDIC 合同条件适用的合同性质。FIDIC 合同条件在传统上主要适用于国际工程施工。但对 FIDIC 合同条件进行适当修改后，同样适用于国内工程。

（3）应用 FIDIC 合同条件的前提。FIDIC 合同条件注重业主、承包商、工程师三方的关系协调，强调工程师在项目管理中的作用。在土木工程施工中应用 FIDIC 合同条件应具备以下前提：通过竞争性招标确定承包商；委托工程师对工程施工进行监理；按照单价合同方式编制招标文件（但也可以有些子项采用包干方式）。

5.5.3　FIDIC 招标程序

国际咨询工程师联合会（FIDIC）认为业主应采用竞争性招标的方式选择承包商。FIDIC 推荐的标准招标程序主要分 3 个阶段，共计 12 个步骤，具体如下：

1. 对投标者资格预审

（1）邀请承包商参加资格预审；

（2）颁发和提交资格预审文件；

（3）对资格预审资料进行分析，确定并公布已入选的投标者名单。

2. 招标和投标

（1）准备招标文件；

（2）颁发招标文件；

（3）邀请投标者考察现场；

（4）对招标文件进行必要的修订；

（5）投标者质疑；

（6）投标书的提交和接书。

3. 开标和评标

（1）开标；

（2）评标；

（3）合同谈判和授予合同。

实践证明，FIDIC 招标程序对选择优秀的承包商和确定合理的工程价格是非常有效的。

5.5.4　FIDIC 招标程序在我国的应用

如前述，我国自 20 世纪 80 年代初期开始引入招标投标制度，先后在利用国外贷款、机电设备进口、建设工程发包等领域推行。与此同时，引入了 FIDIC 招标程序与 FIDIC 合同条件。

> 我国的一些水利水电国际工程项目，如黄河小浪底工程，四川二滩水电站等项目就是严格依照 FIDIC 推荐的招标程序完成招标的。

　　FIDIC 招标程序与 FIDIC 合同条件对我国招标投标制度的形成和发展具有重大影响。我国在工程建设领域首次运用 FIDIC 招标程序与 FIDIC 合同条件是在云南鲁布革水电站。由于鲁布革水电站使用世界银行贷款，按照世界银行的要求必须采用 FIDIC 招标程序与 FIDIC 合同条件进行国际招标。通过公开国际招标，日本大成公司以较低报价中标。在项目实施过程中，鲁布革水电站也按照 FIDIC 合同条件要求实行建设监理制度。

　　鲁布革水电站在利用 FIDIC 招标程序选择优秀的承包商以及使用 FIDIC 合同条件进行项目管理等方面取得很大成功，并对我国原有的计划经济体制和思想观念形成了巨大的冲击，产生了所谓"鲁布革冲击波"。从此，我国逐步确立了建设项目的项目法人责任制、招标投标制、建设监理制及合同管理制。我国《招标投标法》的立法，以及《水利水电土木工程施工合同和招标文件示范文本》等的编制，都借鉴了 FIDIC 招标程序等国际惯例。

小　结

本章介绍了水利水电建设招标投标阶段工程造价管理。本章的主要内容有：
1. 水利水电工程招标投标阶段工程造价管理的主要内容；
2. 水利水电工程招标投标制度和机制；
3. 水利水电工程标底编制方法和标底编制实例；
4. 水利水电工程报价编制；
5. FIDIC 招标程序。

作　业

一、思考题
1. 简述招标投标的概念和机制。
2. 建设项目从竞争的程度进行分类，招标分为哪两种招标方式？
3. 水利水电工程施工招标的程序有哪些？
4. 水利水电工程施工承包合同的类型有哪些？
5. 水利水电工程招标标底的编制原则是什么？
6. 水利水电工程项目投标报价前需要哪些准备工作？
7. 投标报价编制的原则主要包括哪些方面？
8. 投标报价决策应该注意哪些问题？

9. FIDIC 招标程序都有哪些步骤？

二、填空题

1. 我国从_____开始引入招标投标制度，先后在利用国外贷款、机电设备进口、建设工程发包等领域推行，在控制工程造价、质量和工期等方面取得了良好的效果。

2. 我国《招标投标法》规定，招标投标活动必须遵守_____的原则。

3. 为分析、评价投标人的报价的合理性，防止串通投标、哄抬标价等，控制招标项目投资，招标人应编制_____。

4. 建设项目招标的种类包括_____。

5. 水利水电工程施工合同按计价方法不同，合同价格形式一般有_____、_____、_____和_____四种。

6. 标底由_____、_____、_____等组成，标底一般应控制在批准的总概算和投资包干限额内。

7. 编制标底的基本工作是编制_____和_____。

8. 在编制标底的工程计算中，直接工程费的计算方法主要有_____、_____和_____。

9. 投标报价的主要工作包括_____和_____两部分。

10. FIDIC 合同条件由_____和_____两部分组成，且附有合同协议书、投标函和争端仲裁协议书。

三、选择题

1. 一个招标项目，可以有（　　）标底。

A. 一个　　　　　　　　　　B. 两个

C. 三个　　　　　　　　　　D. 四个

2. 开标前，标底属于绝密材料，严禁以任何形式泄露，若出现泄露情况属于（　　）。

A. 违纪行为　　　　　　　　B. 违法行为

C. 工作失误　　　　　　　　D. 不可避免的现象

3. 报价决策也应考虑招标项目的特点，一般来说对于下列情况报价可低一些：（　　）。

A. 施工条件差、工程量小的工程

B. 专业水平要求高的技术密集型工程，而本公司在这方面有专长、声望高

C. 支付条件不理想的工程

D. 竞争激烈的工程

4. 某大型水利水电工程已经国家批准立项，现准备主体工程的招标，该主体工程宜采取的合同价格形式为（　　）。

A. 总价合同　　　　　　　　B. 单价合同

C. 成本加酬金合同　　　　　D. 混合型合同

5. 不属于业主编制标底的依据是（　　）。

A. 承包商的施工方案 　　　　　　B. 有关造价文件和规定

C. 招标文件 　　　　　　　　　　D. 市场价格信息

6. 下列日期或时间中，与招投标活动无关的日期或时间是（　　　）。

A. 投标截止日期 　　　　　　　　B. 开标时间

C. 投标有效期 　　　　　　　　　D. 投入生产运行日期

7. 编制一个好的施工规划，可以（　　　）。

A. 节省工程材料

B. 便于施工管理

C. 在保证工期和质量的前提下，大大降低投标报价，提高竞争力

D. 提高承包价格

8. 在投标报价动态分析时，不需要考虑的因素有（　　　）。

A. 业主指定的材料 　　　　　　　B. 工期延误的影响

C. 物价上涨的影响 　　　　　　　D. 贷款利率的变化

9. 投标报价决策应考虑招标项目的特点，一般对有（　　　）情况的工程报价可以低一些。

A. 工程施工条件差，工程量小 　　B. 技术密集，专业要求高

C. 竞争对手多 　　　　　　　　　D. 支付条件不理想

10. FIDIC 合同条件由（　　　）组成。

A. 通用条件 　　　　　　　　　　B. 专用条件

C. 通用条件和专用条件 　　　　　D. 合同协议书

四、判断题

1. 投标人可以以低于成本的报价竞标。　　　　　　　　　　　　　（　　　）

2. 我国法学界一般认为，建设项目招标是要约邀请，而投标是要约，中标通知书是承诺。　　　　　　　　　　　　　　　　　　　　　　　　　　　（　　　）

3. 编制标底可以突破业主预算。　　　　　　　　　　　　　　　　（　　　）

4. 招标人可以针对不同的投标单位而有不同的标底。　　　　　　　（　　　）

5. FIDIC 通用条件是固定不变的。　　　　　　　　　　　　　　　（　　　）

6. 在投标人的投标过程中，一般情况下，现场勘察费用由招标人支付。（　　　）

7. 由于投标人对招标范围的理解错误而造成的投标报价严重偏离，由投标人自己负责。　　　　　　　　　　　　　　　　　　　　　　　　　　　（　　　）

8. 业主标底价格是投标人投标报价的重要依据。　　　　　　　　　（　　　）

9. 业主标底价格应力求与市场的实际变化吻合，要有利于竞争和保证工程质量。　　　　　　　　　　　　　　　　　　　　　　　　　　　　　　（　　　）

10. 招标文件与编制业主标底无关。　　　　　　　　　　　　　　　（　　　）

第 6 章

水利水电建设项目施工阶段工程造价管理

学习指导

目标：1. 理解水利水电建设项目施工阶段工程造价管理的内容；

2. 理解水利水电工程投资动态管理和业主预算的概念及其编制的基本方法；

3. 掌握施工承包合同管理中工程计量与支付、工程变更投资管理、工程价格调整的概念和方法；

4. 掌握水利水电工程索赔机制及其处理和应对方法；

5. 理解水利水电工程资金使用计划和投资偏差动态分析及其基本方法。

重点：1. 水利水电工程投资动态管理的概念及基本方法；

2. 水利水电工程业主预算编制的基本方法；

3. 水利水电工程施工承包合同管理中工程计量与支付、工程变更投资管理、工程价格调整的概念和方法；

4. 水利水电工程索赔机制及其处理方法。

6.1 概 述

水利水电建设项目施工阶段是按照工程设计，将原材料、半成品、设备等转化为工程实体的过程，也是使建设项目的使用价值得以实现的过程。施工阶段发生大量的资金投入，用于支付土地使用及有关费用、购买工程设备，以及支付各项施工费用，支付融资费用等。采取有效措施，加强和实施施工阶段工程造价管理，管好用好资金，对于控制和降低水利水电建设项目造价，提高投资效益具有重要意义。

水利水电建设项目施工阶段工程造价管理的主体包括政府有关部门、项目法人、监理人以及施工承包单位等。施工阶段工程造价管理要实行静态控制动态管理，主要工作内容包括编制业主预算，工程计量与支付，处理和应对工程索赔，编制资金使用计划与投资偏差控制等方面。

静态控制、动态管理是基本建设项目施工阶段进行造价管理的基本原则。水利水电工程实行静态控制、动态管理，对于投资控制具有重要作用。

静态控制是指设计单位以某一年价格水平计算的全部工程的静态投资

有关工程静态投资详见第4章的4.8.3

经审查批准以后，即作为建设项目控制静态投资的最高限额，不允许突破。如前述，水利水电工程概算由工程部分、移民和环境部分两大部分组成。工程部分的静态投资由建筑工程、机电设备及安装工程、金属结构设备及安装工程、施工临时工程、独立费用共五部分的投资和基本预备费构成；移民和环境部分的静态投资由水库移民征地补偿、水土保持工程、环境保护工程共三部分的投资和基本预备费构成。静态控制是水利水电建设项目施工阶段工程造价管理的基础。

动态管理是指在工程建设过程中，对动态投资进行控制和管理。动态投资包括物价上涨和税率变化需增加的投资，工程建设中使用贷款在建设期内需要支付的利息，以及工程利用外资时出现的汇率风险损失等。上述影响造成的投资增加，是静态控制所不能包括的。因此，动态管理是实施阶段投资控制和管理的又一个重要组成部分。

6.2 业主预算

6.2.1 业主预算及其作用

由于水利水电工程具有工期长、施工技术复杂、比选方案较多等特点和受初步设计概算编制体系本身的限制，在初步设计审批之后，随着设计工作的深化，设计单位或有关部门可能提出更优化的设计方案、施工方案、分标计划等。从全过程控制建设工程造价的观点出发，及时跟踪工程概算的变化趋势是造价控制过程中的一项基本任务。初步设计总概算一经主管部门审定，不得突破。为此，需对情况变化后的初步设计概算按照"总量控制、合理调整"的原则编制业主预算，以反映这些变化因素，为科学管理提供可靠根据。通过编制业主预算，可以对工程项目的投资进行合理调整，以利于投资归口管理。同时，有针对性地进行项目划分和临时工程与费用的摊销，便于对承包合同价作同口径对比，考核各招标项目的造价执行情况。

实践证明，业主预算（执行概算）对业主的投资管理和控制具有重要作用。

业主预算是在初步设计审批之后，按照"总量控制、合理调整"的原则，为满足业主的投资管理和控制需求而编制的一种内部预算，或称为执行概算。一般情况下，为便于与设计概算进行对比，业主预算的价格水平与设计概算的价格水平应保持一致。

业主预算主要具有以下作用：

（1）作为向主管部门或业主列报年度静态投资完成额的依据；

（2）作为控制静态投资最高限额的依据；

（3）作为控制标底的依据；

（4）作为考核工程造价盈亏的依据；

（5）作为进行限额设计的依据；

（6）作为年度价差调整（指业主与建设单位之间）的基本依据。

6.2.2　业主预算编制

1. 业主预算的组成

业主预算由编制说明、总预算表、预算表及有关计算书（表）组成，主要包括以下各项：

（1）编制说明，主要说明工程概况、编制依据，由初步设计概算过渡到业主预算的主要问题，以及其他应说明的问题；

（2）总预算表，分别列出各部分的建筑工作量、安装工作量、设备费和其他费用、静态总投资、总投资；

（3）预算表；

（4）主要单价汇总表；

（5）单价计算表；

（6）人工预算单价、主要材料预算价格汇总表；

（7）调价权数汇总表；

（8）主要材料、工时、施工设备台时数量汇总表；

（9）分年度资金流程表；

（10）业主预算与设计概算投资对照表；

（11）业主预算与设计概算工程量对照表；

（12）有关协议、文件。

> 关于调价，将在本章第 3 节进一步介绍。

2. 项目划分

业主预算项目原则上划分为四个层次。第一层次划分为业主管理项目、建设单位管理项目、招标项目和其他项目四部分。

（1）业主管理项目。业主管理项目主要指业主直接予以管理和不通过建设单位直接拨付工程费用的项目，如水库费、价差预备费、建设期贷款利息。

> 业主管理费的子项内容，可根据设计概算批准的费用内容和工程实际情况设立。

（2）建设单位管理项目。建设单位管理项目主要指由建设单位管理（不含主体建筑安装工程、设备采购工程和一般建筑工程）的项目和费用，如建设管理费、生产准备费、科研勘测费、工程保险费、基本预备费等。应根据建设单位管理的范围和深度，在设计概算的基础上予以调整变动。

（3）招标项目。招标项目主要指进行招标的主体建筑安装工程和设备采购工程，如大坝工程、厂房工程、机组采购等。

（4）其他项目。这些项目主要指不包括上述三部分项目内容，而由建设单位直接管理的其他建筑安装工程项目。

第二、三、四层次的项目划分，原则上按照行业主管部门颁布的工程项目划分要求，结合业主预算的特点、工程的具体情况和工程投资管理的要求设定。

3. 编制依据

（1）行业主管部门颁发的建设实施阶段造价管理办法；

（2）行业主管部门颁发的业主预算编制办法；

（3）批准的初步设计概算；

（4）招标设计文件和图纸；

（5）业主的招标分标规划和委托任务书；

（6）国家有关的定额标准和文件；

（7）董事会的有关决议、决定；

（8）出资方资本金协议；

（9）工程贷款、发行债券协议；

（10）有关合同、协议。

4. 编制原则和方法

业主预算总额度必须控制在主管部门审批的初步设计概算之内，不得突破。

（1）当具备条件时，可一次编制整个工程的业主预算，也可分期分批编制单项工程业主预算，最后汇总成整个工程的业主预算。

（2）各单项工程业主预算的项目划分和工程量原则上应与招标文件工程量报价单中的项目和工程量一致，价格水平应保持与审定的初步设计概算编制年份的价格水平一致。

（3）基础单价，如人工预算单价，风、水、电单价，施工机械台时费，主要材料价格，以及永久设备价格等，均应与初步设计概算一致，一般不宜变动。

（4）其他直接费费率、间接费费率可采用初步设计概算值，也可按招标的具体情况，对费率进行调整，以反映临时工程费用的分摊情况和提高施工管理水平。

（5）施工利润和税金原则上采用初步设计概算值，不宜变动。

（6）人工工效、材料消耗定额及施工设备生产效率，根据施工组织设计和工地实际情况，参考有关定额标准，可以进行适当优化提高。

（7）工程单价的总水平，应与概算单价基本持平或略低于概算单价水平，但为区别不同情况，招标项目或单项工程之间可进行适当调整。

（8）基本预备费可参照设计的深度和设计工程量变动情况进行调整。一般来说，随着设计工作的深入，初步设计阶段未预见的因素，大多已在技术设计阶段或招标设计阶段确定和量化，基本预备费费率可低于初步设计概算采用值。

5. 减少利息支出和汇率风险

水利水电工程工期较长，编制业主预算时，应注意实现合理使用资金，减少利息支出和汇率风险。

（1）减少建设期利息支出的主要途径主要包括以下各方面：

① 根据总进度合理安排资金流动计划，在保证实现工程总目标的前提下，尽可能均衡安排施工，对非控制工期的项目不要过早开工，争取使建设资金投入重心后移。

② 充分利用市场机制作用，通过公开招标来进行各种采购（包括施工），通过公平竞争选择承包人、制造商、供货商和监理单位，通过降低造价、减少总量投入来减少贷款和利息。

③ 提倡厉行节约，压缩非生产性开支，杜绝铺张浪费，以争取减少投入的资金总量。

④ 对于水利水电建设项目，国家财政预算内投资是工程投资的重要组成部分。应争取将国家财政预算内投资和其他自有资金安排在早期投入，以利于降低贷款利息及其他资金成本支出。

⑤ 充分利用各种短期、低息贷款作为流动资金，利用利率差来减少总的利息支出。

⑥ 集中使用和合理调配资金，控制银行存款余额。

⑦ 库存物资应控制在合理范围内。钢材、油料等大宗材料在市场供大于求的条件下，尽可能减少库存周转天数，以提高流动资金周转次数，减少流动资金占用。

⑧ 加强管理，按时收回各种应收款。

⑨ 保证按时或争取提前发电，及时办好单台机组投产的竣工决算分割工作，在取得发电收益的同时，使发电机组承担的建设期贷款利息转入生产成本。

（2）减少建设期汇率风险。当水利水电建设项目利用国外资金，或工程需进口较多设备材料时，存在着汇率风险。汇率风险包括人民币与贷款外币币种之间的损益，以及实际发生的多种外币之间的损益等。

汇率风险情况比较复杂，为尽可能减少汇率风险，业主招标时，对投标人要求支付坚挺的外币币种要特别谨慎。在外币贷款的币种确定后，一般说应尽可能在采购招标时优先使用该外币币种。

有关自有资金、资金成本等详见第 2 章。

水利水电工程建设单位不允许进行外汇炒作，同时也缺乏这方面的人才和信息条件，因此在工程施工阶段对汇率风险的控制能力有限，一般只能按实际发生的损益承担。为减少汇率风险，项目建设单位可聘请金融外汇专家进行必要的咨询。

6.3 工程计量与支付

水利水电工程计量与支付是施工合同管理的一项重要内容。2000年水利部、国家电力公司、原国家行政管理局发布的《水利水电工程施工合同和招标文件示范文本（GF—2000—0208）》（以下简称为《施工合同范本》）规定，监理人有计量与支付的权力和职责。计量与支付是与监理工程师的三大控制职能直接相关的工作，监理工程师可以以计量和支付为手段，控制承包人按合同规定的质量和进度要求进行工程施工，同时可以对工程的总投资进行动态预测和控制，以达到投资控制的目的。

6.3.1 工程的计量

1. 计量的目的

（1）计量是对承包人进行中间支付的需要。工程要顺利进行，承包人必须维持合适的现金流，而保证现金流的实现就必须适时进行计量支付。

（2）计量是工程投资控制的需要。工程量清单中开列的是估算工程量，实际情况是千变万化的，可以说很少有不存在变更的工程，因此计量工程量清单项目及变更索赔项目中的工程量对工程的投资控制就显得非常重要。

2. 计量的依据

监理工程师主要是依据施工图和对施工图的修改指令或变更通知，以及合同文件中的相应合同条款进行计量。

3. 完成工程量的计量

（1）每月月末承包人向监理工程师提交月付款申请单时，应同时提交完成工程量月报表，其计量周期可视具体工程和财务报表制度由监理工程师与承包人商定。若工程项目较多，则监理工程师与承包人协商后亦可由承包人向监理工程师提交完成工程量月报表，经监理工程师核实同意后，返回给承包人，再由承包人据此提交月付款申请单。

（2）完成的工程量由承包人进行收方测量后报送监理工程师核实。监理工程师有疑问时，可要求承包人派员与监理工程师的有关人员共同复核。监理工程师认为有必要时，还可要求与承包人联合进行测量计量。

（3）合同工程量清单中每个项目的全部工程量完成后，在确定该项目最后一次付款时，应由监理工程师要求承包人共同对历次计量报表进行汇总和通过测量进行核实，以确定最后一次进度付款的准确工程量，应注意避免工程量的重复计算或漏算。

本节所介绍的工程计量与支付方法主要适用于前述的"估计工程量单价合同"，具体方法依照《施工合同范本》规定。

（4）水利水电工程合同技术条款中对各种工程建筑物的计量方法做了规定，除合同另有规定外，各个项目的计量方法应按合同技术条款的有关规定执行。

（5）计量均应采用国家法定的计量单位，并与工程量清单中的计量单位相一致。

6.3.2　工程支付

1. 工程支付的依据

工程支付的主要依据是合同协议、合同条件、技术规范中相应的支付条款，以及在合同执行过程中经监理工程师或监理工程师代表发出的有关工程修改或变更的通知以及工程计量的结果。

工程支付是指工程价款的支付。

2. 工程支付的条件

（1）施工总进度的批准将是第一次月支付的先决条件。

（2）单项工程的开工批准是该单项工程支付的条件。

（3）中间支付证书的净金额应符合合同规定的最小支付金额。

3. 工程支付的方式

工程支付通常有四种方式，即工程预付款、月进度付款、完工结算和最终付款。

4. 工程支付的程序

工程支付一般分为以下三个步骤：

（1）承包人提出符合监理工程师指定格式的月报表；

（2）监理工程师审查和开具支付证书；

（3）业主付款。

6.3.3　工程支付的具体内容和计算方法

1. 预付款

预付款一般包括工程预付款和工程材料预付款。

（1）工程预付款是发包人为了帮助承包人解决资金周转困难的一种无息贷款，主要供承包人为添置本合同工程施工设备以及承包人需要预先垫支的部分费用。工程预付款应在合同协议签署后且承包人向发包人递交了按合同规定的履约保证书或保函后支付。支付方式可按照合同规定，一次或分批支付。

工程预付款需在合同累计完成金额达到合同条款规定的数额时开始从进度付款中扣还，直至合同累计完成金额达到合同条款规定的数额时全部扣清。在每次进度付款时，累计扣回的金额按下列公式计算：

$$R = \frac{A}{(F_2 - F_1)} (C - F_1 S) \qquad (6-1)$$

式中：R——每次进度付款中累计扣回的金额；

A——合同预付款总金额；

S——合同价格；

C——合同累计完成金额；

F_1——按合同条款规定开始扣款时合同累计完成金额达到合同价格的比例；

F_2——按合同条款规定全部扣清时合同累计完成金额达到合同价格的比例。

上述合同累计完成金额均指价格调整前未扣保留金的金额。

（2）按照《施工合同范本》规定，在合同条款中规定的工程主要材料（如水泥、钢筋、钢板等）到达工地并满足一定条件后，承包人可向监理工程师提交材料预付款支付申请单，并要求给予工程材料预付款。支付工程材料预付款应满足的条件包括以下各项：

① 材料的质量和储存条件符合合同；

② 材料已到达工地，并经承包人和监理工程师共同验点入库；

③ 承包人按监理工程师的要求提交了材料的订货单、收据或价格证明文件。

工程材料预付款金额为经监理工程师审核后的实际材料价的90%，在月进度付款中支付，从付款月后的6个月内在月进度付款中，每月按该预付款金额的平均值扣还。

2. 月进度付款

月进度付款包括以下程序步骤：

（1）提交月进度付款申请单。承包人应在每月末按监理工程师规定的格式提交月进度付款申请单，并附有按合同规定的完成工程量月报表。该申请单应包括以下内容：

计日工用于工程量表中没有合适项目的零星附加工作。

① 已完成的工程量清单中的工程项目及其他项目的应付金额；

② 经监理工程师签订的当月计日工支付凭证标明的应付金额；

③ 按合同规定的工程材料预付款金额；

④ 根据合同规定的价格调整金额；

⑤ 根据合同规定承包人应有权得到的其他金额；

⑥ 扣除按合同规定应由发包人扣还的工程预付款和工程材料预付款金额；

⑦ 扣除按合同规定由发包人扣留的保留金额；

⑧ 扣除按合同规定应由承包人付给发包人的其他金额。

（2）颁发月进度付款证书。监理工程师收到承包人提交的月进度计付款申请单和完成工程量月报表后，对承包人完成的工程形象、项目、质量、数量以及各项价款的计算进行核查，若有疑问时，可要求承包人派员与监理工程师共同复核，最后按监理工程师的核查结果出具付款证书，提出应到期支付给承包人的金额。

（3）支付。发包人收到监理工程师签证的月进度付款证书并审批后支付给承包人，支付时间不应超过合同规定的时间，若不按期支付，则应把从逾期第一天起按合同条款中规定的逾期付款违约金加付给承包人。

（4）实行保留金。保留金主要用于承包人履行属于其自身责任的工程缺陷修补，它为监理工程师有效监督承包人圆满完成缺陷修补工作提供了资金保证。保留金总额一般可为合同价格的 2.5% ~ 5%，从第一个月开始，在给承包人的月进度付款中（不包括预付款和价格调整金额）扣留5% ~ 10%，直至扣款总金额达到规定的保留金总额为止。

3. 完工结算

工程完工后应清理支付账目，包括已完工程尚未支付的价款、保留金的清退以及其他按合同规定需结算的账目。

在施工项目工程移交证书颁发后的合同规定时间内，承包人应按监理工程师批准的格式提交一份完工付款申请单。监理工程师应在收到承包人提交的完工付款申请单后的合同规定时间内完成复核，并与承包人协商修改后，在完工付款申请单上签字和出具完工付款证书报送发包人审批。发包人应在收到上述完工付款证书后的合同规定时间内审批后支付给承包人。

4. 最终结算

施工项目保修责任终止证书颁发后，承包人已完成全部承包工作，但合同的遗留账目尚未结清，因此要求承包人在保修责任终止证书颁发后，在合同规定时间内提交最终付款申请单。监理工程师在收到承包人提交的最终付款申请单后应进行仔细检查，若对某些内容有异议，可要求承包人进行修改补充，直至监理工程师满意为止。监理工程师收到经其同意的最终付款申请单和结清单的副本后，在合同规定时间内出具最终付款证书，发包人在收到最终付款证书后在合同规定时间内支付。

6.3.4　价格调整

水利水电建设项目施工阶段的价格调整主要包括因物价变动和法规变更引起的价格调整。

为了能使承包人尽早得到付款，并满足工程和财务统计报表的需要，一般规定月进度付款申请和签证的期限较短，有可能出现计量和计算的差错、遗漏或重复，为此，不论是监理人或承包人，若发现以往历次签证的月进度付款证书有错、漏或重复，均可提出修改意见，经双方复核同意后列入下一次月进度付款证书中支付或扣回。

保修期满，且经检验合格后，向承包人颁发保修责任终止证书。

1. 物价波动引起的价格调整

大中型水利水电工程的施工期较长，一般均应在合同实施期间，根据市场物价波动情况进行价格调整。在改革开放初期，发包人大都采用自供主要材料的办法来控制价差，这样不仅增加了发包人的人员编制，而且当材料供应延误或工程出现质量事故时，往往难以划清双方责任而引起合同纠纷。为此，在现今建筑材料购销已全面开放的市场环境下，《施工合同范本》规定由承包人负责工程材料的采购、验收、运输、保管以及按合同技术条款的规定用于施工，承包人对工程的施工质量负全部责任。

《施工合同范本》规定，采用公式法计算因物价变动引起的价格调整的差额。采用公式法调价较易操作，虽然不能给出精确的价差补偿值，但若使用得当，可以得出实际价差的近似值。

近年来，随着我国社会主义市场经济的发展，市场的价格管理机构已逐步完善，目前虽无权威机构定期发布系统的价格指数和价格，但是国家和地方的计划统计部门和物价管理部门以及某些专业机构已能提供采用公式法调价的各种价格指数和价格，使得采用公式法调价具备了基本条件。

（1）价格调整的差额计算。因人工、材料和设备等价格波动影响合同价格时，按以下公式计算差额，调整合同价格。

$$\Delta P = P_0 \left(A + \sum B_n \frac{F_{tn}}{F_{0n}} - 1 \right) \tag{6-2}$$

公式法是一种国际通行的调价方法。

式中：ΔP——需调整的价格差额；

P_0——按合同规定的付款证书中承包人应得到的已完成工程量的金额（不包括价格调整，不计保留金的扣留和支付以及预付款的支付和扣还；对合同规定的变更，若已按现行价格计价的亦不计在内）；

A——定值权重（不调整部分的权重）；

B_n——各可调因子的变值权重（可调部分的权重），为各可调因子在合同估算价中所占的比例；

F_{tn}——各可调因子的现行价格指数，指与合同规定的付款证书相关周期最后一天前42天的各可调因子的价格指数；

F_{0n}——各可调因子的基本价格指数，指投标截止日前42天的各可调因子的价格指数。

以上价格调整公式中的各可调因子、定值和变值权重，以及基本价格指数及其来源规定，在项目合同签订前必须双方协商确定。价格指数应首先采用国家或省、自治区、直辖市的政府物价管理部门或统计部门提供的价格指数，若缺乏上述价格指数时，可采用上述部门提供的价格或双方商定的专业部门提供的价格指数或价格代替。

（2）若在计算调整差额时得不到现行价格指数，可暂用上一次的价格指数计算，并在以后的付款中再按实际的价格指数进行调整。

由于承包人原因而未能按合同条款规定的完工日期完工，则对原定完工日期后施工的工程，在按合同所示的价格调整公式计算时，应采用原定完工日期与实际完工日期的两个价格指数中的较低者作为现行价格指数。若按合同规定延长了完工日期，但又由于承包人原因未能按延长后的完工日期完工，则对延期期满后施工的工程，其价格调整计算应采用延长后的完工日期与实际完工日期的两个价格指数中的较低者作为现行价格指数。

2. 法规更改引起的价格调整

在投标截止日期前的 28 天以后，国家的法律、行政法规或国务院有关部门的规章和工程所在地的省、自治区、直辖市的地方法规和规章发生变更，导致承包人在施工期间所需要的工程费用发生除合同规定以外的增减时，应由监理工程师与发包人和承包人进行协商后确定需调整的合同金额。

> 若确因工程的具体情况难以采用公式法调价时，应在合同条款中详细提出合理并可操作的调价办法。

6.3.5　工程变更投资管理

水利水电土建工程受自然条件等外界因素的影响较大，工程情况比较复杂，且在招标阶段尚未完成施工图纸，因此在施工承包合同签订后的实施过程中不可避免地会发生变更。工程合同需规定监理工程师可以指示承包人进行变更工作，并明确变更的范围和内容，以及时支付变更部分的费用。

1. 变更的范围和内容

《施工合同范本》规定，在履行合同过程中，监理工程师可根据工程的需要指示承包人进行以下各种类型的变更，没有监理工程师的指示，承包人不得擅自变更。变更的范围和内容包括以下几方面：

（1）增加或减少合同中任何一项工作内容；

（2）增加或减少合同中关键项目的工程量超过专用合同条款规定的百分比；

（3）取消合同中任何一项工作（但被取消的工作不能转由发包人或其他承包人实施）；

（4）改变合同中任何一项工作的标准或性质；

（5）改变工程建筑物的形式、基线、标高、位置和尺寸；

（6）改变合同中任何一项工程的完工日期或改变已批准的施工顺序；

（7）追加为完成工程所需的任何额外工作。

上述变更项目未引起工程施工组织和进度计划发生实质性变动和不影

响其原定的价格时，不予调整该项目的单价。

2. 变更的处理原则

（1）变更需要延长工期时，应按合同中关于延长工期的规定办理；若变更使合同工作量减少，监理工程师认为应予提前变更项目的工期时，由监理工程师和承包人协商确定。

（2）变更需要调整合同价格时，需按以下原则确定其单价或合价：

① 合同工程量清单中有适用于变更工作的项目时，应采用该项目的单价；

② 合同工程量清单中无适用于变更工作的项目时，则可在合理的范围内参考类似项目的单价或合价作为变更估价的基础，由监理工程师与承包人协商确定变更后的单价或合价；

③ 合同工程量清单中无类似项目的单价或合价可供参考时，应由监理工程师与发包人和承包人协商确定新的单价或合价。

3. 变更指示

不论是由何方提出的变更要求或建议，均需经监理工程师与有关方面协商，并得到发包人的批准或授权后，再由监理工程师向承包人发变更指示，详细说明变更内容、变更工程量和变更处理原则，并附有关文件和图纸。

4. 变更报价

承包人收到监理工程师发出的变更指示后，应向监理工程师提交一份变更报价书，其内容应包括承包人确认的变更处理原则和变更工程量及其变更项目的报价单。监理工程师认为必要时，可要求承包人提交重大变更项目的施工措施、进度计划和单价分析等。

5. 变更决定

监理工程师应在收到承包人变更报价书后的合同规定时间内，对变更报价书进行审核后做出变更决定，并通知承包人。发包人和承包人未能就监理工程师的决定取得一致意见，则监理工程师可暂定他认为合适的价格和需要调整的工期，并将其暂定的变更处理意见通知发包人和承包人，此时承包人应遵照执行。发包人和承包人均有权在收到监理工程师变更决定后要求按合同规定提请争议调解组解决，若在规定期限内双方均未提出上述要求，则监理工程师的变更决定即为最终决定。监理工程师应在发包人授权范围内按合同规定处理变更事宜。对在发包人规定限额以下的变更项目，监理工程师可以独立做出变更决定，若监理工程师做出的变更决定超出发包人授权的限额范围时，还应再报发包人批准或得到发包人的进一步授权。

若变更工作紧急，即使变更项目已超出了发包人授权的范围，发包人应允许监理人先发变更指示，要求承包人立即进行变更工作，并在发出变更指示后尽快将变更情况报告发包人。

变更工作可能引起原定的施工组织和进度计划发生实质性变动，不仅会影响变更项目的单价或合价，而且可能影响其他有关项目的单价或合价。发生这种情况时，应由监理工程师评估后，与发包人和承包人协商确定其他有关工程项目的调价。

完工结算时，若出现由于全部变更工作引起合同价格增减的金额，以及实际工程量与合同工程量清单中估算工程量的差值引起合同价格增减的金额（不包括备用金和价格调整）的总和超过合同价格（不包括备用金）合同规定的 15% 时，在除了按合同确定的变更工作增减金额外，若还需对合同价格进行调整，其调整金额由监理工程师与发包人和承包人协商确定。

6. 承包人原因引起的变更

若承包人根据其施工专长提出合理化建议，需要对原设计进行变更，这类变更往往可以提高工程质量、缩短工期或节省工程费用，对承、发包方均有利，经发包人批准并成功实施后，应给予承包人适当奖励。

若承包人受其自身施工设备和施工能力的限制，要求对原设计进行变更或要求延长工期，这类变更纯由承包人原因引起，即使得到了监理工程师的批准，仍应由承包人承担变更增加的费用和工期延误责任。

若由于承包人违约而必须做出的变更，不论是由承包人提出变更或由监理工程师指示变更，均属承包人原因引起，这类变更亦应由承包人承担变更增加的费用和工期延误责任。

例如，工程量清单中一般包括多个混凝土工程项目，而这些项目的混凝土常用一座或几座混凝土工厂统一供应，若某一混凝土工程项目的变更引起原定的混凝土工厂的变动，不仅会改变该项目单价中的机械使用费，还可能影响到其他由该工厂供应的所有混凝土工程项目的单价。

6.4　索赔

6.4.1　索赔及其意义

1. 索赔的概念和分类

在工程承包活动中，索赔是指签订合同的一方依据合同或法律、法规的有关规定，向另一方提出调整合同价格，调整合同工期，或其他方面的合理要求，以弥补自己不应有的损失，维护自身的合法权益。

索赔实质上是承包人和业主之间在分担合同风险方面重新分配责任的过程。在合同实施阶段，当因自然风险、人为风险使工程成本增加或工期延长时，应重新划分合同责任，对新增的工程成本进行分配，并由承包人和业主分别承担各自应承担的费用和责任。

索赔是工程承包中经常发生的正常现象。索赔工作是承包人和业主之间经常发生的管理业务。索赔的性质属于经济补偿，而不是惩罚。索赔的健康开展对于培育和发展我国水利水电建设市场，提高工程建设效益具有

"索赔"一词的英文为"claim"，直译为"根据权利提出要求"。

重要意义。

索赔可以是双向的。在水利水电建设项目施工阶段，索赔主要包括以下两类。

（1）施工索赔。施工索赔是指承包人向业主提出的，为了取得经济补偿或工期延长的要求。

（2）反索赔。它有两方面的含义。一方面，反索赔是指由于承包人不履行或不完全履行合同约定的义务，或由于承包人的责任使业主受到损失时，业主向承包人提出的赔偿要求；另一方面，反索赔还包括业主对于承包人提出的索赔要求进行评审、反驳和修正，以及为防止承包人索赔而预先采取相应的防范措施。

2. 索赔对于工程造价管理的意义

索赔可以视为将投标报价中的不可预见费转变为实际发生损失支付的过程。

按照国际惯例和我国《施工合同范本》，施工阶段应由监理工程师对索赔要求进行处理。监理工程师应以独立的身份，本着客观、公平、公正的原则，依据合同和法律法规审查索赔要求的合理性、正当性，并做出索赔决定。同时，监理工程师要加强索赔工作的前瞻性，要尽可能预见可能出现的问题，并及时告知业主和承包人，使其采取相应措施，避免或减少索赔。

在反索赔中，业主不但应根据实际情况，合理地提出索赔要求，而且应当注意做好对承包人施工索赔的评审和做出必要的反驳和修正，同时应注意采取各种措施，以防止或减少索赔发生。

由以上可知，索赔是施工阶段工程造价管理的重要方面。处理好索赔，做好与索赔相关的各项工作对于控制和降低工程造价具有重要意义。

6.4.2 施工索赔

1. 施工索赔的原因

工程项目在施工过程中受到多种因素的干扰，如水文地质条件、政策法规变化、人为干扰等。这些干扰因素导致制订的计划与实际差别较大，增加了工程的风险。承包人承揽工程项目，其目的是获取利润，维持其生存和发展，同时其履约行为又受到合同的制约。为了达到盈利目的，承包人在费用超支时，会利用合同中可以引用的条款，提出施工索赔。索赔发生的原因主要有以下几方面：

（1）施工条件变化。在工程施工中，尽管在开工前业主和承包人已分析了地质勘察资料，也进行了现场实地考察，但施工现场条件仍会出现变化。经常遇到的施工条件变化一般包括以下几方面：

① 不利的外界障碍和条件，如无法合理预见的地下水、地质断层等；

② 各种自然灾害；

③ 发生战争、社会动乱、罢工等；

④ 发现化石、文物等。

（2）监理工程师方面的原因。在工程施工阶段，监理工程师必须监督承包人按合同规定实施项目，同时需要在各方面协助承包人顺利完成项目。监理工程师的言行也可能引起承包人索赔。常见的情况包括以下几方面：

① 未能按时向承包人提供施工所需图纸；

② 提供不正确的数据；

③ 指示承包人进行合同规定之外的勘探、试验、剥露，指示暂停施工等；

④ 处理工程变更不当。

（3）业主方面的原因。此原因主要包括以下两方面：

① 业主的风险（发包人的风险）；

② 业主违约，如未能按照合同规定的内容和时间提供施工用地，未能及时向承包人支付已完成工程的款项等。

> 业主的风险是指由发包人承担责任的风险，在《施工合同示范文本》中称为发包人的风险。

（4）合同本身的原因。如合同论述含糊不清等。

（5）法律法规发生变化。

2. 施工索赔的分类

对工程索赔进行合理的分类，可以有效地指导工程索赔管理工作，明确索赔工作的任务和方向。

目前国内外对施工索赔的分类法有多种。以下介绍其中的两种分类。

（1）按照索赔的目的，可以将其分为费用索赔和工期索赔。

（2）按索赔发生的原因，可以将其分为以下几种：

① 业主违约索赔；

② 工程变更索赔；

③ 监理工程师指令引起的索赔；

④ 暂停工程索赔；

⑤ 因业主的风险引起的索赔；

⑥ 不利自然条件和客观障碍引起的索赔；

⑦ 合同缺陷索赔；

⑧ 其他原因引起的索赔。

3. 施工索赔的依据

索赔的目的，无非是希望得到工期延长或经济补偿。为此，承包人需进行大量的索赔论证工作。索赔的依据主要包括以下各方面：

（1）招标文件。招标文件是承包人投标报价的依据，它是工程项目合同文件的基础。招标文件中一般包括的通用条件、专用条件、施工技术规范、工程量表、工程范围说明、现场水文地质资料等文本，都是工程成本的基础资料。它们不仅是承包人参加投标竞争和编标报价的依据，也是索赔时计算附加成本的依据。

（2）投标书。投标书是指投标报价文件。它是承包人依据招标文件并进行工地现场勘察后编标计价的成果资料，也是通过竞争而中标的依据。在投标报价文件中，承包人对各主要工种的施工单价进行了分析计算，对各主要工程量的施工效率和施工进度进行了分析，对施工所需的设备和材料列出了数量和价值，对施工过程中各阶段所需的资金数额提出了要求等。所有这些文件，在中标及签订合同协议书以后，都成为正式合同文件的组成部分，也成为索赔的基本依据。

（3）合同协议书及其附属文件。合同协议书是合同双方（业主和承包人）正式具有合同关系的标志。在签订合同协议书以前，合同双方对于中标价格、工程计划、合同条件等问题的讨论纪要文件，亦是该工程项目合同文件的重要组成部分。在这些会议纪要中，如果对招标文件中的某个合同条款做了修改或解释，则纪要也成为索赔计价的依据。

（4）来往信函。在合同实施期间，合同双方有大量的往来信函。这些信件都具有合同文件效力，是结算和索赔的依据资料。如监理工程师（或业主）的工程变更指令、口头变更确认函、加速施工指令、工程单价变更通知、对承包人问题的书面回答等。这些信函（包括电传、传真资料）可能繁杂零碎，而且数量巨大，但应仔细分类存档，以便引证使用。

（5）会议记录。在工程项目从招标到建成移交的整个期间，合同双方要召开多次会议，讨论解决合同实施中的问题。所有这些会议的记录，如标前会议纪要、工程协调会议纪要、工程进度变更会议纪要、技术讨论会议纪要、索赔会议纪要等，都是重要的文件。

对于重要的会议纪要，要建立审阅制度，即由做纪要的一方写好纪要稿后，送交对方（以及有关各方）传阅核签，如有不同意见，可在纪要稿上修改。也可规定某一核签的期限（如7天），超过期限不返回核签意见，即认为同意。审阅制度对保证会议纪要稿的合法性是必要的。

（6）施工现场记录。承包人的施工管理水平的一个重要标志，是看其是否建立了一套完整的现场记录制度，并持之以恒地贯彻到底。这些资料的具体项目甚多，主要的有施工日志、施工检查记录、工时记录、质量检查记录、施工设备使用记录、材料使用记录、施工进度记录等。有的重要记录文本，如质量检查、验收记录，还应有监理工程师或其代表的签字认可。监理工程师同样要有自己完备的施工现场记录，以备核查。

（7）工程财务记录。在工程施工过程中，对工程成本的开支和工程款的历次收入，均应做详细的记录，并输入计算机备查。这些财务资料包括工程进度款每月的支付申请表，工人劳动计时卡和工资单，设备、材料和零配件采购单，付款收据，工程开支月报等。在索赔计价工作中，财务单证十分重要，应注意积累和分析整理。

（8）现场气象记录。水文气象条件对工程实施的影响甚大，它经常引起工程施工的中断或工效降低，有时甚至造成在建工程的毁损。许多工期索赔均与气象条件有关。施工现场应注意记录的气象资料，包括每月降水量、风力、气温、河水位、河水流量、洪水位、洪水流量、施工基坑地下水状况等。如遇到地震、海啸、飓风等特殊自然灾害，更应注意随时详细记录。

（9）市场信息资料。大中型工程项目一般工期长达数年。对施工期间的物价变动资料，应系统地搜集整理。这些信息资料，不仅对工程款的调价计算是必不可少的，对索赔亦同样重要。

（10）政策法令文件。这是指政府或立法机关公布的有关工程造价的决定或法令，如调整工资的决定、税收变更指令、工程仲裁规则，以及货币汇兑限制指令、外汇兑换率等。由于工程的合同条件是以适应国家的法律为前提的，因此政府的法令对工程结算和索赔具有决定性的意义，应该引起高度重视。对于重大的索赔事项，如涉及大宗的索赔款额，或遇到复杂的法律问题时，还需要聘请律师进行专门处理。

4. 施工索赔的工作程序

在合同实施阶段中所出现的每一个索赔事项，都应按照工程项目合同条件的具体规定和索赔的惯例，抓紧协商解决。索赔处理一般按以下步骤进行：

（1）提出索赔要求。当索赔事项出现时，承包人一方面有权根据合同任何条款及其他有关规定，向发包人索取追加付款，并在索赔事件发生后的合同规定时间内，将索赔意向书提交发包人和监理工程师；另一方面应继续进行施工，不影响施工的正常进行。

（2）报送索赔申请报告。承包人在正式提出索赔要求以后，应抓紧准备索赔资料，计算索赔款额，或计算所需的工期延长天数，编写索赔申请报告，并在合同规定的时间内将索赔申请报告正式提交发包人和监理工程师。如果索赔事项的影响继续存在，则每隔一定时间向监理工程师报送一次补充资料，说明事态发展情况。最后，当索赔事项影响结束后，在合同

有关施工索赔期限的具体规定详见《施工合同范本》。

索赔意向书的内容较简单，主要说明索赔事项的名称，引证相应的合同条款，提出索赔要求。

规定时间内报送此项索赔的最终报告，附上最终账目和全部证据资料，提出具体的索赔款额或工期延长天数，要求监理工程师和业主审定。

在工程索赔工作中，索赔报告书的质量和水平，是决定索赔成败的关键因素。一项符合法律规程与合同条件的索赔，如果索赔报告书写得不好，例如，对索赔权论证不力、索赔证据不足、索赔款计算有错误等，轻则使索赔结果大打折扣，重则会导致整个索赔失败。因此，承包人在编写索赔报告时，应特别周密、审慎地论证阐述，充分提供证据资料，并对索赔款计算书反复校核，以杜绝任何计算错误。对于技术复杂或款额巨大的索赔事项，可聘用合同专家、法律顾问、索赔专家或技术权威人士担任咨询顾问，以保证索赔取得较为满意的结果。

（3）索赔的处理。《施工合同范本》规定的监理工程师处理承包人要求索赔的程序如下：

① 监理工程师收到承包人提交的索赔意向书后，即可开始收集有关资料，建立该索赔项目的档案。在收到承包人提交的索赔申请报告后，应认真研究和核查承包人提出的记录和证据，并可向承包人提出质疑，要求承包人限期答复。

② 监理工程师在处理索赔事件时，首先应分清合同双方各自应负的责任，然后根据承包人提供的索赔依据，对照双方提交的记录和证明材料做出独立的分析判断，提出初步的索赔处理意见，并与发包人和承包人协商后，在合同规定的期限内将索赔处理决定通知承包人。

③ 若业主和承包人双方或其中一方不接受监理工程师的决定，可将有关事件作为合同争议，并按照合同约定的解决争议的方式和程序予以解决。但在争议解决前，应暂按监理工程师的决定执行。

6.4.3 反索赔

如前述，反索赔包括业主向承包人提出索赔和业主对于承包人提出的索赔要求进行评审、反驳和修正，以及为防止承包人索赔而预先采取措施等。

1. 业主对承包人索赔的内容

工程施工阶段业主对承包人的索赔，主要包括以下三方面：

以下主要介绍业主向承包人提出的索赔。

（1）由于工期延误，业主对承包人的索赔。在工程项目的施工过程中，由于多方面的原因，往往使工程竣工日期较原定竣工日期拖后，影响到业主对该工程的使用，给业主带来经济损失。按照合同条件，业主有权向承包人索赔，即要求他承担"误期损害赔偿费"。承包人承担这项赔偿费的前提是，这一工期的延误的责任属于承包人方面。

工程合同中规定的误期损害赔偿费，通常都是由业主在招标文件中确定的。业主在确定这一赔偿金的费率时，一般要考虑以下诸项因素：

① 由于本工程项目拖期竣工而不能使用，租用其他设施时的租赁费；

② 继续使用原设施或租用其他设施的维修费用；

③ 由于工程拖期而引起的投资或贷款利息的增加额；

④ 工程拖期带来的附加监理费；

⑤ 原计划收入款额的落空部分等。

业主应该注意赔偿金费率的合理性，不应将其定得明显偏高。另外，在工程承包实施中，一般都对误期赔偿费的累计扣款总额有所限制（如不得超过该工程项目合同价的 5% ~ 10%）。

（2）由于工程缺陷，业主对承包人的索赔。工程承包合同条件规定，如果承包人的工程质量不符合技术规范的要求，或使用的设备和材料不符合合同规定，或在保修期未满以前未完成应该负责修补的工程时，业主有权向承包人追究责任，要求补偿业主所承受的经济损失。工程缺陷索赔又称为由于质量缺陷，业主对承包人的索赔。引起的工程缺陷主要有以下几种情况：

① 承包人建成的某一部分工程，由于工艺水平差，而出现倾斜、开裂等破损现象；

② 承包人使用的材料或设备不符合合同条款中指定的规格或质量标准，从而危及建筑物的牢固性；

③ 承包人负责设计的部分永久工程，虽然经过了监理工程师的审核同意，但建成后发现了失误，影响工程的牢固性；

④ 承包人未能完成按照合同文件规定的应进行的隐含的工作等。

对以上缺陷，承包人应在监理工程师和业主规定的时期内做完修补工作，并经检查合格。在保修责任期届满之际，监理工程师在全面检查验收时发现的任何缺陷，应要求承包人修补好，从而完成保修的责任。否则，业主可以向承包人提出索赔。

缺陷处理的费用，应该由承包人自己承担。如果承包人拒绝完成缺陷修补工作，或修补质量仍未达到合同规定的要求时，业主则可从其工程进度款中扣除该项修补所需的费用。

（3）由于承包人违约，业主对承包人的索赔。除了上述两方面主要的索赔以外，业主还有权对承包人的其他任何违约行为提出索赔。在业主对承包人的索赔实践中，常见的由于承包人违约而引起的业主对承包人的索赔主要有以下几种情况：

① 因承包人所申办的工程保险，如工程一切险、人身事故保险、第三

误期损害赔偿费的计算方法，在每个工程项目的合同文件中均有具体规定。一般按延误天数计。

隐含的工作是指合同中没有明确但根据合同的解释包含的工作。

方责任险等，出现过期或失效，业主代为重新申办这些保险发生了费用；

② 由于承包人责任，给业主或第三方人员造成人身或财产损失发生的费用开支；

③ 由于不可原谅的工期延误，增加的在拖期时段内监理工程师的服务费用及其他有关开支；

④ 承包人对业主指定的分包商拖欠工程款，长期拒绝支付，指定分包商提出了索赔要求；

⑤ 当承包人严重违约，不能（或无力）完成工程项目合同的职责时，业主有权终止其合同关系，由业主自行或雇用其他承包人来完成工程。此时，业主清理合同付款，并可提出索赔。

2. 业主对承包人索赔的特点

同承包人提出的索赔一样，业主对承包人的索赔要求也是为了维护自身的合法权益，避免由于承包人的原因而蒙受损失。但业主对承包人的索赔工作程序比较简单。其特点主要表现为以下几方面。

（1）业主对承包人的索赔措施，基本上都已列入工程项目的合同条款中。

（2）业主对承包人的索赔，一般不需要提交索赔报告等索赔文件，只需通知承包人即可。有些情况下，如发生承包人保险失效、对误期损害赔偿费扣除等，甚至不需要事先通知承包人，就可直接扣款。

（3）业主对承包人索赔款项的数额，一般由业主根据有关法律和合同条款自行确定，无须经过监理工程师事先批准。如工程进度款数额达不到应扣款额，则可从承包人提供的任何担保金或保函中扣除。如仍不能抵偿业主的索赔款额，业主还有权扣押、没收承包人在工地上的任何财产，如施工机械等。

6.4.4 水利水电工程索赔实例——小浪底水利枢纽土建工程国际标的索赔和反索赔

小浪底水利枢纽是我国在工程管理方面全面与国际接轨的大型水利工程。工程从招标设计、标书编制到标书评审、合同谈判等全过程，都受到国际咨询机构及贷款银行的监督和约束。小浪底枢纽土建工程国际标索赔和反索赔系按照 FIDIC 合同条款及国际惯例进行。

1. 承包人施工索赔

小浪底枢纽土建工程国际标承包人施工索赔可分为 4 种情况，即由后继法规引起的索赔、由业主条件引起的索赔、由工程方面原因引起的索赔，以及综合索赔。

业主对承包人的索赔的特点是工程承包市场占统治地位的"买方市场"规律所决定的。

在业主对承包人索赔较容易实行的条件下，业主应十分注意从自身长远利益和维护自身信誉出发，本着公平公正的原则，认真严肃地做好索赔工作。

（1）由后继法规引起的索赔。这种索赔主要包括两方面，首先是由于实施《中华人民共和国劳动法》（简称《劳动法》）引起的索赔。我国于1995 年 1 月实行《劳动法》后，3 个土建国际标的承包人相继提出了索赔要求。承包人认为，《劳动法》的实施使履行合同的条件出现两方面的改变。一是改变了工作时间，因我国原实行每周工作 6 天，每天工作 8 小时的工时制度，承包人在投标时一般按每天工作两班，每班 10 小时安排工作计划。而按照《劳动法》和我国国务院关于职工工作时间的规定，实行每周工作 5 天，每周工作 40 小时的工时制度，且对延长工作时间予以明确限制。二是提高了延长工作时间（加班）的工资报酬标准，将一般加班、休息日加班和法定休假日加班的加班工资从 100%、150%、200% 分别提高到 150%、200%、300%。承包人认为新工时制度、对加班的限制和提高加班工资标准增加了人工费开支，并严重影响了工程进度，为此要求增加人员和相应临时建筑建设费用，并给予工期延长，同时提出，如要保持原计划的工期不变，则应另行补偿承包人因加班工资标准提高而引起的额外费用。

另外，我国从 1994 年开始实施税制改革。承包人认为税制的变更引起其费用增加，因而提出一系列索赔。此类索赔主要针对增值税、消费税和印花税提出。

（2）由业主条件引起的索赔。这种索赔主要由以下几种情况引起：

① 当地农民干扰施工，主要出现在承包人进场初期临时建筑工程施工过程中。

② 当地有关部门征收新的费用，如公路税、过桥费、口岸管理费、汽车牌照费、车辆费等。

③ 业主提供的施工条件，如供水或由业主指定的当地材料，如油料、粉煤灰、液压油、中热水泥、炸药等，承包人认为质量、数量或供应时间不满足要求。

（3）由工程方面原因引起的索赔。这类索赔主要是由于工程变更，如设计修改、工作项目增减、工程量变化，以及地质条件变化等引起。

（4）综合索赔。除上述单项索赔外，泄洪工程标承包人于 1997 年 5 月向监理工程师递交了涉及自开工以来各个主要工作项目的综合性索赔文件，提出综合性索赔。

2. 对承包人索赔的处理

针对不同的索赔要求，监理工程师采取了不同的索赔处理方案。

（1）针对后继法规引起的索赔的处理。关于后继法规中实施《劳动法》引起的索赔，监理工程师认为如果因限制工作时间，从而增加人员或

小浪底水利枢纽位于河南省洛阳市以北 40 km 黄河中游最后一段峡谷的出口处，坝址以上控制流域面积 69.4 万 km²，占黄河流域面积的 92.3%。水库总库容 126.5 亿 m³，其中后期有效库容 51 亿 m³，是黄河干流在三门峡水库以下唯一能够取得较大库容的控制性工程，在黄河治理开发中具有重要战略地位。

此处介绍了涉外工程索赔的情况，但其程序和方法对国内工程均有参考价值。

对承包人施工索赔的处理又称理赔。

延长工期，由此带来的额外费用或损失是难以估量的。为此，业主向水利部呈送专门报告，要求按照原规定的时间安排现场工作，而对工人的休息采取集中轮休的办法处理。后经原劳动部批准，基本上按照上述方法由监理工程师通知承包人执行。对于在每个星期六和星期日进行的工作，均作为休息日加班，给予补偿加班费。这样最大限度地减少了由于执行《劳动法》而带来的影响。

关于后继法规中税制改革引起的索赔，监理工程师进行处理时，坚持了对税制改革前后缴纳税金统筹考虑的原则。经深入研究、多方咨询和详细测算，可知税制改革对承包人的费用影响不大。

如消费税主要涉及两方面，一是进口环节；二是当地非指定材料。对进口环节的消费税，经业主及监理工程师深入研究和分析，认为应考虑税制改革前对进口环节征收工商统一税，而现已取消的情况。承包人在报价中原包含进口环节的工商统一税，故在处理消费税的影响时应扣除这部分税费。而对当地非指定材料的消费税补偿，应与增值税通盘考虑，统一测算税改前后的差额，根据计算结果予以补偿。

再如关于印花税，承包人认为，按其投标时的税法规定，外资企业在缴纳了工商统一税后可免交印花税。而新税法以同样税率的营业税取代了工商统一税，但规定包括外资企业在内的所有企业在缴纳营业税后仍须缴纳印花税，从而增加了费用，要求业主给予补偿。监理工程师认为，招标文件已明确要求承包人在投标时单独考虑并估列印花税费用，故承包人实际已将印花税的有关费用包含在报价中，业主不能重复支付。

（2）对由业主条件引起的索赔的处理。对于当地农民干扰施工问题，监理工程师要求承包人提供有效证明，承包人未能提供，故认为承包人已放弃这些索赔。对于由于当地有关部门征收新的费用引起的承包人索赔，监理工程师认为对确属额外收费的应同意补偿，但在承包人提交详细的证明材料之前，业主不能支付这些费用。由于业主提供的条件造成的索赔，总的来说影响较小。

（3）针对由于工程原因引起的承包人的索赔处理。监理工程师认为，变更的出现在大型水利工程施工过程中是不可避免的。特别是像小浪底枢纽这样的工程，由于其巨大的工程规模和复杂的自然、地质条件，随着工程的进展，地质状况逐渐明朗，对招标图纸和设计做进一步修改和完善是合理的，也是必要的。由于承包人的报价是以原招标设计和图纸为基础的，因此根据合同规定，如果在施工图纸中改变任何工作的数量或性质，或增加、减少或省略了任何工作，或者改变了工程任何部分的施工顺序或施工安排，都可以称为变更。如果这类变更影响到承包人的费用，承包人有权要求重新估价。对于业主要求的变更以及承包人申请的变更，监理工程师都逐一进行了认真、细致和全面的分析。

对于变更后的价格，监理工程师一般先发出变更意向通知，要求承包人报价，根据承包人的报价，监理工程师与承包人通过磋商和谈判确定双方同意的价格。如果难以达成一致，监理工程师就行使合同赋予的权力，最终确定价格，以变更令形式通知承包人。在确定最终价格之前，监理工程师一般以类似的工程量清单单价作为暂定价先行对承包人进行支付。

如承包人不接受监理工程师最后确定的价格，可要求作为争议进行解决。

（4）对综合索赔的处理。综合索赔主要是由于赶工而引起的索赔。监理工程师进行处理时，注意了三方面。一是分清责任，即哪些是业主原因所致，哪些是承包人原因所致。比如工期延误，其中有业主方面的原因（如设计图纸修改、工程量增加、地质条件变化等），也有承包人原因（如施工组织不力、设备数量不足或非正常停工以及劳动力不足等），分清了责任，也就分清了增加投资中各方应负担的比例。二是确定赶工措施（需报请监理工程师审核）。三是研究确定赔偿办法。经过大量实践，小浪底工程对由赶工引起的索赔，确定了"赔实不赔虚"的原则，即只赔付承包人赶工过程中实际发生的额外支出，对于没有发生的费用，即使理论上成立，一律不赔付。

3. 业主的反索赔

小浪底工程施工阶段业主对由于承包人原因而使工期延长或者使业主的支出费用增加的情况，也向承包人提出了索赔。其中包括业主或监理工程师发现承包人管理不善、设备不足或者经常损坏、施工器具不够，以及施工质量不合格而返工等各种情况。尽管这种索赔可能难以直接形成资金的回流，但可给承包人以经济上的压力，冲抵承包人索赔的金额。业主索赔是加强合同管理、控制工程造价的有效手段。

6.5　资金使用计划编制与投资控制

6.5.1　资金使用计划

资金使用计划是指为合理控制工程造价，做好资金的筹集与协调工作，在施工阶段，根据工程项目的设计方案、施工方案、施工总进度计划、机械设备，以及劳动力安排等编制的，能够满足工程项目建设需要的资金安排计划。

注意资金使用计划的含义和作用。

影响资金使用计划编制的相关因素主要有以下各项：

（1）工程项目的可行性研究报告、设计方案、施工图预算；

（2）施工组织设计；

（3）总进度计划；

（4）施工阶段出现的各种风险因素。

资金使用计划的编制与控制在整个工程造价管理中处于重要而独特的地位，它对工程造价的影响表现在以下几方面：

（1）通过编制资金使用计划，能合理确定工程造价施工阶段目标值，并为资金的筹集与协调打下基础。有了资金使用计划，就可将工程项目的实际支出额与之进行比较，找出偏差，从而采取控制措施。

（2）通过资金使用计划的科学编制，可对未来工程项目的资金使用和进度控制进行预测，消除资金浪费和进度失控，能够避免在今后工程项目中由于缺乏依据进行轻率判断而造成损失，使现有资金充分地发挥作用。

（3）在建设项目的进行过程中，通过资金使用计划的严格执行，可以有效地控制工程造价上升，最大限度地节约投资，提高投资效益。

如果工程造价目标值和资金使用计划有脱离实际的情况，应在科学评估的前提下，进行修订，使工程造价更加趋于合理水平，从而保障业主和承包人各自的合法利益。

6.5.2 施工阶段资金使用计划的编制

1. 按不同子项目编制资金使用计划

一个建设项目往往由多个单项工程组成，每个单项工程还可能由多个单位工程组成，而单位工程又由若干个分部分项工程组成。按不同子项目划分资金的使用，进而做到合理分配，首先必须对工程项目进行合理划分，划分的粗细程度根据实际需要而定。在实际工作中，总投资目标按项目分解一般划分到单项工程或单位工程，如再进一步分解投资目标，则难以保证分目标的可靠性。

2. 按时间进度制编资金使用计划

建设项目的投资总是分阶段、分期支出的，资金应用是否合理与资金时间安排有密切关系。为了编制资金使用计划，并据此筹措资金，尽可能减少资金占用和利息支付，有必要将总投资目标按使用时间进行分解，确定分目标值。

按时间进度编制的资金使用计划，通常可由项目施工计划网络图进一步扩充后得到。利用网络图控制投资，即要求在拟订工程项目的执行计划时，一方面确定完成某项施工活动所需的时间；另一方面也要确定完成这一工作的合理支出预算。

资金使用计划可以采用 S 形曲线与香蕉图的形式，其对应数据的产生依据是施工计划网络图中时间参数（工序最早开工时间，工序最早完工时间，工序最迟开工时间，工序最迟完工时间，关键工序，关键路线，计划总工期）的计算结果与对应阶段资金的使用要求。

利用已编制的施工计划网络图，可以按照工程进度计划计算投资支出，进而绘制时间—投资累计曲线（S形曲线）。时间—投资累计曲线的绘制步骤如下：

（1）按照施工计划网络图，可确定各时段内完成的实物工程量及投入的人力、物力数量，并可求得各时段（月或旬）计划完成的投资，见表6－1。

表6－1　投资计划表

时间/月	1	2	3	4	5	6	7	8	9	10	11	12
投资/万元	100	200	300	500	600	800	800	700	600	400	300	200

（2）对各时段计划完成的投资额累计求和，可计算规定时间 t 的计划累计完成投资额，其计算公式为

$$Q_t = \sum_{n=1}^{t} q_n \qquad (6-3)$$

式中：Q_t——规定时间 t 的计划累计完成投资；

q_n——n 时段的计划完成投资额；

t——规定时间，以时段数表示。

（3）按各规定时间的 Q_t 值绘制S形曲线，如图6－1所示。

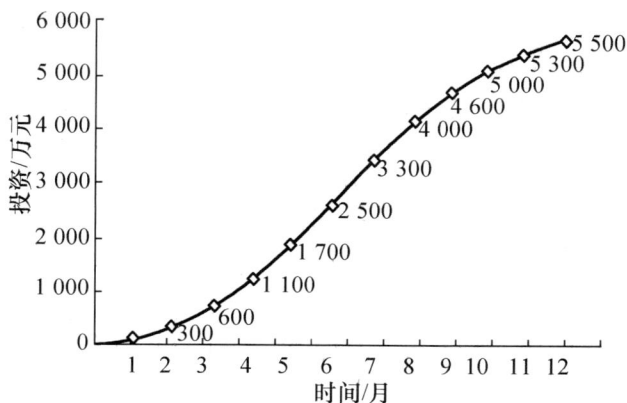

图6－1　时间—投资累计曲线（S形曲线）

每一条S形曲线都对应于某一特定的工程进度计划。进度计划的非关键路线中存在许多有时差的工序和工作，因而S形曲线必然包含在由全部活动都按最早开工时间开始和全部活动都按最迟开工时间开始的曲线所组成的"香蕉图"内，见图6－2。建设单位可根据编制的

S 形曲线来合理安排资金，同时也可根据筹措的建设资金来调整 S 形曲线（调整完成累计投资计划，可通过改变非关键路线上的工序项目的最早或最迟开工时间进行调整），使得实际投资支出控制在阶段预算的范围之内。

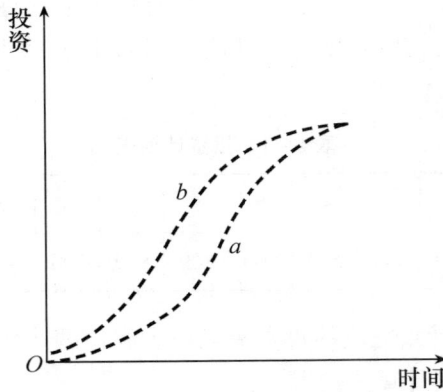

图 6-2　投资计划值的香蕉图

a—所有活动按最迟开始时间开始的曲线；*b*—所有活动按最早开始时间开始的曲线

一般而言，所有活动都按最迟时间开始，对节约建设资金贷款利息是有利的，但也同时降低了项目按期竣工的保证率。因此，必须合理地确定投资计划，达到既节约投资支出，又满足项目工期要求的目的。

资金使用计划编制过程中要注意 ABC 控制法等现代科学管理方法的应用。所谓 ABC 控制法是指将影响资金使用的因素按照影响程度的大小分为 A、B、C 三类，其中 A 类因素占因素总数的 5%～20%，其对应的资金耗用值占计划资金总额的 60%～80%；B 类因素占因素总数的 25%～40%，其对应的资金耗用值占计划资金总额的 10%～30%；C 类因素占因素总数的 50%～60%，其对应的资金耗用值占计划资金总额的 5%～15%。A 类因素为重点因素，B 类因素为次要因素，C 类因素为一般因素。编制投资计划时，应特别注意 A 类因素，对这类因素的资金进行控制，对于控制工程造价具有重要作用。

> A 类因素只占少数，但其投资额所占比率远大于 B、C 类因素。

6.5.3　投资偏差动态分析

1. 投资偏差计算

在施工阶段，由于施工过程中随机因素与风险因素的影响，形成了实际工程进度与计划工程进度、实际投资与计划投资的差异，这些差异称为进度偏差与投资偏差。进度偏差与投资偏差是施工阶段工程造价计算与控制的对象。

投资偏差的计算式为

$$投资偏差 = 已完工程实际投资 - 已完工程计划投资 \qquad (6-4)$$

式 (6-4) 计算结果为正，表示投资增加，结果为负，表示投资减少。与投资偏差密切相关的是进度偏差，如果不加考虑，就不能正确反映投资偏差的实际情况。进度偏差的计算式为

$$进度偏差 = 已完工程实际时间 - 已完工程计划时间 \qquad (6-5)$$

为了与投资偏差联系起来，进度偏差也可以表示为

$$进度偏差 = 拟完工程计划投资 - 已完工程计划投资 \qquad (6-6)$$

式 (6-6) 中的拟完工程计划投资是指根据进度计划安排在某一确定时间内所应完成的工程内容的计划投资。进度偏差为正值时，表示工期拖延；进度偏差为负值时，表示工期提前。

注意，以下均以投资形式表示进度。

"拟完"可以理解为"原计划"中规定的，"已完"可以理解为"实际过程中发生"的。

2. 投资偏差分析

投资偏差可按不同的方式进行分类。

（1）局部偏差和累计偏差。所谓局部偏差有两层含义。一是相对于总项目的投资而言，指各单项工程、单位工程和分部分项工程的偏差；二是相对于项目实施的时间而言，指每一控制周期所发生的投资偏差。

累计偏差则是在项目已经实施的时间内累计发生的偏差。局部偏差的工程内容及其原因一般都比较明确，分析结果也就比较可靠，而累计偏差所涉及的工程内容较多，范围较大，且原因也较复杂，因而累计偏差必须以局部偏差分析的结果为基础进行综合分析。累计偏差分析的结果更能显示规律性，对投资控制工作在较大范围内具有指导作用。

（2）绝对偏差和相对偏差。所谓绝对偏差，是指计划投资与实际投资比较所得的差额。相对偏差则是指投资偏差的相对数或比例数，通常是用绝对偏差与投资计划值的比值来表示，即

$$相对偏差 = \frac{绝对偏差}{投资计划值} = \frac{投资实际值 - 投资计划值}{投资计划值} \qquad (6-7)$$

绝对偏差和相对偏差的数值均可正、可负，且两者符号相同，正值表示实际投资较计划投资增加，负值表示减少。在进行投资偏差分析时，对绝对偏差和相对偏差都要进行计算。绝对偏差直接反映了项目投资偏差的绝对数额，可用于指导调整投资计划和资金筹措计划。但由于项目规模、性质、内容不同，投资总额可能会有很大差异，用绝对偏差不便于对不同项目进行比较，使其应用具有一定的局限性。而相对偏差能更好地反映投资偏差的严重程度或合理程度。

从对投资控制工作的要求来看，相对偏差比绝对偏差更有意义，应当给予更高的重视。

3. 投资偏差分析方法

常用的投资偏差分析方法有横道图法、时标网络图法、表格法和曲线法。

（1）横道图法。用横道图进行投资偏差分析，是用不同的横道标识已完工程计划投资和实际投资以及拟完工程计划投资，横道的长度与其数额成正比。投资偏差和进度偏差数额可以用数字或横道表示，而产生投资偏差的原因则应经过认真分析后填入，见表 6-2。

表 6-2　投资偏差分析表（横道图法）

项目编码	项目名称	投资参数数额/万元	投资偏差/万元	进度偏差/万元	原因
011	土方工程	70 50 60	10	−10	
012	石方工程	80 66 100	−20	−34	
013	基础工程	80 80 60 （20 40 60 80 100 120 140）	20	20	
	合计	230 196 220 （100 200 300 400 500 600 700）	10	−24	

图例：

　█ 已完工程实际投资　　□ 拟完工程计划投资　　▨ 已完工程计划投资

以下举例说明用横道图法进行投资偏差分析的具体方法。

表 6-3 为某水利工程进度表。

表中：—— 表示拟完工程计划投资；

　　　··· 表示已完工程实际投资；

　　　···· 表示已完工程计划投资。

编制表 6-3 时，先按照工程实际情况确定拟完工程计划投资与已完工程实际投资。然后按照工程的实际进度，调整确定已完工程各周的计划投资。如表中分项工程 D 原定计划 4 周内完成，计划总投资 20 万元，每周完成 5 万元。由于工程实际进度为在 5 周内完成，则平均每周应完成计划投资为4万元。类似可确定表中各分项工程的已完工程各周计划投资。

表6-3　某水利工程进度表　　　资金单位：万元

分项工程	进度计划/周											
	1	2	3	4	5	6	7	8	9	10	11	12
A	5	5	5									
	5	5	5									
	5	5	5									
B		4	4	4	4	4						
			4	4	4	4	4					
			4	4	4	4	4					
C				9	9	9	9					
						9	9	9	9			
						8	7	7	7			
D						5	5	5	5			
							4	4	4	4	4	
							4	4	4	5	5	
E								3	3	3		
										3	3	3
										3	3	3

根据表6-3中数据，按照每周各项单项工程拟完工程计划投资、已完工程计划投资、已完工程实际投资，可分别进行统计，求得相应累计数，并编制某水利工程投资数据表，见表6-4。

根据表6-4中的数据，可以分析确定投资偏差与进度偏差。如第6周末投资偏差可计算为

投资偏差=已完工程实际投资-已完工程计划投资=39-40=-1（万元）

表明投资减少1万元。

由此可知，此工程第6周末进度拖延，且完成实际投资少于计划投资，应采取措施，加快工程进度。

表6-4　某水利工程投资数据表　　　单位：万元

项　目	投资数据											
	1	2	3	4	5	6	7	8	9	10	11	12
每周拟完工程计划投资	5	9	9	13	13	18	14	8	8	3		
拟完工程计划投资累计	5	14	23	36	49	67	81	89	97	100		
每周已完工程实际投资	5	5	9	4	4	12	15	11	11	8	8	3
已完工程实际投资累计	5	10	19	23	27	39	54	65	76	84	92	95
每周已完工程计划投资	5	5	9	4	4	13	17	13	13	7	7	3
已完工程计划投资累计	5	10	19	23	27	40	57	70	83	90	97	100

按照相同方法，可进行其他各周投资偏差分析。

第 6 周末进度偏差可计算为

进度偏差 = 拟完工程计划投资 − 已完工程计划投资 = 67 − 40 = 27（万元）

表明进度拖后 27 万元。

横道图法的优点是简单直观，便于了解项目投资的概貌。但这种方法一般限于反映累计偏差和局部偏差，提供的信息量较少，因而其应用有一定的局限性。

（2）时标网络图法。时标网络图是在确定施工计划网络图的基础上，将施工的实施进度与日历工期相结合而形成的网络图，它可以分为早时标网络图与迟时标网络图。早时标网络图中的结点位置与以该结点为起点的工序的早开工时间相对应；图中的实线长度为工序的工作时间；虚节线表示对应施工检查日的实际进度（施工检查日用▼标示）；图中箭线上标入的数字可以表示箭线对应工序单位时间的计划投资值。图 6 − 3 即为某水利工程的早时标网络图。图下方表格中的第（1）栏数字为拟完工程计划投资的逐月累计值，第（2）栏数字为已完工程实际投资逐月累计值，表示工程进度变化所对应的实际投资值。

有关网络计划技术可参阅有关施工进度控制的专著及相应行业标准。

"箭线"是双代号网络图的基本组成部分，"箭线"表示工作。

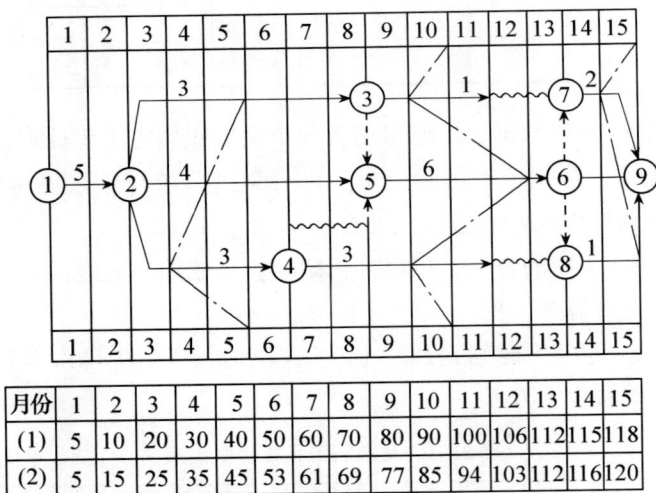

月份	1	2	3	4	5	6	7	8	9	10	11	12	13	14	15
(1)	5	10	20	30	40	50	60	70	80	90	100	106	112	115	118
(2)	5	15	25	35	45	53	61	69	77	85	94	103	112	116	120

图 6 − 3　某水利工程时标网络图

注：1. 图中箭头线上方数值为该工作每月计划投资；

2. 图下方表内投资值单位为万元，（1）栏数值为工程计划投资累计值；

（2）栏数值为已完工程实际投资累计值

由图 6 − 3 可知，如果不考虑实际进度前锋线，可以得到每个月份的拟完工程计划投资。例如，4 月份有 3 项工作，投资分别为 3 万、4 万、3 万，则 4 月份拟完工程计划投资值为 10 万元。对各月中数据进行计算，即可求得拟完工程计划投资累计值，并可计入图6-3表中第（1）栏。表中第（2）栏的数据为单独给出。

在图6-3中如果考虑实际进度前锋线，可以得到对应月份的已完工程计划投资，例如：

第5个月底已完工程计划投资为 $20+6+4=30$（万元）；

第10个月底已完工程计划投资为 $80+6×3=98$（万元）；

根据投资偏差与进度偏差的定义可知

第5个月底的投资偏差＝已完工程实际投资－已完工程计划投资＝$45-30=15$（万元），即投资增加15万元；

第10个月底的投资偏差＝$85-98=-13$（万元），即投资减少13万元；

第5个月底的进度偏差＝$40-30=10$（万元），即进度拖延10万元；

第10个月底的进度偏差＝$90-98=-8$（万元），即进度提前8万元。

（3）表格法。表格法是进行偏差分析最常用的一种方法。可以根据项目的具体情况、数据来源、投资控制工作的要求等条件来设计表格，因而适用性较强。表格法的信息量大，可以反映各种偏差变量和指标，对全面深入地了解项目投资的实际情况非常有益。表6-5为某水利工程的投资偏差分析表。

表格法还便于用计算机辅助管理，提高投资控制工作的效率。

表6-5　投资偏差分析表

项 目 编 码	（1）	011	012	013
项 目 名 称	（2）	土方工程	石方工程	基础工程
单　位	（3）			
计 划 单 位	（4）			
拟完成工程量	（5）			
拟完工程计划投资	（6）＝（4）×（5）	50	66	80
已完工程量	（7）			
已完工程计划投资	（8）＝（4）×（7）	60	100	60
实 际 单 价	（9）			
其 他 款 项	（10）			
已完工程实际投资	（11）＝（7）×（9）＋（10）	70	80	80
投资局部偏差	（12）＝（11）－（6）	10	-20	20
投资局部偏差程度	（13）＝（11）÷（8）	1.17	0.8	1.33
投资累计偏差	（14）＝∑（12）			
投资累计偏差程度	（15）＝∑（11）÷∑（8）			
进度局部偏差	（16）＝（6）－（8）	-10	-34	20
进度局部偏差程度	（17）＝（6）÷（8）	0.83	0.66	1.33
进度累计偏差	（18）＝∑（16）			
进度累计偏差程度	（19）＝∑（6）÷∑（8）			

（4）曲线法。曲线法是用前述"时间—投资累计曲线（S形曲线）"进行偏差分析的一种办法。在用曲线法进行偏差分析时，通常需绘制三条曲线，即已完工程实际投资曲线 a、已完成工程计划投资曲线 b 和拟完工程计划投资曲线 p，如图 6-4 所示。图 6-4 中，曲线 a 和曲线 b 的竖向距离表示投资偏差，曲线 p 与曲线 b 的水平距离表示进度偏差。曲线图能直观地反映累计偏差，用曲线法进行偏差分析具有形象、直观的优点。

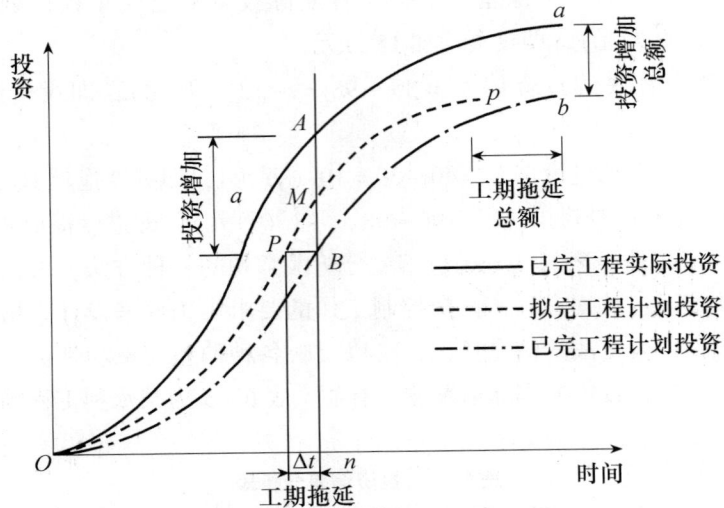

图 6-4 投资偏差分析图

6.5.4 投资偏差形成原因及纠偏方法

1. 偏差原因和纠偏对象

一般来讲，引起投资偏差的原因主要有四方面，即客观原因、业主原因、设计原因和施工原因。

为了对偏差原因进行综合分析，通常采用图表工具。在用表格法时，首先要将每期所完成的全部分部分项工程的投资情况汇总，确定引起分部分项工程投资偏差的具体原因，然后通过适当的数据处理，分析每种原因发生的频率（概率）及其影响程度（平均绝对偏差或相对偏差），最后按偏差原因的分类重新排列，就可以得到投资偏差原因综合分析表，其形式如表 6-6 所示。

表 6-6 中已完工程计划投资由各期"投资偏差分析表"（形式见表 6-5）中各偏差原因所对应的已完分部分项工程计划投资累加而得。这里要特别注意，某一分部分项工程的投资偏差可能同时由两个以上的原因引

起，为了避免重复计算，在计算"已完工程计划投资"时，只按其中最主要的原因考虑，次要原因计划投资的重复部分在表中以括号标出，不计入"已完工程计划投资"的合计值。

表6-6　投资偏差原因综合分析

偏差原因	次　数	频　率	已完成工程计划投资/万元	绝对偏差/万元	平均绝对偏差	相对偏差
1-1	3	0.12	500	24	8	4.8%
1-2	1	0.04	（100）	3.5	3.5	3.5%
⋮						
1-9	3	0.12	50	3	1	6.0%
2-1	1	0.04	20	1	1	10.0%
2-2	1	0.04	20	1	1	5.0%
⋮						
2-9	4	0.16	30	4	1	13.3%
3-1	5	0.20	150	20	4	13.3%
3-2	2	0.08	（150）	4	2	2.7%
⋮						
3-9	1	0.04	50	1	1	2.0%
4-1	1	0.04	20	1	1	5.0%
4-2	2	0.08	30	4	2	13.3%
⋮						
4-9	1	0.04	（30）	0.5	0.5	1.7%
合计	25	1.00	870	68	68	7.82%

在各种原因引起的投资偏差中，由客观原因引起的偏差是无法避免的，由施工原因造成的损失由施工单位负责，因此，纠偏的主要对象是由于业主原因和设计原因造成的投资偏差。

对于投资偏差的情况还可进一步分析，以明确纠偏对象并进行处理。一般来说，投资偏差不外乎4种情况。

（1）投资增加且工期拖延。这种情况是纠正偏差的主要对象，必须引起高度的重视。

（2）投资增加但工期提前。这种情况下要适当考虑工期提前带来的效益，从资金使用的角度看，如果增加的资金值超过增加的效益时，要采取纠偏措施。

（3）工期拖延但投资节约。这种情况下是否采取纠偏措施要根据工期要求的实际需要确定，同时注意控制进度纠偏的费用。

（4）工期提前且投资节约。这种情况是最理想的，不需要采取纠偏措施。

2. 纠正投资偏差的方法

施工阶段工程投资偏差的纠正与控制要注意采用动态控制、系统控制、信息反馈控制、弹性控制、循环控制和网络技术控制的原理，注意目标手段分析方法的应用。目标手段分析方法要结合施工现场实际情况，依靠有丰富实践经验的技术人员和工作人员通过各方面的共同努力实现纠偏。由于偏差的不断出现，按照管理学观点，纠偏是一个制订计划、实施工作、检查进度与效果、纠正与处理偏差的滚动的循环过程。因此，纠偏就是对系统实际运行状态偏离标准状态的纠正，以便使运行状态恢复或保持标准状态。

从施工管理的角度看，合同管理、施工成本管理、施工进度管理、施工质量管理是几个重要环节。在纠正施工阶段资金使用偏差的过程中，要按照经济性原则、全面性与全过程原则、责权利相结合原则、政策性原则、开源节约相结合原则，在项目经理的负责下，在费用控制预测的基础上，各类人员共同配合，通过科学、合理、可行的措施，由分项工程、分部工程、单位工程、整体项目总体纠正资金使用偏差，实现对工程造价进行有效控制的目标。

通常把纠偏措施分为组织措施、经济措施、技术措施、合同措施四方面。

（1）组织措施。组织措施指从投资控制的组织管理方面采取的措施。例如，落实投资控制的组织机构和人员，明确各级投资控制人员的任务、职能分工、权利和责任，改善投资控制工作流程等。组织措施往往被人忽视，其实它是其他措施的前提和保障，而且一般无须增加什么费用，运用得当，则可以收到良好的效果。

（2）经济措施。经济措施最易为人们接受，但运用中特别注意不可把经济措施简单理解为审核工程量及相应的支付价款。应从全局出发来考虑问题，如检查投资目标分解的合理性，资金使用计划的保障性，施工进度计划的协调性。另外，通过偏差分析和未完工程预测，还可以发现潜在的问题，及时采取预防措施，从而取得造价控制的主动权。

（3）技术措施。从造价控制的要求来看，技术措施并不都是因为发生了技术问题才加以考虑的，也可以因出现了较大的投资偏差而加以运用。不同的技术措施往往会有不同的经济效果，因此运用技术措施纠偏时，要对不同技术方案进行技术经济分析综合评价后加以选择。

（4）合同措施。合同措施在纠偏方面主要指索赔管理。在施工过程中，索赔事件的发生是难免的，在发生索赔事件后，业主要认真审查有关索赔依据是否符合合同规定，索赔计算是否合理等，从主动控制的角度出发，加强日常的合同管理，落实合同规定的责任。

小　结

本章介绍了水利水电建设项目施工阶段工程造价管理。本章的主要内容有：

1. 水利水电建设项目施工阶段工程造价管理的主要内容；
2. 水利水电工程投资动态管理的概念及其基本方法；
3. 业主预算编制基本方法；
4. 施工承包合同管理中的工程计量和支付；
5. 施工承包合同管理中的工程变更投资管理；
6. 施工承包合同管理中的价格调整；
7. 水利水电工程索赔及反索赔机制；
8. 水利水电工程资金使用计划及其编制；
9. 投资偏差动态分析及处理。

作　业

一、思考题

1. 简述什么是静态控制和动态管理。
2. 减少工程项目建设期利息支出的主要途径有哪些？
3. 什么是工程项目建设期汇率风险？
4. 业主预算的编制依据有哪些？
5. 工程变更的范围和内容一般有哪些？
6. 工程变更的处理原则是什么？
7. 工程索赔发生的原因主要有哪些方面？
8. 工程索赔的主要依据有哪些？
9. 资金使用计划的作用有哪些？
10. 纠正投资偏差的方法有哪些？

二、填空题

1. 业主预算的主要作用有＿＿＿＿＿＿＿＿＿＿＿＿＿＿＿＿＿＿＿＿＿。
2. 工程计量的依据是＿＿＿＿＿＿＿＿＿＿＿＿＿＿＿＿＿＿＿＿＿＿＿。
3. 按索赔的目的，可以把索赔分为＿＿＿＿＿和＿＿＿＿＿两类。
4. 常用的投资偏差分析方法有＿＿＿＿＿＿＿＿＿＿＿＿＿＿＿＿＿＿＿。
5. 通常把投资纠偏措施分为＿＿＿＿＿、＿＿＿＿＿、＿＿＿＿＿、＿＿＿＿＿四方面。
6. 引起投资偏差的原因主要有＿＿＿＿＿、＿＿＿＿＿、＿＿＿＿＿和＿＿＿＿＿。
7. 编制业主预算的原则为＿＿＿＿＿＿＿＿＿＿＿＿＿＿＿＿＿＿＿＿＿。

8. 工程支付的方式通常有_____、_____、_____和_____四种。

9. 水利水电建设项目施工阶段的价格调整主要包括因_____和_____引起的价格调整。

10. 施工索赔处理的步骤包括_____、_____、_____。

三、选择题

1. 保留金主要用于（　　　）。

　　A. 为监理工程师有效监督承包人圆满完成缺陷修补工作提供资金保证

　　B. 完成设计变更项目

　　C. 返回给业主的资金

　　D. 违约罚金

2. （　　　）原因会引发工程索赔。

　　A. 发现化石、古迹等

　　B. 由于下了小雨导致工程停工

　　C. 由于施工质量不合格，监理工程师要求返工

　　D. 安全部门检查施工现场

3. 下面几条途径中，（　　　）不能够减少建设项目建设期利息支出。

　　A. 非控制工期的项目不要过早开工，争取使建设资金投入重心后移

　　B. 企业自有资金安排在早期投入

　　C. 银行贷款资金早期投入

　　D. 减少物资库存

4. 减少建设项目建设期汇率风险的途径是（　　　）。

　　A. 外币贷款的币种确定后，一般应尽可能在采购招标时优先使用该外币币种

　　B. 支付坚挺的外币币种

　　C. 支付美元

　　D. 支付人民币

5. 以下说法错误的是（　　　）。

　　A. 工程计量是对承包人进行中间支付的需要

　　B. 工程计量主要是检查工程的施工质量

　　C. 工程计量有利于工程投资控制

　　D. 工程计量有利于处理工程索赔

6. 水利水电建设项目施工阶段价格调整的原因是（　　　）。

　　A. 承包人出现财务亏损　　　　　B. 施工期内的物价变动和法规变更

　　C. 工程量增加　　　　　　　　　D. 贷款利息提高

7. 以下内容不属于工程变更的是（　　　）。

　　A. 增加或减少合同中任何一项工作内容

　　B. 取消合同中任何一项工作

C. 实际工程量比合同工程量有少量减少

D. 改变合同中任何一项工作的标准或性质

8. 以下说法错误的是（　　）。

A. 索赔是工程承包中经常发生的正常现象

B. 索赔是合同双方的正当权利

C. 索赔是由于业主管理不善引起的

D. 索赔既包括承包人的施工索赔，也包括业主向承包人的反索赔

9. 以下内容属于承包人的风险范围的是（　　）。

A. 发现化石、古迹等

B. 施工中出现施工质量问题

C. 监理工程师提供了不正确的测量数据

D. 法规发生变化

10. 纠正投资偏差的主要对象是（　　）。

A. 投资增加且工期拖延　　　　B. 投资增加但工期提前

C. 工期拖延但投资节约　　　　D. 工期提前且投资节约

四、判断题

1. 根据总进度合理安排资金流动计划，在保证实现工程总目标的前提下，尽可能均衡安排施工，对非控制工期的项目不要过早开工，争取使建设资金投入重心后移，可以减少建设期利息的支出。（　　）

2. 工程要顺利进行，承包人必须维持合适的现金流，而保证现金流的实现就必须适时进行计量支付。（　　）

3. 索赔实质上是承包人和业主之间在分担合同风险方面重新分配责任的过程。（　　）

4. 业主预算又称为执行概算。（　　）

5. 业主预算的价格水平与设计概算的价格水平不一致。（　　）

6. 工程计量的依据是业主制定的计量办法。（　　）

7. 监理工程师每次工程计量一定是准确的。（　　）

8. 工程计量的单位应与工程量清单的计量单位相一致。（　　）

9. 在投标截止日前的28天后的法规变更导致施工成本增加，可以按照合同条件对合同价格进行调整。（　　）

10. 对于投资偏差中出现投资增加但工期提前的情况，不需要采取纠正投资偏差措施。（　　）

第 7 章

水利水电建设项目竣工决算与后评价经济评价

学习指导

目标：1. 掌握水利水电建设项目竣工决算的意义、编制依据，以及竣工决算的组成；

2. 了解水利水电建设项目的竣工决算报表；

3. 掌握水利建设项目后评价经济评价的内容和需注意解决的问题。

重点：1. 水利水电建设项目竣工决算的意义、编制依据，以及竣工决算的组成；

2. 水利建设项目后评价经济评价的内容。

7.1 水利水电建设项目竣工决算

7.1.1 概述

第 1 章对水利水电工程建设程序进行了介绍。

按照建设程序，所有建设项目，按批准的设计文件建成后，应及时组织竣工验收。竣工验收是全面考核建设工作，检查设计、工程质量是否符合要求，审查投资使用是否合理的重要环节，是投资成果转入生产或使用的标志。建设项目竣工决算是竣工验收的重要环节。

水利部于 2008 年发布了《水利水电建设工程验收规程》（SL 223—2008）（以下简称《工程验收规程》）。《工程验收规程》规定，水利水电建设工程验收按验收主持单位可分为法人验收和政府验收。法人验收应包括分部工程验收、单位工程验收、水电站（泵站）中间机组启动验收、合同工程完工验收等；政府验收应包括阶段验收、专项验收、竣工验收等。检查工程投资控制和资金使用情况是工程验收应包括的主要内容。验收的成果性文件是验收鉴定书。

按照《工程验收规程》，项目法人编制完成竣工财务决算后，应报送竣工验收主持单位财务部门进行审查和审计部门进行竣工审计。审计部门应出具竣工审计意见。项目法人应对审计意见中提出的问题进行整改并提交整改报告。竣工决算及审计资料是竣工验收应准备的备查档案资料。进行竣工验收时，"竣工财务决算编制与竣工审计情况"是竣工验收主要工作报告内容之一。

　　按照《工程验收规程》，在召开竣工验收会议后，应印发竣工验收鉴定书。

　　竣工决算反映了工程实际造价，核定了项目的新增资产价值，是项目资产形成、资产移交和投资核销的依据。同时，竣工决算对于考核投资效益，总结分析建设过程的经验教训，提高建设决策水平和管理水平，以及为有关部门制订建设计划，修订概预算定额指标提供资料和累计经验等，都具有重要意义。

这里介绍了竣工决算的重要意义。

　　从工程造价管理来看，竣工决算是全过程、全面造价管理的重要方面和重要环节。竣工决算最终确定了工程的实际造价，同时也使项目法人（或建设单位，下同）进行工程建设的支出和工程各承建人、供应商的收入获得承认并合法化。

　　财政部于 1998 年发布了《基本建设财务管理若干规定》（财政部财基字〔1998〕4 号）、《基本建设项目竣工决算报表》《基本建设项目竣工财务决算报表填制说明》（财基字〔1998〕498 号），于 1999 年发布了《财政性基本建设资金效益分析报告制度》（财基字〔1999〕27 号）。水利部于 2008 年修订发布了《水利基本建设项目竣工财务决算编制规程》（SL19—2008）。水利水电建设项目竣工决算应参照以上文件、规范以及国家和地方的有关法律、法规进行编制。

本章中的竣工决算即指竣工财务决算。

　　水利基本建设项目竣工财务决算由项目法人组织编制。设计、监理、施工等单位应积极配合，向项目法人提供有关资料（在竣工财务决算批复之前，项目法人已经撤销的，由撤销该项目法人的单位指定有关单位承接相关的责任）。

　　竣工财务决算必须按国家相关要求，整理归档，永久保存。

7.1.2　水利水电建设项目竣工决算编制依据、要求和组成

1. 编制依据

竣工财务决算的编制依据应包括下列内容。

（1）国家有关法律法规等有关规定。

（2）经批准的设计文件。

（3）主管部门下达的年度投资计划，基本建设支出预算。

（4）经批复的年度财务决算。

（5）项目合同（协议）。

（6）会计核算及财务管理资料。

（7）其他有关项目管理文件。

2. 编制要求

（1）建设项目完成并满足竣工财务决算编制条件后，项目法人应在规定的期限内完成竣工财务决算的编制工作。大中型项目的期限为 3 个月，小型项目的期限为 1 个月。

如有特殊情况不能在规定期限内完成编制工作的，报经竣工验收主持单位同意后可适当延期。

（2）建设项目应按本标准规定的内容、格式编制竣工财务决算。

非工程类项目可根据项目实际情况和有关规定适当简化。

（3）项目法人应从项目筹建起，指定专人负责竣工财务决算的编制工作，并应明确财务、计划、工程技术等部门的相应职责。

竣工财务决算的编制人员应保持相对稳定。

（4）竣工财务决算应区分大中、小型项目，应按项目规模分别编制。

项目规模以批复的设计文件为准。设计文件未明确的，非经营性项目投资额在 3 000 万元（含 3 000 万元）以上、经营性项目投资额在 5 000 万元（含 5 000 万元）以上的为大中型项目；其他项目为小型项目。

（5）建设项目包括两个或两个以上独立概算的单项工程的，单项工程竣工时，可编制单项工程竣工财务决算。建设项目全部竣工后，应编制该项目的竣工财务总决算。

建设项目是大中型项目而单项工程是小型项目的，应按大中型项目的编制要求编制单项工程竣工财务决算。

（6）未完工程投资及预留费用可预计纳入竣工财务决算。大中型项目应控制在总概算的 3% 以内，小型项目应控制在 5% 以内。

3. 竣工决算组成

竣工决算封面样式见《水利基本建设项目竣工财务决算编制规程》（SL19—2008）附录 A。

参照《水利基本建设项目竣工财务决算编制规程》，竣工财务决算由下列 4 部分组成。

（1）竣工财务决算封面及目录。

（2）竣工工程的平面示意图及主体工程照片。

（3）竣工财务决算说明书。

（4）竣工财务决算报表。

7.1.3 竣工决算说明书

水利水电建设项目的竣工决算说明书应是总括反映竣工项目建设过程、建设成果的书面文件。其内容包括以下各方面：

（1）项目基本情况。

（2）基本建设支出预算、投资计划和资金到位情况。

（3）概（预）算执行情况。

（4）招（投）标及政府采购情况。

（5）合同（协议）履行情况。

（6）征地补偿和移民安置情况。

（7）预备费动用情况。

（8）未完工程投资及预留费用情况。

（9）财务管理方面情况。

（10）其他需说明的事项。

（11）报表说明。

7.1.4　竣工决算报表

竣工决算报表包括下列 8 种表格。

（1）水利基本建设竣工项目概况表，反映竣工项目主要特性、建设过程和建设成果等基本情况。

（2）水利基本建设项目竣工财务决算表，反映竣工项目的财务收支状况。

（3）水利基本建设竣工项目投资分析表，反映竣工项目建设概（预）算执行情况。

（4）水利基本建设竣工项目未完工程及投资预留费用表，反映预计纳入竣工财务决算的未完工程投资及预留费用的明细情况。

（5）水利基本建设竣工项目成本表，反映竣工项目建设成本构成情况。

（6）水利基本建设竣工项目交付使用资产表，反映竣工项目向不同资产接收单位交付使用资产情况。

（7）水利基本建设竣工项目待核销基建支出表，反映竣工项目发生的待核销基建支出明细情况。

（8）水利基本建设竣工项目转出投资表，反映竣工项目发生的转出投资明细情况。

以上各种表格的格式见表 7-1 至表 7-8，编制说明详见《水利基本建设项目竣工财务决算编制规程》（SL19—2008）"附录 C 水利基本建设项目竣工财务决算报表编制说明"。

大中型项目应编制以上规定的全部表格。小型项目应须编制以上各表中的"水利基本建设竣工项目概况表""水利基本建设项目竣工财务决算表""水利基本建设竣工项目交付使用资产表""水利基本建设竣工项目未完工程投资及预留费用表"。

项目法人可根据项目情况增设有关反映重要事项的辅助报表。

竣财 1 表

表 7－1 水利基本建设竣工项目概况表

项目名称		项目法人		建设地址及所在河流	
建设性质		主要设计单位		主要施工企业	
主管部门		主要监理单位		质量监督单位	

概算批准文件

项目主要特征

投资来源

	项目	概算数	实际数	实际投资	
项目投资（元）	1.			1. 建筑安装工程	
	2.			2. 设备、器具、工具	
	3.			3. 其他投资	
				4. 待摊投资	
				5. 待核销基建支出	
	合计			6. 非经营项目转出投资	

	项目	总成本	单位成本
建设成本（元）	1.		
	2.		
	3.		
	合计		

续表

工程主要建设情况		项目效益
开工日期		
竣工日期		
主要工程量	1. 土方/万 m³	
	2. 石方/万 m³	
	3. 混凝土/万 m³	
	4. 金属结构制作安装/t	
	5.	
主要材料消耗	1. 钢材/t	
	2. 木材/m³	
	3. 水泥/t	
	4. 油料/t	
	5.	
征地补偿和移民安置	1. 总补偿费/元	
	2. 永久征地/亩	
	其中:耕地/亩	
	林地/亩	
	3. 临时占地/亩	
	4. 移迁人口/人	
	5. 土地补偿标准(元/亩)	
	6. 安置补助标准(元/人)	

质量总体评价:

表 7 – 2　水利基本建设项目竣工财务决算表

竣财 2 表　单位：元

资 金 来 源	金　额	资 金 占 用	金　额
一、基建拨款		一、基本建设支出	
		1. 支付使用资产	
		2. 在建工程	
		3. 待核销基建支出	
二、项目资本		4. 转出投资	
		二、应收生产单位投资借款	
		三、拨付所属投资借款	
		四、器材	
三、项目资本公积		其中：待处理器材损失	
四、基建投资借款		五、货币资金	
五、上级拨入投资借款		六、财政应返还额度	
六、企业债券资金		七、预付及应收款	
七、待冲基建支出		八、有价证券	
八、其他借款		九、固定资产	
九、应付款		固定资产原价	
十、未交款		减：累计折旧	
		固定资产净值	
		固定资产清理	
十一、上级拨入资金		待处理固定资产损失	
十二、留成收入			
合计		合计	

补充资料：基建投资借款期末余额：
　　　　　应收生产单位投资借款期末数：
　　　　　基建结余资金：

表 7 – 3　水利基本建设竣工项目投资分析表

竣财 3 表　单位：元

项　　目	概(预)算价值					实 际 价 值					实际较概算增减	
	建筑工程	安装工程	设备价值	其他费用	合计	建筑工程	安装工程	设备价值	其他费用	合计	增减额	增减率(%)
投资合计												
减：待核销基建支出												
减：转出投资												
建设成本												

表 7－4　水利基本建设竣工项目未完工程及投资预留费用表

竣财 4 表　单位：元

项　　目	工　程　量				价　　值						
	计量单位	设计	已完	未完	概算	已完	未完				
							建筑	安装	设备	其他	合计
一、未完工程											
二、预留费用											
合计											

表 7－5　水利基本建设竣工项目成本表

竣财 5 表　单位：元

项目	建筑安装工程投资	设备投资	其他投资	待　摊　投　资			建设成本
				直接计入	间接计入	小计	
合计							

表 7 – 6　水利基本建设竣工项目交付使用资产表

接收单位：　　　　　　　　　　　　　　　竣财 6 表　第　页　共　页　单位：元

资产项目名称	结构、规格、型号、特征	坐落位置	计量单位	单位价值	数量	资产金额(元)	备注
一、固定资产							
1. 建筑物							
2. 房屋							
3. 设备							
4. 其他							
二、流动资产							
三、无形资产							
四、递延资产							
合计							

表 7 - 7　水利基本建设竣工项目待核销基建支出表

竣财 7 表　单位：元

年度	项　目							合计
合计								

表 7 - 8　水利基本建设竣工项目转出投资表

竣财 8 表　单位：元

年度	项　目						合计
合计							

7.2　水利建设项目后评价经济评价

7.2.1　建设项目后评价

建设项目后评价（Ex – post Evaluation）是固定资产投资管理和建设项目管理的重要内容和手段。它是指在项目竣工交付使用（生产或运营）后的一段时间，对项目的决策、建设目标和设计、施工、竣工验收、生产运营和项目管理全过程，以及效益、影响和可持续性等进行客观、系统的综合分析和评价。后评价是工程建设程序中的最后一个阶段，但从后评价的功能来看，其结果反馈到有关决策部门，在为建设项目的完善和改进服务的同时，也为拟建项目的决策提供服务，对于提高投资管理水平，以及新项目的建设起到参考借鉴作用。故后评价又处于新项目建设的开端。

在国外，20 世纪 30 年代，美国、瑞典等一些发达国家的财政部门、审计机关和援外机构，为了总结公共投资和援外项目的经验教训，以不断提高投资效益、管理水平和工作效率，开始进行后评价工作。以后，后评价逐渐为许多国家和国际金融机构采用。

世界银行、亚洲开发银行等国际金融组织十分重视项目后评价工作。20 世纪 70 年代以来，世界银行设立了"执行评价局"，专职进行业务评价工作。对于贷款项目，世界银行强调评价其是否实现"两个建成"（工程技术建成和经济建成），并将后评价作为总结工作业绩和推动"两个建成"的重要手段。

许多发展中国家也开展了项目后评价工作，据统计，20 世纪 90 年代已有近百个发展中国家成立了中央评价机构。

由于国情和目的等情况不同，发达国家、国际金融组织、发展中国家进行后评价的机构设置、运行机制和方法等不尽相同。详见有关资料介绍。

经过几十年的不断实践和发展，国外项目后评价的体制和方法已十分成熟，形成了完整的管理体系、评价程序和科学的理论及方法。同时，项目后评价已具有高层次、社会化和法制化的特点。在许多国家，后评价的结论、建议直接向高层领导机关汇报，有效地为政府决策服务。

根据国外情况，为做好建设项目后评价工作，应当特别注意以下各方面。

（1）遵循"客观、公正、科学"的基本原则。

（2）强调后评价的可信度。项目评价机构应与执行机构分离，具有一定的独立性；后评价依据的资料应翔实、可靠，具有可比性；从事后评价工作的人员应是具有经济、社会、环境等多方面的知识和技能，懂工程、会管理的复合型专业人才。

（3）充分重视项目后评价成果的反馈和扩散。要建立畅通的反馈和扩散的渠道和机制，使评价成果不仅能有效地反馈到决策部门，而且能向社会广为扩散，增加后评价成果的透明度。

随着社会主义市场经济体制的确立和投资体制改革的推进，我国于20 世纪 80 年代开始进行建设项目后评价工作。20 世纪 80 年代初期，原国家计委首先提出进行项目后评价工作，并选定一些项目进行试点，80 年代末和 90 年代又分批下达了多项利用世界银行、外国政府贷款项目和国家重点建设项目的后评价任务（其中多项任务由中国国际工程咨询公司组织实施，该公司以后成立了后评价局，主管有关工作）。国务院各部门和国家金融机构中，较早开展项目后评价工作的有交通部、农业部和中国人民建设银行等。对于水利建设项目，水利部自 1994 年起组织进行后评价试点工作。

1996 年原国家计委正式规定国家重点建设项目应进行后评价。2010 年水利部发布了《水利建设项目后评价报告编制规程》（以下简称《后评价报告编制规程》）。

按照《后评价报告编制规程》，水利建设项目后评价是在水利建设项目竣工验收并投入使用后，运用科学、系统、规范的方法，对项目决策、建设实施和运用管理等各阶段及工程建成后的效益、作用和影响进行综合评价，以达到总结经验、汲取教训、不断提高项目决策和建设管理水平的目的。

水利建设项目后评价报告的内容应包括项目过程评价、经济评价、环境影响评价、水土保持评价、移民安置评价、社会影响评价、目标和可持续评价等方面。

7.2.2　水利建设项目后评价经济评价的内容和需注意解决的问题

水利建设项目后评价经济评价包括财务评价和国民经济评价。

1. 财务评价

财务评价包括以下内容：

（1）说明财务评价指标计算的方法，根据选定的基准年，计算财务评价指标，说明财务盈利能力、清偿能力。

（2）提出财务不确定性分析成果。

（3）提出财务评价结论。评价项目财务可行性，与可行性研究或初步设计财务评价结论对比分析，如有重大变化，应分析其差别和原因；针对项目在运行、还贷或收费等其他方面存在的问题，提出措施和建议。

> 这里介绍了为做好后评价工作应当注意的各方面。

> 后评价已纳入我国水利水电工程建设程序，见第 1 章有关介绍。

2. 国民经济评价

国民经济评价包括以下内容：

（1）说明国民经济评价指标的计算方法，根据选定的基准年，计算国民经济评价指标。

（2）提出国民经济不确定性分析成果。

（3）提出国民经济评价结论。评价项目经济合理性，与初步设计国民经济评价结论对比分析，如有重大变化，应分析其差别和原因。

3. 水利建设项目后评价经济评价需注意解决的问题

水利和能源均属于国民经济基础产业，水利工程属于国民经济基础设施。与其他建设项目相比，水利建设项目的经济社会效益及影响情况一般更为复杂。同时，我国已建成的水利工程大部分兴建于计划经济时期，由于建设期的社会、经济环境与目前有较大差别，更加大了后评价经济评价工作的难度。为使水利建设项目后评价工作符合"客观、公正、科学"的原则，使后评价成果具有较高的可信度，并实现后评价工作的规范化，应注重按照我国的具体情况研究项目后评价经济评价的有关理论和方法。为此，要进行多方面的工作，其中较为突出的，需注意解决以下几方面的问题。

（1）费用计算。如前述，水利建设项目的费用包括固定资产投资、流动资金、年运行费、税金、贷款利息等。后评价中，费用计算的方法主要有两类。一类方法为"重置成本法"，即按照进行后评价时的现行政策法规、费用项目和取费标准等，计算项目的各项费用。这类方法计算费用的条件与历史情况可能不相一致。

另一类方法是以实际发生的费用（如工程决算费用等）为依据，同时考虑实际情况进行必要的调整，确定后评价费用。如我国在计划经济时期修建的水利水电建设项目，工程造价中建设占地及水库淹没处理补偿费一般较低，后评价中可以土地机会成本作为枢纽淹没土地费用，并对过低的移民补偿和安置费考虑实际情况进行调整等。费用调整中还应考虑物价的变化，按照可比价格进行费用计算。

后评价经济评价中应按照具体情况和要求采用合理的费用计算方法，并处理好各项具体问题。

（2）效益计算。水利建设项目可能具有防洪、灌溉、供水、发电、治涝、航运、防凌、减淤、水产养殖、旅游、改善生态环境等多方面的效益，同时可能产生负效益。后评价经济评价中应对这些效益进行定量和定性分析。

由于水文现象具有随机性，使水利建设项目的效益亦具有随机性。目

第2章第5节对可比价格进行了介绍。

前水利工程后评价的评价期至多几十年，评价期内无法充分反映效益的统计规律。为此，应采用合理的计算方法，处理好效益的随机性问题。例如，大洪水的发生具有较强的随机性，在后评价期内是否发生大洪水是不确定的。后评价经济评价中，如仅按大洪水实际是否发生的情况而绝对地计入或不计入防御大洪水效益，可认为都是不够合理的。因按此种方法计算，当后评价期间发生了大洪水，计算所得的工程效益可能会很大，如未发生大洪水，情况则相反。对于同一工程，经济评价指标和评价结论可能因评价期内大洪水是否发生而产生很大差别，为此需进行必要的处理。

（3）影子价格费用和效益计算。在后评价经济评价中应采用影子价格费用和效益进行国民经济评价。

工程主要投入和产出物（如粮食、棉花、畜牧业及林果类等农产品，钢材、水泥、木材、原油、煤等各种工程材料及燃料）的影子价格可参照《水利建设项目经济评价规范》附录 A 的方法，按照外贸货物和非外贸货物分别确定，并可据此计算可直接按实物量计量的费用或效益（如淹没土地费用、防洪效益、灌溉效益等）。

对难以直接按实物量计算的工程费用和效益（如各项建筑工程投资、以替代工程费用计算的效益等），如按投入和产出物进行计算，计算工作量将很大，此时可按工程静态投资进行调整，求得影子价格费用和效益。为此应采用合理的调整计算方法和有关参数。

（按投入物和产出物计算影子价格费用和效益，相当于按影子价格重新进行工程决算或概预算。）

（4）确定合理水价、电价。我国现行的水价尚存在一定的不合理性。为充分客观、公正地反映水利建设项目的实际情况，需采用一定的方法，分析确定合理水价、电价，并相应计算工程的效益及评价指标。

对于水利建设项目后评价经济评价的复杂情况，应根据具体情况和要求进行分析和解决。

小　结

本章对于水利水电建设项目竣工决算和水利建设项目后评价经济评价进行了介绍。主要内容有：

1. 水利水电建设工程验收与竣工决算；
2. 竣工决算的意义；
3. 竣工决算的编制依据、编制要求与竣工决算组成；
4. 竣工决算报表；
5. 水利建设项目后评价经济评价的的内容和需注意解决的问题。

本章应着重掌握水利水电建设项目竣工决算的意义、竣工决算的组成，以及水利建设项目后评价经济评价的内容等。

限于篇幅，本章仅对水利水电建设项目竣工决算和水利建设项目后评价经济评价做了概括介绍，如需进一步了解，可参阅有关规范和专著。

作业

一、思考题

1. 简述水利水电建设项目竣工决算的重要意义。
2. 简述水利水电建设项目竣工决算的组成。
3. 简述水利水电建设项目竣工决算包括哪些报表？
4. 简述建设项目后评价的意义。
5. 简述按照国外情况，为做好建设项目后评价工作，应注意哪些方面。
6. 简述水利建设项目后评价经济评价的内容。
7. 简述你如何认识水利建设项目后评价经济评价的复杂性和特殊性。

二、填空题

1. 竣工决算反映了工程_____，核定了项目的_____，是项目资产形成、资产移交和投资核销的依据。

2. 建设项目后评价应遵循"_____、_____、_____"的基本原则。

3. 水利建设项目后评价是在建设项目竣工验收并投入使用后，运用科学、系统、规范的方法，对项目决策、建设实施和运用管理等各阶段及工程建成后的效益、作用和影响进行综合评价，以达到_____、_____、不断提高项目_____和_____水平的目的。

三、选择题

1. 按照规定，编制竣工决算的规定期限，大中型水利水电建设项目及小型项目分别为（　　）。
   A. 3个月、1个月　　　　　　　B. 1个月、3个月
   C. 1年、6个月　　　　　　　　D. 2年、1年

2. 《水利基本建设项目竣工财务决算编制规程》规定，竣工决算报表包括（　　）个表格。
   A. 10　　　　　　　　　　　　B. 8
   C. 5　　　　　　　　　　　　 D. 9

3. 为使后评价具有较高的可信度，项目评价机构与执行机构（　　）。
   A. 应为同一机构　　　　　　　B. 应分离
   C. 应为领导与被领导关系　　　D. 关系不受限制

4. 水利建设项目后评价经济评价包括（　　）。

A. 项目过程评价、经济评价、环境影响评价、水土保持评价、移民安置评价、社会
影响评价、目标和可持续评价等

B. 经济评价、社会影响评价

C. 财务评价、国民经济评价

D. 经济评价、社会影响评价、移民安置评价

四、判断题

1. 竣工决算应区分大中、小型项目，按项目大小分别编制。设计文件未明确的非经营性项目投资额在 3 000 万元（含 3 000 万元）以上的为大中型项目。（　　）

2. 后评价是工程建设程序中的最后一个阶段，但其又处于新项目建设的开端。（　　）

3. 水利建设项目后评价的成果应有效地反馈到决策部门，但主要为内部掌握，不宜向社会扩散。（　　）

参 考 文 献

[1] 国际咨询工程师联合会（FIDIC）. 土木工程施工合同条件应用指南. 臧军昌，季小弟，周可荣，等，译. 北京：航空工业出版社，1991.

[2] 吴敬琏，张卓元，禾村，等. 中国市场经济建设百科全书. 北京：北京工业大学出版社，1993.

[3] 李杰，苏君，刘婉立，等. 中国新税制实务详解与会计核算. 北京：中国物资出版社，1994.

[4] 国际咨询工程师联合会（FIDIC）. 电气与机械工程合同条件应用指南：英汉对照. 周可荣，张水波，谢亚琴，等，译. 3版. 北京：航空工业出版社，1995.

[5] 黄宗壁. 建设项目投资控制. 北京：中国水利水电出版社，1995.

[6] 蔡秀云，蔡宗强，李璎珍. 新税法教程. 北京：中国法制出版社，1995.

[7] 杨君昌. 新编西方经济学——微观宏观经济学. 上海：上海社会科学院出版社，1995.

[8] 安中仁. BOT方式与水利建设. 北京：中国水利水电出版社，1997.

[9] 戴相龙. 领导干部金融知识读本. 北京：中国金融出版社，1997.

[10] 财政部基本建设司. 基本建设财务管理若干规定讲解. 北京：中国财政经济出版社，1998.

[11] 中国水利学会水利工程造价管理专业委员会. 水利水电工程造价管理. 北京：中国科学技术出版社，1998.

[12] 陈全会，王修贵，谭兴华，等. 水利水电工程定额与概预算. 北京：中国水利水电出版社，1999.

[13] 宋涛，顾学荣，杨干忠. 政治经济学教程. 6版. 北京：中国人民大学出版社，2004.

[14] 戚安邦. 工程项目全面造价管理. 天津：南开大学出版社，2000.

[15] 魏连雨，吕荣杰. 建设项目管理. 北京：中国建材工业出版社，2000.

[16] 张毅. 工程建设前期筹划. 上海：同济大学出版社，2001.

[17] 全国造价工程师考试培训教材编写委员会，全国造价工程师考试培训教材审定委员会. 工程造价的确定与控制. 2版. 北京：中国计划出版社，2001.

[18] 全国造价工程师考试培训教材编写委员会，全国造价工程师考试培训教材审定委员会. 工程造价管理相关知识. 2版. 北京：中国计划出版社，2001.

[19] 国际咨询工程师联合会，中国工程咨询协会. 施工合同条件. 朱锦林，译. 北京：机械工业出版社，2002.

[20] 中国水利学会水利工程造价管理专业委员会. 水利工程造价. 北京：中国计划出

版社，2002.

[21] 曹善琪，中国勘察设计协会技术经济委员会. 造价工程师基本知识问答. 2版. 北京：中国计划出版社，2002.

[22] 陈全会，谭兴华，王修贵. 水利水电工程定额与造价. 北京：中国水利水电出版社，2003.

[23] 中华人民共和国水利部. 已成防洪工程经济效益分析计算及评价规范（SL206—98）. 北京：中国水利水电出版社，1998.

[24] 水利部，国家电力公司，国家工商行政管理局. 水利水电工程施工合同和招标文件示范文本（GF—2000—0208）（上册）. 北京：中国水利水电出版社，2000.

[25] 水利部水利建设经济定额站. 水利工程设计概（估）算编制规定. 郑州：黄河水利出版社，2002.

[26] 水利部水利建设经济定额站. 水利建筑工程预算定额（上、下册）. 郑州：黄河水利出版社，2002.

[27] 水利部水利建设经济定额站，北京峡光经济技术咨询有限责任公司. 水利建筑工程概算定额（上、下册）. 郑州：黄河水利出版社，2002.

[28] 水利部水利建设经济定额站. 水利工程施工机械台时费定额. 郑州：黄河水利出版社，2002

[29] 中华人民共和国水利部. 水利水电建设工程验收规程（SL223—2008）. 北京：中国水利水电出版社，2008.

[30] 中华人民共和国水利部. 水利基本建设项目竣工财务决算编制规程（SL19—2008）. 北京：中国水利水电出版社，2009.

[31] 国家能源局. 水电建设项目经济评价规范（DL/T5441—2010）. 北京：中国电力出版社，2010.

[32] 中华人民共和国水利部. 水利建设项目后评价报告编制规程（SL489—2010）. 北京：中国水利水电出版社，2011.

[33] 中华人民共和国水利部. 水利建设项目经济评价规范（SL72—2013）. 北京：中国水利水电出版社，2013.